微分方程边值问题与定性理论

赵俊芳　赵　明　葛渭高　著

科学出版社

北　京

内 容 简 介

本书总结了近年来作者在常微分方程边值问题和定性理论方面的部分研究成果，共九章. 第 1-6 章利用 Leray-Schäuder 度、迭合度理论、锥上不动点理论、上下解方法、最大值原理和单调迭代技巧研究了非线性常微分方程、时标动力方程非局部边值问题的可解性、正解的存在性和多解性以及解的收敛性. 第 7-9 章主要介绍种群动力系统中离散动力系统的基本理论及其应用，其内容包括离散系统的稳定性判别法、中心流形理论、分支理论、混沌等内容.

本书可供高等学校数学类专业的高年级本科生、研究生开展相关领域研究工作参考，也可供科研工作人员参考.

图书在版编目(CIP)数据

微分方程边值问题与定性理论/赵俊芳，赵明，葛渭高著.—北京：科学出版社，2023.11
　ISBN 978-7-03-076758-5

Ⅰ．①微…　Ⅱ．①赵…②赵…③葛…　Ⅲ．①微分方程-边值问题-研究
Ⅳ．①O175.8

中国国家版本馆 CIP 数据核字(2023) 第 202019 号

责任编辑：胡海霞　李香叶 / 责任校对：杨聪敏
责任印制：赵　博 / 封面设计：无极书装

科学出版社 出版
北京东黄城根北街 16 号
邮政编码：100717
http://www.sciencep.com

北京科印技术咨询服务有限公司数码印刷分部印刷
科学出版社发行　各地新华书店经销
*
2023 年 11 月第　一　版　开本：720×1000　B5
2025 年 1 月第四次印刷　印张：14 1/4
字数：287 000
定价：79.00 元
(如有印装质量问题，我社负责调换)

前　言

　　常微分方程是伴随着微积分的产生和发展而成长起来的一门历史悠久的学科. 自诞生起, 就很快显示出它在应用上的重要作用, 特别是作为牛顿力学的重要数学工具, 在天体力学和其他力学领域发挥着巨大的作用. 随着科学技术的发展和社会进步, 常微分方程的应用不断扩展和深入. 时至今日, 可以说常微分方程在几乎所有自然科学领域都有着广泛的应用. 这一古老的学科, 由于其应用领域不断扩大和新理论生长点的不断涌现, 它的发展至今仍充满着生机和活力 [1]. 常微分方程边值问题最初是用分离变量法解二阶线性数学物理方程提出来的. 1833 年至 1841 年间, Sturm 和 Liouville 密切合作讨论了二阶线性齐次方程边值问题和 Sturm-Liouville 特征值问题. 1893 年, Picard 运用迭代法讨论了非线性二阶常微分方程两点边值问题解的存在性和唯一性. 1894 年, Burkhard 讨论了一般边界条件下的边值问题, 并引入了常微分方程的 Green 函数. 20 世纪初, Hilbert 奠定了常微分方程边值问题的理论基础. 20 世纪以来, 非线性泛函分析理论的迅速发展推动了常微分方程边值问题的发展. 目前, 对边值问题的研究, 涉及了常微分方程、Banach 空间中的常微分方程、带 p-Laplace 算子的微分方程和时标动力方程等许多领域, 取得了丰富的研究成果, 国内外也相继出版了多部关于边值问题的专著 [2–16], 初步形成了系统的理论体系. 尽管如此, 许多问题的理论研究尚不完善, 关于边值问题还有许多问题没有彻底解决, 且新问题不断涌现, 所以对于这些问题的进一步研究, 无论在理论上还是在实际应用中都有着十分重要的意义.

　　本书共 9 章. 第 1–6 章利用 Leray-Schäuder 度、迭合度理论、锥上不动点理论、上下解方法、最大值原理和单调迭代技巧研究了非线性常微分方程、时标动力方程非局部边值问题的可解性、正解的存在性和多解性以及解的收敛性. 第 7–9 章主要介绍种群动力系统中离散动力系统的基本理论及其应用, 其内容包括离散系统的稳定性判别法、中心流形理论、分支理论、混沌等内容.

　　在本书的成稿过程中, 科学出版社的胡海霞和李香叶两位编辑不辞辛苦, 为本书的撰写提出了许多宝贵的意见和建议, 在此我们向两位编辑表示深深的谢意.

　　本书的出版得到中国地质大学 (北京) 和北京理工大学的支持, 中国地质大学 (北京) 数理学院和北京理工大学数学与统计学院为本书的写作提供了必要的工作条件, 为此表示感谢.

希望本书的出版有助于推进该方向的进一步研究和应用. 由于作者水平有限, 书中难免有不足之处, 恳请各位专家、老师和同学批评指正.

作　者

2023 年 3 月

目　　录

第 1 章 绪　　论

1.1　常微分方程、时标动力方程边值问题的发展概况

本节就本书主要研究的几类边值问题的历史及现状做一简要总结.

1.1.1　常微分方程非局部边值问题

按照定解条件, 常微分方程边值问题可以分为局部问题和非局部问题两类. 众所周知, 经典的 Dirichlet 边界条件、Robin 边界条件、Neumann 边界条件、周期边界条件以及 Sturm-Liouville 边界条件只是在区间的两个端点上给出的, 故这些属于局部边界条件的范畴. 对于这类边值问题, 自 19 世纪 Sturm-Liouville 时期以来, 尤其是 20 世纪上半叶由 Hilbert 等奠定了常微分方程边值问题的基础理论后, 不论在问题的深度和广度上, 还是在研究方法上都已有了长足的发展.

所谓非局部边值问题, 是指常微分方程的定解条件不仅依赖于解在区间端点的取值, 而且依赖于解在区间内部某些点上的取值. 在实际问题中, 如果考虑实际测量的误差及相关因素的干扰, 非局部边值问题则可以更加准确地描述许多重要的物理现象. 例如, 在数学领域, 它们出现在用变量分离法解偏微分方程以求解一维自由边值问题 [17]; 在物理领域, 由 N 部分不同密度组成的均匀切面的悬链线的振动可以转化为多点边值问题. 弹性稳定性理论的许多问题也可以归结为多点边值问题的处理 [18]. 1987 年, Il'in 和 Moiseev 在文献 [19] 中率先研究了二阶常微分方程多点边值问题, 随后, 关于常微分方程非局部边值问题的研究取得了重大进展 [20-24].

20 世纪 80 年代初期, 人们对非牛顿流体力学 [25-27]、多孔介质中的气体湍流理论 [28,29]、非线性弹性理论与冰河学 [30]、燃烧理论 [31]、种群生态学 [32,33]、血浆问题、宇宙物理等大量的应用领域及对非线性偏微分方程的径向解的研究发现 [34], 对这些问题的研究可以归结为所谓的带有 p-Laplace 算子的微分方程

$$(\phi_p(u'))' + f(t, u, u') = 0, \quad 0 < t < 1$$

的研究, 其中 $\phi_p(x) = |x|^{p-2}x$, $p > 1$ 称为 p-Laplace 算子. 自 20 世纪 80 年代末以来, 许多国内外专家学者均对此类方程在多点边界条件下的边值问题进行了研究, 并取得了很大进展.

文献 [35,36] 分别研究了下面的具非线性边界条件的两点边值问题:

$$\begin{cases} (\phi_p(u'(t)))' + q(t)f(u(t)) = 0, \quad 0 < t < 1, \\ u(0) - g_1(u'(0)) = 0, \quad u(1) + g_2(u'(1)) = 0. \end{cases}$$

$$\begin{cases} (\phi_p(u'(t)))' + q(t)f(u(t)) = 0, \quad 0 < t < 1, \\ u(0) - g_1(u'(\eta)) = 0, \quad u(1) + g_2(u'(1)) = 0, \end{cases} \tag{1.1.1}$$

其中 g_1, g_2 为定义在 $(-\infty, +\infty)$ 上的非减连续奇函数, 且它们中至少有一个满足: 存在 $b > 0$ 使得

$$0 \leqslant g_j(v) \leqslant bv, \quad v > 0, j = 1, 2.$$

文献 [9] 讨论了广义 Sturm-Liouville 边值问题正解的存在性

$$\begin{cases} u'' + h(t)f(u) = 0, \quad 0 < t < 1, \\ \alpha u(0) - \beta u'(0) = \displaystyle\sum_{i=1}^{m-2} a_i u(\xi_i), \\ \gamma u(1) + \delta u'(1) = \displaystyle\sum_{i=1}^{m-2} b_i u(\xi_i), \end{cases} \tag{1.1.2}$$

其中 $\xi_i \in (0, 1)$, $a_i, b_i \in (0, +\infty)$, $i \in \{1, \cdots, m-2\}$, $\alpha, \beta, \gamma, \delta > 0$ 是给定的常数. 学者在处理这种边值问题时, 首先给出与问题 (1.1.2) 等价的只包含两个正项的积分方程, 然后运用锥上的不动点定理得到了正解的存在性结果.

文献 [37] 研究了边值问题

$$\begin{cases} (\phi_p(u'))' + q(t)f(t, u, u') = 0, \quad t \in (0, 1), \\ u(0) = \displaystyle\sum_{i=1}^{m-2} \alpha_i u(\xi_i), \quad u(1) = \displaystyle\sum_{i=1}^{m-2} \beta_i u(\xi_i), \end{cases}$$

其主要方法是反解方程 $(\phi_p(u'))' + q(t)f(t, u, u') = 0$, 然后将边界条件代入得到边值问题的唯一解, 该解可表示为

$$u(t) = B_x + \int_0^t \phi_p^{-1}\left(A_x - \int_0^s p(\tau)f(\tau, u(\tau), u'(\tau))\mathrm{d}\tau\right)\mathrm{d}s,$$

其中

$$\frac{1}{1 - \displaystyle\sum_{i=1}^{m-2} \alpha_i} \sum_{i=1}^{m-2} \alpha_i \int_0^{\xi_i} \phi_p^{-1}\left(A_x - \int_0^s p(\tau)f(\tau, u(\tau), u'(\tau))\mathrm{d}\tau\right)\mathrm{d}s$$

$$-\frac{1}{1-\sum\limits_{i=1}^{m-2}\beta_i}\sum\limits_{i=1}^{m-2}\beta_i\int_0^{\xi_i}\phi_p^{-1}\left(A_x-\int_0^s p(\tau)f(\tau,u(\tau),u'(\tau))\mathrm{d}\tau\right)\mathrm{d}s$$

$$+\frac{1}{1-\sum\limits_{i=1}^{m-2}\beta_i}\int_0^1\phi_p^{-1}\left(A_x-\int_0^s p(\tau)f(\tau,u(\tau),u'(\tau))\mathrm{d}\tau\right)\mathrm{d}s=0,$$

$$B_x=\frac{1}{1-\sum\limits_{i=1}^{m-2}\alpha_i}\sum\limits_{i=1}^{m-2}\alpha_i\int_0^{\xi_i}\phi_p^{-1}\left(A_x-\int_0^s p(\tau)f(\tau,u(\tau),u'(\tau))\mathrm{d}\tau\right)\mathrm{d}s.$$

文献 [38] 研究了非线性项可变号的二阶三点边值问题

$$\begin{cases} u''(t)+f(t,u(t))=0, & 0<t<1, \\ u(0)-\beta u'(0)=0, & u(1)=\alpha u(\eta)=0, \end{cases} \tag{1.1.3}$$

学者巧妙地定义了一个 θ 算子, 使得 $\theta\circ T=\max\{(Tu)(t),0\}$, 然后结合截断函数和拓扑度理论得到了边值问题 (1.1.3) 至少一个正解的存在性.

在不同的边界条件下, 一些学者研究了非局部边值问题的对称解, 得到了一些解存在的结果, 例如, 2005 年, 文献 [39] 研究了边值问题

$$\begin{cases} -u''(t)=f(t,u(t),|u'(t)|), & t\in(0,1), \\ u(0)=\sum\limits_{i=1}^n\mu_i u(\xi_i), & u(1-t)=u(t), \end{cases}$$

其中 $0<\xi_1<\xi_2<\cdots<\xi_n\leqslant\dfrac{1}{2},\mu_i>0$ 且 $\sum\limits_{i=1}^n\mu_i<1,n\geqslant 2$. 学者利用 Avery-Peterson 不动点定理给出了其存在三个对称正解的充分条件.

文献 [40] 应用 Mawhin 连续性定理研究了如下多点共振边值问题对称解的存在性

$$\begin{cases} u''(t)=f(t,u(t),|u'(t)|), & t\in(0,1), \\ u(0)=\sum\limits_{i=1}^n\mu_i u(\xi_i), & u(1-t)=u(t), \end{cases}$$

其中 $0<\xi_1<\xi_2<\cdots<\xi_n\leqslant\dfrac{1}{2},\mu_i\in\mathbb{R}$ 且 $\sum\limits_{i=1}^n\mu_i=1,n\geqslant 2$.

文献 [41] 研究了四点边值问题

$$\begin{cases} (\phi_p(u'(t)))' + f(t, u(t)) = 0, & 0 < t < 1, \\ u(0) - \alpha u'(\xi) = 0, \quad u(1) + \beta u'(\eta) = 0, \end{cases} \tag{1.1.4}$$

其中 $\phi_p(s) = |s|^{p-2}s, \alpha, \beta > 0, 0 < \xi < \eta < 1$. 运用锥上的不动点定理, 得到了边值问题 (1.1.4) 正解的存在性.

之后, 文献 [42] 同样研究了边值问题 (1.1.4), 并且称此类边值问题为 Sturm-Liouville 型四点边值问题. 为了得到正解的存在性, 首先对非线性项 f 的取值范围作了一定的限制, 然后巧妙地构造了一个锥并运用锥上的 Krasnosel'skii 不动点定理, 得到了一个及两个正解的存在性.

易见, 具边界条件

$$u'(0) - \alpha u(\xi) = 0, \quad u'(1) + \beta u(\eta) = 0$$

的边值问题也可以被称为 Sturm-Liouville 型四点边值问题.

本书第 2 章研究边值问题

$$\begin{cases} (\phi_p(u'(t)))' + f(t, u(t)) = 0, & 0 < t < 1, \\ u'(0) - \sum_{i=1}^{m-1} \alpha_i u(\xi_i) = 0, \quad u'(1) + \sum_{i=1}^{m-1} \beta_i u(\eta_i) = 0. \end{cases} \tag{1.1.5}$$

1.1.2　常微分方程奇异边值问题正解存在的充要条件

奇异边值问题产生于气体动力学、流体力学、非牛顿流体流动、边界层理论等问题 [29,43-50]. 近年来, 奇异边值问题已经成为一个重要的研究领域, 请参考文献 [13] 及其中引用的参考文献. 寻求奇异边值问题正解存在的充要条件也是一项意义重大且富于挑战性的工作. 当 $p = 2$, 即方程不带 p-Laplace 算子时, 有一部分工作得到了该类问题正解存在的充要条件, 例如:

1979 年, 文献 [51] 研究了边值问题

$$\begin{cases} u''(t) + p(t)u^\lambda = 0, & t \in (0, 1), \\ u(0) = 0, \quad u(1) = 0, \end{cases} \tag{1.1.6}$$

其中 $\lambda < 0$, 得出边值问题 (1.1.6) 存在 $C[0,1] \cap C^2(0,1)$ 正解的充要条件是

$$\int_0^1 t(1-t)p(t)\mathrm{d}t < \infty.$$

同时也得出边值问题 (1.1.6) 存在 $C^1[0,1] \cap C^2(0,1)$ 正解的充要条件是

$$\int_0^{\frac{1}{2}} t^\lambda p(t)\mathrm{d}t < \infty, \quad \int_{\frac{1}{2}}^1 (1-t)^\lambda p(t)\mathrm{d}t < \infty.$$

1994 年, 在 $0 < \lambda < 1$ 的情形下, 文献 [52] 得出边值问题 (1.1.6) 存在 $C^1[0,1] \cap C^2(0,1)$ 正解的充要条件是

$$\int_0^1 t^\lambda (1-t)^\lambda p(t)\mathrm{d}t < \infty.$$

2004 年, 文献 [53] 研究了奇异边值问题

$$\begin{cases} u''(t) + p(t)f(u) = 0, & t \in (0,1), \\ \alpha u(0) - \beta u'(0) = 0, & \gamma u(1) + \delta u'(1) = 0, \end{cases} \tag{1.1.7}$$

其中 $f(t,u)$ 是超线性的或次线性的, $\alpha, \beta, \gamma, \delta > 0$, $\rho = \gamma\beta + \alpha\gamma + \alpha\delta > 0$, 通过运用不动点定理, 作者们得到了边值问题 (1.1.7) 至少存在一个 $C^1[0,1] \cap C^2(0,1)$ 或 $C[0,1] \cap C^2(0,1)$ 正解的充要条件.

2006 年, 文献 [54] 研究了奇异边值问题

$$\begin{cases} u^{(4)}(t) - f(t, u(t), -u''(t)) = 0, & t \in (0,1), \\ u(0) - \displaystyle\sum_{i=1}^{m-2} \alpha_i u(\eta_i) = 0, & u(1) = 0, \\ u''(0) - \displaystyle\sum_{i=1}^{m-2} \beta_i u''(\eta_i) = 0, & u''(1) = 0, \end{cases} \tag{1.1.8}$$

其中 $0 < \alpha_i < 1, 0 < \beta_i < 1, i = 1, 2, \cdots, m-2, 0 < \eta_1 < \eta_2 < \cdots < \eta_{m-2} < 1$ 为常数, 通过运用锥上的不动点定理, 作者们得到了边值问题 (1.1.8) 至少存在一个 $C^2[0,1]$ 或 $C^3[0,1]$ 正解的充要条件.

2007 年, 文献 [55] 研究了奇异三点边值问题

$$\begin{cases} u''(t) + f(t, u(t)) = 0, & t \in (0,1), \\ u(0) = au(\eta), & u(1) = 0, \end{cases} \tag{1.1.9}$$

其中 $f(t,u) \in C((0,1),(0,+\infty))$ 关于 u 是单调递增的, 在其他一些增长性条件的假设下, 学者得到了边值问题 (1.1.9) 至少存在一个 $C[0,1]$ 或 $C^1[0,1]$ 正解的充要条件.

2008 年, 文献 [56] 考虑了三点边值问题

$$x'' + \lambda x + g(x) = h, \quad x(0) = 0, \quad x(\eta) = x(\pi)$$

正解存在的充要条件, 该条件是 Landesman-Lazer 型的且依赖于实数 λ 和 η.

其他的此类文献可参考 [57–62].

2007 年, 文献 [63] 研究了具 p-Laplace 算子的两点边值问题

$$\begin{cases} (\phi_p(u''(t)))'' = f(t, u, u', u''), & 0 < t < 1, \\ u^{(2i)}(0) = u^{(2i)}(1) = 0, & i = 0, 1, \end{cases} \tag{1.1.10}$$

通过运用锥上的不动点定理, 得到了边值问题 (1.1.10) 对称正解存在的充要条件.

2008 年, 文献 [64] 讨论了具 p-Laplace 算子的多点边值问题

$$\begin{cases} (\phi_p(u''(t)))'' = f(t, u(t)), & 0 < t < 1, \\ u(0) = \sum_{i=1}^{m-2} \alpha_i u(\xi_i), & u(1) = 0, \\ u''(0) = \sum_{i=1}^{m-2} \beta_i u''(\eta_i), & u''(1) = 0, \end{cases} \tag{*}$$

$$\tag{1.1.11}$$

其中 $\phi_p(t) = |t|^{p-2}t, p \geqslant 2, 0 < \xi_i, \eta_i < 1, \alpha_i, \beta_i$ 与文献中要求的条件相同, 并得到了相似的结论.

1.1.3 抽象空间中的常微分方程边值问题

Banach 空间中常微分方程理论经过几十年的发展, 它已被广泛应用于常微分方程组理论、临界点理论、偏微分方程理论、不动点定理理论和特征值等许多领域, 其重要性日益凸显出来, 其中 Banach 空间中常微分方程边值问题理论已经获得了大量重要结果, 可参阅 [65–70] 及其所引文献. 在研究 Banach 空间中的常微分方程边值问题时, 所使用的工具主要是锥理论、上下解方法、单调迭代技巧、(不等式) 逐次迭代法、锥拉伸压缩不动点定理、不动点指数定理等. 受文献 [65] 的启发, 利用严格集压缩不动点定理, 文献 [66] 研究了 Banach 空间中一类二阶四点边值问题, 并获得了正解和多个正解的存在性结果; 文献 [67] 研究了 Banach 空间中一类二阶 m 点边值问题, 也获得了单个和多个正解的存在性结果; 文献 [68] 研究了 Banach 空间中一类高阶两点边值问题, 获得了多个正解的存在性结果. 本书中, 我们研究了 Banach 空间中带积分边界条件的高阶边值问题.

1.1.4 不动点理论在时标动力方程边值问题中的应用

微分方程经过差分后得到相应的差分方程. 近几十年来, 计算机技术的飞速发展为微分方程数值计算提供了先进的工具, 同时也给差分理论带来了新的机遇, 使微分和差分方程的联系更加紧密. 在理论研究中发现, 微分方程与相应的差分方程中部分结果从形式上来看是非常相似的, 但是, 也有许多例子表明微分方程与其相应的差分方程会有一些完全不同的性质. 譬如, 单种群的生态数学模型的 Logistic 方程

$$\frac{\mathrm{d}x}{\mathrm{d}t} = ax\left(1 - \frac{x}{k}\right), \quad a > 0, \ k > 0,$$

其每个解都是单调的, 但上述方程经过差分后得到的差分方程

$$\Delta x_n = ax_n(1 - bx_n)$$

有可能出现混沌解 [71]. 这种可能的差异性使得人们对于许多微分方程和它们相应的差分方程进行了大量重复的研究. 因此, 剖析这两个理论之间的关系一直以来就是很多数学家关注的焦点. 数学工作者一直试图找到一种新的理论框架, 它能使人们可以同时处理连续和离散系统, 既避免进行不必要的重复研究, 又能更好洞察两类不同系统之间的本质差异.

于是, 测度链 (measure chain) 理论也就应运而生了. 1988 年, 德国学者 Stefan Hilger 在其博士学位论文 [72] 中首次提出了测度链微积分 (calculus of measure chain). 而在许多动态研究的情况下, 只需考虑测度链的一种特殊情形时标 (time scale) 即可. 1990 年后, Hilger [73,74] 和他的导师 Aulbach 首次研究了非齐次时标上的动态过程. 时标是一种抽象的非空闭实子集. 如果选这个闭实集是实数本身, 则时标方程是一般的常微分方程; 如果选时标是整数集, 则是一般的差分方程. 有很多除实数和整数之外的时标, 于是有了更为一般的结果. 综上所述, 时标分析理论统一并扩展了连续与离散两种情况, 从而确立了时标上动力方程的重要应用价值. 同时, 时标理论也有很强的应用背景. 例如, 有些昆虫和植物的数量从四月到九月是连续变化的, 冬季来临之前昆虫产下卵或植物留下种子后则全部死光, 而到了第二年它们又会重新生长, 这类生物的数量随时间变化的规律就可以用时标上的微分方程 (称为动力方程 (dynamic equation)) 来描述 [75]. 又如, 美国著名学者 Peterson 和 Thomas 利用测度链上的动力方程弥合了西尼罗河病毒传播的离散方面和连续方面之间的空隙, Thomas 认为这种数学模型是理解和控制这种疾病的最有效工具 [76]. 此外, 神经网络、热传导等都可以用它来描述. 这种数学工具目前已用来改进股票市场的计算模式. 时标理论在经济的其他方面也有着非常广泛的应用背景 [77].

近年来, 测度链理论备受人们的关注. 到目前为止, 已有三部专著出版 [75,78,79]. 随着测度链理论自身的迅速发展和不断完善, 有关时标上动力方程方面的研究近几年来也受到了人们的高度重视, 主要工作集中于以下几个方面: 不等式理论、振动理论、稳定性理论、初值问题和边值问题等, 而边值问题由于其在科学、工程和技术等几乎所有领域都有着引人注目的应用而成为时标上动力方程的一个重要分支. 通过研究时标上的动力方程边值问题不但可以统一微分方程和差分方程理论、更好地洞察二者之间的本质差异, 还可以为那些有时在连续时间出现而有时在离散时间出现的现象提供精确的信息, 但在考虑时标上的动力方程边值问题时人们面临诸多困难. 例如, 微积分中的基本工具诸如 Rolle 定理以及介值定理不再成立, 一些基本的概念诸如链式法则、乘积公式以及某些光滑性都需要做适当的修正. 在处理具体问题时, 人们往往需要提出一些额外的假设来解决由相应的拓扑空间缺乏连通性而造成的困难. 因此, 如何利用非线性泛函分析中先进的分析工具来研究时标上的动力方程边值问题, 近几年来引起了国际上许多数学工作者的浓厚兴趣.

2005 年, 文献 [80] 研究了具非线性边界条件的时标上的三点边值问题

$$\begin{cases} (\phi_p u^\Delta(t))^\nabla + a(t)f(u(t)) = 0, & t \in [0,T]_{\mathbb{T}}, \\ u(0) - B_0(u^\Delta)(\eta) = 0, & u^\Delta(T) = 0 \end{cases} \tag{1.1.12}$$

和

$$\begin{cases} (\phi_p u^\Delta(t))^\nabla + a(t)f(u(t)) = 0, & t \in [0,T]_{\mathbb{T}}, \\ u^\Delta(0) = 0, & u(T) + B_1(u^\Delta(T)) = 0, \end{cases} \tag{1.1.13}$$

其中 $\phi_p(s) = |s|^{p-2}s, \eta \in (0, \rho(T))$, 且 f, a, B_0, B_1 满足

(1) $f : \mathbb{R} \to \mathbb{R}^+$ 是连续的 ($\mathbb{R}^+$ 表示非负实数).

(2) $a \in C_{\mathrm{ld}}(\mathbb{T}, [0, +\infty))$ 且在 $[0,T]_{\mathbb{T}}$ 的任一闭子区间上不恒为 0.

(3) $B_0(v), B_1(v)$ 是定义在 $\mathbb{R}$ 上的连续奇函数, 且存在常数 $A, B > 0$ 使得 $Bv \leqslant B_j(v) \leqslant Av$, 对于所有的 $v \in \mathbb{R}, j = 0, 1$.

学者利用 Avery-Henderson 不动点定理得出了边值问题 (1.1.12), (1.1.13) 至少两个正解的存在性.

2007 年, 文献 [81] 考虑了同样的问题, 工具是 Avery-Peterson 不动点定理. 文献 [82] 中也利用同样的工具讨论了这个边值问题. 文献 [83] 的作者利用 Leggett-Williams 不动点定理讨论了同样的边值问题. 文献 [84] 运用锥上的不动点定理研究了非线性项 f 中含 Δ 导数的带 p-Laplace 算子的两点边值问题.

1.1.5 迭合度理论在时标动力方程共振边值问题中的应用

对于共振边值问题, 由于线性齐次边值问题确定的二阶导算子不可逆, 原问题无法转化为一个积分算子的不动点, 对于这种情况, 一般借助 Mawhin 的迭合度理论. 借助该工具, 常微分方程共振边值问题已被广泛地讨论, 但有关时标上的共振边值问题的文献目前还不多见. 2006 年, 文献 [85] 中研究了时标上多点共振边值问题

$$
\begin{cases}
u^{\Delta\nabla}(t) = f(t, u(t), u^{\Delta}(t)), \quad t \in (0,1) \cap \mathbb{T}, \\
u^{\Delta}(0) = 0, \quad u(1) = \sum_{i=1}^{m} \alpha_i u(\eta_i)
\end{cases}
\tag{1.1.14}
$$

和

$$
\begin{cases}
u^{\Delta\nabla}(t) = f(t, u(t), u^{\Delta}(t)), \quad t \in (0,1) \cap \mathbb{T}, \\
u(0) = 0, \quad u(1) = \sum_{i=1}^{m} \alpha_i u(\eta_i),
\end{cases}
\tag{1.1.15}
$$

其中 $\mathbb{T}$ 是时标, $0,1 \in \mathbb{T}, \eta_i \in (0,1) \cap \mathbb{T}$. 对于边值问题 (1.1.14), 它们要求至少存在一个 $\eta_i < \rho(1), i = 1, 2, \cdots, m$ 且满足

$$
\sum_{i=1}^{m} \alpha_i = 1.
$$

对于边值问题 (1.1.15), 作者要求至少存在一个 $\eta_i < \rho(1), i = 1, 2, \cdots, m$ 且满足

$$
\sum_{i=1}^{m} \alpha_i \eta_i = 1,
$$

通过运用 Mawhin 的迭合度理论得到了上述两个边值问题解的存在性.

1.2 基本概念和理论基础

本书主要运用非线性分析的方法研究几类非局部非线性边值问题. 下面介绍一下本书所涉及的基本概念和主要定理.

1.2.1 有关锥的基本概念、不动点定理和不动点指数定理

定义 1.2.1 设 E 是实 Banach 空间, 如果 P 是 E 中某非空凸闭集, 且满足
(1) $x \in P, \lambda \geqslant 0 \Rightarrow \lambda x \in P$;
(2) $x \in P, -x \in P \Rightarrow x = \theta, \theta$ 表示 E 中的零元素, 则称 P 是 E 中的一个锥. 用 P^o 表示 P 的内点集, 如果 $P^o \neq \varnothing$, 则称 P 是一个体锥.

定义 1.2.2 设 E 是一个 Banach 空间, P 是 E 中的锥, 连续映射 $\alpha : P \to [0, \infty)$, 如果对所有的 $x, y \in P$ 和 $0 \leqslant \lambda \leqslant 1$ 有

$$\alpha(\lambda x + (1 - \lambda)y) \geqslant \lambda \alpha(x) + (1 - \lambda)\alpha(y)$$

成立, 则称映射 α 是 P 上非负连续凹泛函. 类似地, 如果

$$\alpha(\lambda x + (1 - \lambda)y) \leqslant \lambda \alpha(x) + (1 - \lambda)\alpha(y)$$

成立, 则称映射 α 是 P 上的非负连续凸泛函.

定理 1.2.1 (Schäuder 不动点定理[87]) 设 D 是实线性赋范空间 X 中的一个闭凸子集, 映射 $T : D \to D$ 连续且 $T(D)$ 列紧, 则 T 在 D 上必有一个不动点.

定理 1.2.2 (Leray-Schäuder 二择一定理[12]) 设 K 是赋范线性空间 E 的凸子集, Ω 是 K 的开子集. 假设 $p \in \Omega$ 且 $T : \overline{\Omega} \to K$ 是全连续映射. 那么下面二者必有其一成立.

(i) T 在 $\overline{\Omega}$ 中存在不动点, 或者

(ii) 存在 $x \in \partial\Omega$ 和 $\lambda \in (0, 1)$ 使得 $x = \lambda T(x) + (1 - \lambda)p$.

定理 1.2.3 (Arzelà-Ascoli 定理[87]) $F \subset \mathbb{C}([a, b])$ 是列紧集当且仅当 F 是一致有界且等度连续的函数族.

设 X 是线性赋范空间, $\Omega \subset X$. 记

$$E = \left\{ (f, \Omega, p) \mid \Omega \subset X \text{是有界开集}, p \in X, f \in C(X), \text{对} \forall x \in \partial\Omega, f(x) \neq p \right\},$$

则算子 f 的度 $\deg : E \to Z$ 具有如下性质:

(i) (正规性) 记 $I : X \to X$ 表示恒等映射,

$$\deg\{I, \Omega, p\} = \begin{cases} 1, & p \in \Omega, \\ 0, & p \notin \overline{\Omega}. \end{cases}$$

(ii) (可解性) $\deg\{f, \Omega, p\} \neq 0 \Rightarrow f(x) = p$ 在 Ω 中有解.

(iii) (区域可加性) 设 $\Omega_1, \Omega_2 \subset X$ 为有界开集, $\Omega_1 \cap \Omega_2 = \varnothing$, 有

$$\Omega = \Omega_1 \cup \Omega_2 \Longrightarrow \deg\{f, \Omega_1, p\} + \deg\{f, \Omega_2, p\}.$$

(iv) (切除性) 设 $K \subset \overline{\Omega}$, 是其中的闭集,

$$p \notin f(K) \Longrightarrow \deg\{f, \Omega, p\} = \deg\{f, \Omega \setminus K, p\}.$$

(v) (同伦不变性) 设 $H : \overline{\Omega} \times [0, 1] \to X$ 连续, $p : [0, 1] \to X$ 连续, 且 $\forall \lambda \in [0, 1]$,

$$p(\lambda) \notin H(\partial\Omega, \lambda) \Rightarrow \deg\{H(\cdot, \lambda), \Omega, p(\lambda)\} \text{ 与 } \lambda \text{ 无关}.$$

定义 1.2.3 设 E 是一个 Banach 空间, P 是 E 中的非空闭集, 如果 P 满足

(i) 任给 $x, y \in P$, $\alpha \geqslant 0, \beta \geqslant 0$, 有 $\alpha x + \beta y \in P$;

(ii) 如果 $x \in P$, $x \neq 0$, 则 $-x \notin P$,

则称 P 是 E 的锥. 由锥 P 可在 E 上建立偏序 "$\preceq$", 即 $\forall x, y \in E$, $x \preceq y \leftrightarrow y - x \in P$.

定理 1.2.4 (Krasnosel'skii 不动点定理) 设 E 是一个 Banach 空间, P 是 E 中的锥, Ω_1, Ω_2 是 E 中的有界开集, $0 \in \overline{\Omega}_1 \subset \Omega_2$, 假设 $T: P \cap (\overline{\Omega}_2 \setminus \Omega_1) \to P$ 是全连续算子, 若以下两个条件有其一成立:

(i) $\|Tx\| \leqslant \|x\|$, $x \in P \cap \partial\Omega_1$; $\|Tx\| \geqslant \|x\|$, $x \in P \cap \partial\Omega_2$.

(ii) $\|Tx\| \geqslant \|x\|$, $x \in P \cap \partial\Omega_1$; $\|Tx\| \leqslant \|x\|$, $x \in P \cap \partial\Omega_2$,

那么, T 在 $P \cap (\overline{\Omega}_2 \setminus \Omega_1)$ 中必有一个不动点.

定理 1.2.5 [88] 令 X 为 Banach 空间, $P \subset X$ 为锥. D 为 X 中的有界开集, $D_p = D \cap P \neq \varnothing$, 且 $\overline{D}_p \neq P$. 假设 $T: \overline{D}_p \to P$ 是全连续的, 且满足当 $x \in \partial D_p$ 时, $x \neq Tx$. 则有以下结论成立:

(1) 如果 $\|Tx\| \leqslant \|x\|, \forall x \in \partial D_p$, 则 $i_p(T, D_p) = 1$;

(2) 如果存在 $e \in P \setminus \{0\}$ 使得对于所有的 $x \in D_p$ 及 $\lambda > 0$, $x \neq Tx + \lambda e$, 则 $i_p(T, D_p) = 0$;

(3) 令 U 为 X 中的开集, 满足 $\overline{U} \subset D_p$. 如果 $i_p(T, D_p) = 1$ 且 $i_p(T, U_p) = 0$, 则 T 在 $D_p \setminus \overline{U}_p$ 中有一个不动点. 如果 $i_p(T, D_p) = 0$ 且 $i_p(T, U_p) = 1$, 则结论同样成立.

令 α 是锥 P 上非负连续凹泛函, γ, θ 是锥 P 上非负连续凸泛函, θ 是锥 P 上非负连续泛函. 对正数 a, b, c, d, 定义 P 的子集如下:

$$P(\gamma, d) = \{x \in P \mid \gamma(x) < d\},$$

$$P(\alpha, \gamma, b, d) = \left\{x \in \overline{P(\gamma^d)} \mid b \leqslant \alpha(x)\right\},$$

$$P(\alpha, \theta, \gamma, b, c, d) = \left\{x \in \overline{P(\gamma^d)} \mid b \leqslant \alpha(x), \ \theta(x) \leqslant c\right\},$$

$$R(\psi, \gamma, a, d) = \left\{x \in \overline{P(\gamma^d)} \mid a \leqslant \psi(x)\right\}.$$

显然 $P(\gamma, d)$, $P(\alpha, \gamma, b, d)$ 和 $P(\alpha, \theta, \gamma, b, c, d)$ 都是凸集, $R(\psi, \gamma, a, d)$ 是一个闭集.

定理 1.2.6 (Avery-Peterson 不动点定理) 设 E 是一个 Banach 空间, P 是 E 中的锥, α 是锥 P 上非负连续凹泛函, γ, θ 是锥 P 上非负连续凸泛函, θ 是锥 P 上非负连续泛函满足对 $0 \leqslant \lambda \leqslant 1$ 有 $\psi(\lambda x) \leqslant \lambda\psi(x)$, 且存在常数 M, d 使得

$$\alpha(x) \leqslant \psi(x), \quad |x| \leqslant M\gamma(x) \quad \text{对所有 } x \in \overline{P(\gamma, d)}. \tag{1.2.1}$$

假设 $T : \overline{P(\gamma, d)} \to \overline{P(\gamma, d)}$ 是全连续算子. 如果存在正数 a, b, c, 其中 $a < b$ 使得

(A$_1$) $\{x \in P(\alpha, \theta, \gamma, b, c, d) \mid \alpha(x) > b\} \neq \varnothing$ 且 $\alpha(Tx) > b$, $x \in P(\alpha, \theta, \gamma, b, c, d)$;

(A$_2$) $\alpha(Tx) > b$, 对于 $x \in P(\alpha, \gamma, b, d)$ 且 $\theta(Tx) > c$;

(A$_3$) $0 \notin R(\psi, \gamma, a, d)$ 且当 $x \in R(\psi_a, \ \gamma^d)$, $\psi(x) = a$ 时有 $\psi(Tx) < a$,

那么算子 T 至少有三个不动点 x_1, x_2, $x_3 \in \overline{P(\gamma, d)}$ 满足

$$\gamma(x_i) \leqslant d, \ i = 1, 2, 3; \quad \psi(x_1) < a; \quad \psi(x_2) > a, \alpha(x_2) < b; \quad \alpha(x_3) > b.$$

定理 1.2.7 (Avery-Henderson 不动点定理[89]) P 为实 Banach 空间 E 中的锥, 记

$$P(\gamma, r) = \{u \in P \mid \gamma(u) < r\},$$

α 和 γ 为锥 P 上的单增、非负连续泛函, θ 为锥 P 上的非负连续泛函, $\theta(0) = 0$, 且存在正常数 r, M 使得对于所有的 $u \in \overline{P(\gamma, r)}$.

$$\gamma(u) \leqslant \theta(u) \leqslant \alpha(u), \quad \|u\| \leqslant M\gamma(u).$$

进而, 假设存在正数 $a < b < r$ 使得

$$\theta(\lambda u) \leqslant \lambda\theta(u), \quad 0 \leqslant \lambda \leqslant 1, \quad u \in \partial P(\theta, b).$$

若 $T : \overline{P(\gamma, r)} \to P$ 是全连续算子且满足

(1) $\gamma(Tu) > r$, $u \in \partial P(\gamma, r)$;

(2) $\theta(Tu) < b$, $u \in \partial P(\theta, r)$;

(3) $P(\alpha, b) \neq \varnothing$, $\alpha(Tu) > a$, $u \in \partial P(\alpha, a)$,

则 T 至少存在两个不动点 u_1, u_2 满足

$$a < \alpha(u_1), \quad \theta(u_1) < b, \quad b < \theta(u_2), \quad \gamma(u_1) < r,$$

a, b, c 为常数, $P_r = \{u \in P \mid \|u\| < r\}$, $P(\alpha, b, d) = \{u \in P \mid a \leqslant \alpha(u), \|u\| \leqslant b\}$.

定理 1.2.8 (Leggett-Williams 不动点定理[90]) $A : \overline{P_c} \to \overline{P_c}$ 为全连续映射, α 为锥 P 上的非负连续凹泛函且 $\forall u \in \overline{P_c}$, $\psi(u) \leqslant \|u\|$. 假设存在 a, b, d, $0 < a < b < d \leqslant c$ 使得

(i) $\{u \in P(\alpha, b, d) \mid \alpha(u) > b\} \neq \varnothing$ 且 $\alpha(Au) > b$, $u \in P(\psi, b, d)$;

(ii) $\|Au\| < a$, $u \in \overline{P_a}$;

(iii) $\psi(Au) > b$, $u \in P(\alpha, b, d)$, $\|Au\| > d$,

则 A 至少存在三个不动点 u_1, u_2, u_3 满足

$$\|u_1\| < a, \quad b < \alpha(u_2), \quad \|u_3\| > a, \quad \|u_3\| < b.$$

1.2.2 迭合度理论

下面介绍本书中所用到的部分迭合度理论, 详细内容可参见文献 [91] 等.

定义 1.2.4 设 X 和 Y 是 Banach 空间, $L : \operatorname{dom} L \subset X \to Y$ 是一个线性映射, 如果

(1) $\operatorname{Im} L$ 是 Y 的闭子空间;

(2) $\dim \operatorname{Ker} L = \operatorname{co dim} \operatorname{Im} L < +\infty$,

则称 L 是指标为零的 Fredholm 算子.

如果 L 是指标为零的 Fredholm 算子, 则存在投影算子 $P : X \to X, Q : Y \to Y$ 满足 $\operatorname{Im} P = \operatorname{Ker} L, \operatorname{Ker} Q = \operatorname{Im} L$, 这样就有 $X = \operatorname{Ker} L \oplus \operatorname{Ker} P, Y = \operatorname{Im} L \oplus \operatorname{Im} Q$. 于是映射 $L|_{\operatorname{dom} L \cap \operatorname{Ker} P} : \operatorname{dom} L \cap \operatorname{Ker} P \to \operatorname{Im} L$ 是可逆的, 记该映射的逆映射为 K_p.

定义 1.2.5 设 Ω 是 X 的一个有界非空开集且满足 $\operatorname{dom} L \cap \Omega \neq \varnothing$, 如果 $QN : \overline{\Omega} \to Y$ 和 $K_p(I - Q)N : \overline{\Omega} \to X$ 都是紧的, 算子 $N : \Omega \to Y$ 称为 L-紧的.

定理 1.2.9 (Mawhin 连续性定理) 设 L 是零指标 Fredholm 算子, N 在 $\overline{\Omega}$ 上是 L-紧的, 如果

(i) $Lx \neq \lambda Nx$, 对任意的 $(x, \lambda) \in [(\operatorname{dom} L \setminus \operatorname{Ker} L) \cap \partial \Omega] \times (0, 1)$;

(ii) $Nx \notin \operatorname{Im} L$, 对任意 $x \in \operatorname{Ker} L \cap \partial \Omega$;

(iii) $\deg(JQN|_{\overline{\Omega} \cap \operatorname{Ker} L}, \Omega \cap \operatorname{Ker} L, 0) \neq 0$, $J : \operatorname{Im} Q \to \operatorname{Ker} L$ 是一同构映射,

则方程 $Lx = Nx$ 在 $\operatorname{dom} L \cap \overline{\Omega}$ 中至少有一个解.

定义 1.2.6 设 X, Z 是两个 Banach 空间, $M : X \cap \operatorname{dom} M \to Z$ 称为拟线性算子, 如果 $\operatorname{Im} M$ 是 Z 的闭集且 $\operatorname{Ker} M$ 线性同构于 n 维 Euclid 空间 $\mathbb{R}^n$.

定义 1.2.7 设 $\Omega \subset X$ 是一个有界开集且 $0 \in \Omega$. 称 $N_\lambda : \overline{\Omega} \to Z, \lambda \in [0, 1]$ 在 $\overline{\Omega}$ 中是 M-紧的, 如果存在 Z 的子空间 Z_1 满足 $\dim Z_1 = \dim \operatorname{Ker} M$ 和全连续算子 $R : \overline{\Omega} \times [0, 1] \to X_2$ 使得对任意的 $\lambda \in [0, 1]$, 有

$$(I - Q)N_\lambda(\overline{\Omega}) \subset \operatorname{Im} M \subset (I - Q)Z; \tag{1.2.2}$$

$$QN_\lambda x = 0, \ \lambda \in (0, 1) \Leftrightarrow QNx = 0, \quad \forall x \in \Omega; \tag{1.2.3}$$

$$R(\cdot, 0) \equiv 0, \ \text{且} \ R(\cdot, \lambda)|_{\Sigma_\lambda} = (I - P)|_{\Sigma_\lambda}; \tag{1.2.4}$$

$$M[P + R(\cdot, \lambda)] = (I - Q)N_\lambda, \tag{1.2.5}$$

其中 X_2 为 $\operatorname{Ker} M$ 在 X 中的补空间, 即 $X = \operatorname{Ker} M \oplus X_2$; P, Q 是投影算子满足 $\operatorname{Im} P = \operatorname{Ker} M, \operatorname{Im} Q = Z_1$; $N = N_1, \Sigma_\lambda = \{x \in \overline{\Omega} \mid Mx = N_\lambda x\}$.

定理 1.2.10 已知 $(X, \| \cdot \|_X)$ 和 $(Z, \| \cdot \|_Z)$ 是两个实 Banach 空间, $\Omega \subset X$ 是一个有界开集且 $0 \in \Omega$. 假设 $M : X \cap \operatorname{dom} M \to Z$ 是拟线性算子, $N_\lambda : \overline{\Omega} \to Z$ 是 M-紧的, $\lambda \in [0, 1]$. 如果

(i) $Mx \neq N_\lambda x$, 对任意的 $(x, \lambda) \in \partial\Omega \times (0, 1)$ 都成立;

(ii) $QNx \neq 0$, 对任意 $x \in \mathrm{Ker}M \cap \partial\Omega$;

(iii) $\deg(JQN, \Omega \cap \mathrm{Ker}M, 0) \neq 0$,

那么算子方程 $Mx = Nx$ 在 $\mathrm{dom}M \cap \overline{\Omega}$ 中至少存在一个解.

事实上, 上述定理可以减弱对投影算子 Q 的要求, 叙述如下:

定义 1.2.8 已知 Y_1 是空间 Y 的有限维子空间. 称 $Q: Y \to Y_1$ 是半投影算子, 如果 Q 是幂等的半线性算子. 这里 Q 是半线性算子, 指对所有的 $\lambda \in \mathbb{R}$ 和 $x \in Y$, $Q(\lambda x) = \lambda Q(x)$ 恒成立.

定理 1.2.11 [8] 当 Q 是半线性算子时, 定理 1.2.10 仍然成立.

1.2.3 抽象基空间中的基本概念、不动点定理和不动点指数定理

下面介绍本书中所用到的抽象基空间中的基本概念和基本定理, 详细内容可参见文献 [69, 92–94] 等.

定义 1.2.9 设 P 是 Banach 空间 E 中的一个锥, 如果 $P^* = \{\psi \in E^* \mid \psi(x) \geqslant 0, \forall x \in P\}$, 则 P^* 是 P 的对偶锥.

定义 1.2.10 设 S 是实 Banach 空间 E 中的一个有界集, 令 $\alpha(S) = \inf\{\delta > 0; S$ 可表示为有限个集合的并: $S = \bigcup_{i=1}^m S_i$, 每个 S_i 的直径 $\mathrm{diam}(S_i)$, 满足 $\mathrm{diam}(S_i) \leqslant \delta, i = 1, 2, \cdots, m\}$. 显然, $0 \leqslant \alpha(S) < \infty$. $\alpha(S)$ 叫做 S 的非紧性测度.

对于 Banach 空间 E 中的有界集 V, $\alpha(V)$ 表示 V 的 Kuratowski 非紧测度. 本节中, $\alpha(\cdot), \alpha_C(\cdot)$ 分别表示 E 和 $C(J, E)$ 中的一个有界集的 Kuratowski 非紧测度.

算子 $A: D \to E\ (D \subset E)$ 称为 k-集压缩的, 如果 $A: D \to E$ 是连续有界的, 且存在常数 $k \geqslant 0$ 使得对任意的有界集 $S \subset D$, 有 $\alpha(A(S)) \leqslant k\alpha(S)$; 如果 $k < 1$, 则称为严格 k-集压缩的.

引理 1.2.12 若 $H \in C(J, E)$ 是有界和等度连续的, 则 $\alpha_C(H) = \alpha(H(J)) = \max_{t \in J} \alpha(H(t))$, 其中 $H(J) = \{x(t) \mid t \in J, x \in H\}, H(t) = \{x(t) \mid x \in H\}$.

引理 1.2.13 令 $D \subset E$ 有界, 映射: $f: J \times S \to E$ 有界且一致连续, 则

$$\alpha(f(J, S)) = \max_{t \in J} \alpha(f(t, S)) \leqslant \eta_l \alpha(S), \quad \forall S \subset D. \tag{1.2.6}$$

引理 1.2.14 设 K 是实 Banach 空间 E 中的锥, 并且 $K_r = \{x \in K \mid \|x\| \leqslant r\}, K_{r,R} = \{x \in K \mid r \leqslant \|x\| \leqslant R\}, R > r > 0$. 假定 $A: K_R \to K$ 是一个严格集压缩算子, 并且下列两个条件之一满足:

(a) $\|Ax\| \geqslant \|x\|, \forall x \in K, \|x\| = r$; $\|Ax\| \leqslant \|x\|, \forall x \in K, \|x\| = R$.

(b) $\|Ax\| \leqslant \|x\|, \forall x \in K, \|x\| = r$; $\|Ax\| \geqslant \|x\|, \forall x \in K, \|x\| = R$.

那么, A 在 $x \in K_{r,R}$ 中至少存在一个不动点.

引理 1.2.15 设 K 是实 Banach 空间 E 中的一个锥, Ω 是 K 中一个有界非空凸开集. 假定 $A : \overline{\Omega} \to K$ 是一个严格集压缩算子, 并且 $A(\overline{\Omega}) \subset \Omega$, 其中 $\overline{\Omega}$ 表示 Ω 在 K 中的闭包. 则必有

$$i(A, \Omega, K) = 1. \tag{1.2.7}$$

第 2 章　几类常微分方程四点边值问题多解性研究

在第 1 章, 我们已经简单介绍了多点边值问题、p-Laplace 方程的发展概况及研究现状, 在此不再赘述.

2.1 节中令 $\xi > \eta$, 研究 p-Laplace 方程

$$(\phi_p(u'(t)))' + h(t)f(t, u(t), u'(t)) = 0, \quad 0 < t < 1$$

在边界条件

$$u(0) + \delta u'(\xi) = 0, \quad u(1) - \delta u'(\eta) = 0,$$

或

$$u(0) + g(u'(\xi)) = 0, \quad u(1) - g(u'(\eta)) = 0$$

下至少三个对称正解的存在性.

2.2 节研究 p-Laplace 方程

$$(\phi_p(u'(t)))' + h(t)f(t, u(t)) = 0, \quad 0 < t < 1$$

在边界条件

$$g_1(u'(0)) - u(\xi) = 0, \quad \beta u'(1) + u(\eta) = 0$$

或

$$\alpha u'(0) - u(\xi) = 0, \quad g_2(u'(1)) + u(\eta) = 0$$

下的边值问题多个正解的存在性.

2.3 节研究具 p-Laplace 算子的 n 阶四点边值问题

$$\begin{cases} (\phi_p(u^{(n-1)}))' + h(t)f(t, u(t), u'(t), \cdots, u^{(n-2)}(t)) = 0, & 0 < t < 1, n \geqslant 3, \\ u^{(i)}(0) = 0, & 0 \leqslant i \leqslant n - 3, \\ u^{(n-1)}(0) - \alpha u^{(n-2)}(\xi) = 0, & n \geqslant 3, \\ u^{(n-1)}(1) + \beta u^{(n-2)}(\eta) = 0, & n \geqslant 3, \end{cases}$$

$$(2.0.1)$$

通过运用 Krasnosel'skii 不动点定理, 得到了其一个及多个正解的存在性.

当 $\alpha > 0$, $\beta > 0$ 时, 文献 [95] 中边值问题的解总是正的, 但 (2.0.1) 的解并非总是正的. 例如, 当 $p = 2$ 时, 考虑下面的三阶四点边值问题:

$$\begin{cases} u''' + 2 = 0, & 0 < t < 1, \\ u(0) = 0, \\ u''(0) - 8u'\left(\dfrac{1}{4}\right) = 0, \\ u''(1) + 4u'\left(\dfrac{1}{2}\right) = 0. \end{cases} \tag{2.0.2}$$

经计算知 $u_0(t) = -\dfrac{1}{3}t^3 + \dfrac{11}{20}t^2 - \dfrac{3}{40}t$ 为边值问题 (2.0.2) 的唯一解. 显然, $u\left(\dfrac{3}{40}\right) < 0$. 因此在 2.3 节中, 为了得到非负解, 我们需要在系数 α 和 β 上加一些限制.

2.1 两类四点边值问题多个对称正解的存在性

本节研究具 p-Laplace 算子的微分方程

$$(\phi_p(u'(t)))' + h(t)f(t, u(t), u'(t)) = 0, \quad 0 < t < 1 \tag{2.1.1}$$

在边界条件

$$u(0) + \delta u'(\xi) = 0, \quad u(1) - \delta u'(\eta) = 0 \tag{2.1.2}$$

或

$$u(0) + g(u'(\xi)) = 0, \quad u(1) - g(u'(\eta)) = 0 \tag{2.1.3}$$

下的边值问题. 其中 $\phi_p(s) = |s|^{p-2}s$, $p > 1$, $\xi, \eta \in (0,1)$, $\xi + \eta = 1$, $\xi > \eta$. $\phi_q(s)$ 表示 $\phi_p(s)$ 的逆, $\dfrac{1}{p} + \dfrac{1}{q} = 1$.

我们总假设

(H$_{2.1.1}$) $h \in L^1[0,1]$ 在 $(0,1)$ 上是非负的, 且在 $(0,1)$ 的任意非零子区间上不恒为 0, $h(t) = h(1-t)$, $t \in [0,1]$.

(H$_{2.1.2}$) $f \in C([0,1] \times [0,+\infty) \times \mathbb{R}, [0,+\infty))$, $f(t,x,y) = f(1-t,x,y)$, $f(t,x,-y) = f(t,x,y)$.

(H$_{2.1.3}$) $\delta > 0$.

(H$_{2.1.4}$) $g(s)$ 为定义在 $(-\infty, +\infty)$ 上的非减连续奇函数且存在 $B \geqslant 0$ 使得对于所有的 $s \geqslant 0$, $g(s) \leqslant Bs$.

如果 $u(t) = u(1-t)$, $0 \leqslant t \leqslant \dfrac{1}{2}$, 我们称 u 为 $[0,1]$ 上的对称函数.

记 $X = C^1[0,1]$, 其范数为

$$\|u\| = \max\left\{\max_{0 \leqslant t \leqslant 1} |u(t)|, \max_{0 \leqslant t \leqslant 1} |u'(t)|\right\}.$$

2.1.1　边值问题 (2.1.1), (2.1.2) 三个对称正解的存在性

定义锥 $P_1 \subset X$ 为

$$P_1 = \{u \in X \mid u(t) \text{ 为 } [0,1] \text{ 上的非负对称凹函数}, \ u(0) + \delta u'(\xi) = 0\}.$$

记 $F_u(t) = h(t)f(t, u(t), u'(t))$，定义算子 $T_1 : P_1 \to X$，

$$(T_1 u)(t) = \begin{cases} \delta\phi_q\left(\displaystyle\int_{\frac{1}{2}}^{\xi} F_u(s)\mathrm{d}s\right) + \displaystyle\int_0^t \phi_q\left(\displaystyle\int_s^{\frac{1}{2}} F_u(\tau)\mathrm{d}\tau\right)\mathrm{d}s, & t \in \left[0, \dfrac{1}{2}\right], \\[4mm] \delta\phi_q\left(\displaystyle\int_{\eta}^{\frac{1}{2}} F_u(s)\mathrm{d}s\right) + \displaystyle\int_t^1 \phi_q\left(\displaystyle\int_{\frac{1}{2}}^s F_u(\tau)\mathrm{d}\tau\right)\mathrm{d}s, & t \in \left[\dfrac{1}{2}, 1\right]. \end{cases}$$

令

$$(T_1^1 u)(t) = \delta\phi_q\left(\int_{\frac{1}{2}}^{\xi} F_u(s)\mathrm{d}s\right) + \int_0^t \phi_q\left(\int_s^{\frac{1}{2}} F_u(\tau)\mathrm{d}\tau\right)\mathrm{d}s, \quad t \in \left[0, \frac{1}{2}\right],$$

$$(T_1^2 u)(t) = \delta\phi_q\left(\int_{\eta}^{\frac{1}{2}} F_u(s)\mathrm{d}s\right) + \int_t^1 \phi_q\left(\int_{\frac{1}{2}}^s F_u(\tau)\mathrm{d}\tau\right)\mathrm{d}s, \quad t \in \left[\frac{1}{2}, 1\right].$$

显然, $(T_1^1 u)(t)$ 在 $t \in \left[0, \dfrac{1}{2}\right]$ 上是连续的, $(T_1^2 u)(t)$ 在 $t \in \left[\dfrac{1}{2}, 1\right]$ 上是连续的, 且有 $(T_1^1 u)\left(\dfrac{1}{2}\right) = (T_1^2 u)\left(\dfrac{1}{2}\right)$, 从而 $(T_1 u)(t)$ 在 $t \in [0,1]$ 上是连续的.

定义锥 P_1 上非负连续凸泛函 θ_1, γ_1, 非负连续泛函 ψ_1 和非负连续凹泛函 α_1 分别为

$$\gamma_1(u) = \max_{0 \leqslant t \leqslant 1} |u'(t)|, \qquad \psi_1(u) = \theta_1(u) = \max_{0 \leqslant t \leqslant 1} |u(t)|,$$

$$\alpha_1(u) = \min_{\varepsilon \leqslant t \leqslant 1-\varepsilon} |u(t)| \quad (0 < \varepsilon < 1).$$

引理 2.1.1　$T_1 : P_1 \to P_1$ 是全连续算子.

证明　第一步: 验证 $T_1 : P_1 \to P_1$.

$\forall u(t) \in P_1$, 显然 $(T_1 u)(t) \in C^1[0,1]$, $(T_1 u)''(t) = -h(t)f(t, u(t), u'(t)) \leqslant 0, (T_1 u)(0) + \delta(T_1 u)'(\xi) = 0$, 下证 $(T_1 u)(t) = (T_1 u)(1-t)$. 由 $(\mathrm{H}_{2.1.2})$ 知, 对于 $0 \leqslant t \leqslant \dfrac{1}{2}$, 有

$$(T_1u)(t) = \delta\phi_q\left(\int_{\frac{1}{2}}^{\xi} F_u(s)\mathrm{d}s\right) + \int_0^t \phi_q\left(\int_s^{\frac{1}{2}} F_u(\tau)\mathrm{d}\tau\right)\mathrm{d}s$$

$$= \delta\phi_q\left(\int_{1-\xi}^{\frac{1}{2}} F_u(1-s)\mathrm{d}s\right) + \int_{1-t}^1 \phi_q\left(\int_{1-s}^{\frac{1}{2}} F_u(\tau)\mathrm{d}\tau\right)\mathrm{d}s$$

$$= \delta\phi_q\left(\int_{\eta}^{\frac{1}{2}} h(s)f(1-s, u(s), -u'(s))\mathrm{d}s\right) + \int_{1-t}^1 \phi_q\left(\int_{\frac{1}{2}}^s F_u(1-\tau)\mathrm{d}\tau\right)\mathrm{d}s$$

$$= \delta\phi_q\left(\int_{\eta}^{\frac{1}{2}} F_u(s)\mathrm{d}s\right) + \int_{1-t}^1 \phi_q\left(\int_{\frac{1}{2}}^s F_u(\tau)\mathrm{d}\tau\right)\mathrm{d}s = (T_1u)(1-t).$$

则 $T_1: P_1 \to P_1$.

第二步: 验证 $(T_1u)(t)$ 在 $u \in P_1$ 上是连续的.

令 $u_n \to u \ (n \to \infty)$, 下证: 在 X 中, 当 $n \to \infty$ 时, $(T_1u_n)(t) \to (T_1u)(t)$. 取 $u \in P_1$, 则存在实数 r 使得 $\|u\| \leqslant r$, 由 (H$_{2.1.2}$) 得 $S_r := \sup\{f(t, u(t), u'(t)) \mid 0 \leqslant t \leqslant 1, \ 0 \leqslant u(t) \leqslant r, \ -r \leqslant u'(t) \leqslant r\} < +\infty$. 当 $t \in \left[0, \dfrac{1}{2}\right]$ 时, 有

$$\left|\delta\phi_q\left(\int_{\eta}^{\frac{1}{2}} F_u(s)\mathrm{d}s\right) + \int_0^t \phi_q\left(\int_s^{\frac{1}{2}} F_u(\tau)\mathrm{d}\tau\right)\mathrm{d}s\right| < +\infty,$$

$$\left|\phi_q\left(\int_t^{\frac{1}{2}} F_u(s)\mathrm{d}s\right)\right| < +\infty.$$

由 Lebesgue 控制收敛定理和 ϕ_q^{-1} 的连续性可知

$$\lim_{n\to+\infty}(T_1u_n)(t) = \lim_{n\to+\infty}\left[\delta\phi_q\left(\int_{\frac{1}{2}}^{\xi} F_{u_n}(s)\mathrm{d}s\right) + \int_0^t \phi_q\left(\int_s^{\frac{1}{2}} F_{u_n}(\tau)\mathrm{d}\tau\right)\mathrm{d}s\right]$$

$$= \delta\phi_q\left(\int_{\frac{1}{2}}^{\xi} \lim_{n\to+\infty} F_{u_n}(s)\mathrm{d}s\right) + \int_0^t \phi_q\left(\int_s^{\frac{1}{2}} \lim_{n\to+\infty} F_{u_n}(\tau)\mathrm{d}\tau\right)\mathrm{d}s$$

$$= (T_1u)(t),$$

$$\lim_{n\to+\infty}(T_1u_n)'(t) = \lim_{n\to+\infty}\phi_q\left(\int_t^{\frac{1}{2}} F_{u_n}(s)\mathrm{d}s\right) = \phi_q\left(\int_t^{\frac{1}{2}} \lim_{n\to+\infty} F_{u_n}(s)\mathrm{d}s\right)$$

$$= (T_1(u))'(t).$$

当 $\dfrac{1}{2} \leqslant t \leqslant 1$ 时, 类似可得 $\lim\limits_{n\to+\infty}(T_1u_n)(t) = (T_1u)(t)$, $\lim\limits_{n\to+\infty}(T_1u_n)'(t) = (T_1u)'(t)$, 从而 T_1 在 P_1 上是连续的.

第三步: 验证在 $t \in [0,1]$ 上, T_1 映有界集为相对紧集.

令 Ω 为 X 上的任意有界集, 下证 $T\Omega$ 为相对紧集. 由第二步知, $\forall u \in \Omega$, $T_1 u$ 是有界的. 因此仅需证明 $(T_1 u)(t)$ 在 $t \in [0,1]$ 上为等度连续的. $\forall u \in \Omega$, $t_1, t_2 \in \left[0, \dfrac{1}{2}\right]$, 有

$$|(T_1 u)(t_1) - (T_1 u)(t_2)| = \left| \int_{t_1}^{t_2} \phi_q \left(\int_s^{\frac{1}{2}} F_u(\tau) \mathrm{d}\tau \right) \mathrm{d}s \right| \to 0, \quad t_1 \to t_2.$$

$$|(T_1 u)'(t_1) - (T_1 u)'(t_2)| = \left| \phi_q \left(\int_{t_1}^{t_2} F_u(\tau) \mathrm{d}\tau \right) \right| \to 0, \quad t_1 \to t_2.$$

同理, 当 $t_1, t_2 \in \left[\dfrac{1}{2}, 1\right]$, $t_1 \to t_2$ 时, $|(T_1 u)(t_1) - (T_1 u)(t_2)| \to 0$. 当 $t_1 \in \left[0, \dfrac{1}{2}\right]$, $t_2 \in \left[\dfrac{1}{2}, 1\right]$ 时, 若 $t_1 \to t_2$, 则 $t_1 \to \dfrac{1}{2}, t_2 \to \dfrac{1}{2}$, 因此, 此时仍有

$$|(T_1 u)(t_1) - (T_1 u)(t_2)| \to 0.$$

综上可得 $T_1 : P_1 \to P_1$ 是全连续算子. □

引理 2.1.2　$\forall u \in P_1$, 存在常数 $M = \max\left\{1, \dfrac{1}{2} + \delta\right\}$ 使得

$$\max_{0 \leqslant t \leqslant 1} |u(t)| \leqslant M \max_{0 \leqslant t \leqslant 1} |u'(t)|.$$

证明　$\forall u \in P_1$, 有

$$\max_{0 \leqslant t \leqslant 1} |u(t)| = \left| u \left(\frac{1}{2} \right) \right| = \left| u(0) + \int_0^{\frac{1}{2}} u'(t) \mathrm{d}t \right|$$

$$\leqslant |-\delta u'(\xi)| + \int_0^{\frac{1}{2}} |u'(t)| \mathrm{d}t \leqslant \left(\frac{1}{2} + \delta \right) \max_{0 \leqslant t \leqslant 1} |u'(t)|.$$

令 $M = \max\left\{1, \dfrac{1}{2} + \delta\right\}$, 则结论成立. □

引理 2.1.3　$\forall u \in P_1$, $u(t) \geqslant t(1-t) \max\limits_{0 \leqslant s \leqslant 1} |u(s)|$.

接下来给出边值问题 (2.1.1), (2.1.2) 至少存在三个对称正解的充分性条件. 记

$$L_1 = \phi_q \left(\int_0^{\frac{1}{2}} h(s) \mathrm{d}s \right),$$

$$M_1 = \int_{\varepsilon}^{\frac{1}{2}} \phi_q \left(\int_s^{\frac{1}{2}} h(\tau)\mathrm{d}\tau \right) \mathrm{d}s + \delta\phi_q \left(\int_{\frac{1}{2}}^{\xi} h(s)\mathrm{d}s \right),$$

$$N_1 = \int_0^{\frac{1}{2}} \phi_q \left(\int_s^{\frac{1}{2}} h(\tau)\mathrm{d}\tau \right) \mathrm{d}s + \delta\phi_q \left(\int_{\frac{1}{2}}^{\xi} h(s)\mathrm{d}s \right),$$

$$C_1 = 2\delta \left(\xi - \frac{1}{2} \right), \quad c_1 = \frac{C_1 + \dfrac{1}{4}}{C_1\varepsilon(1-\varepsilon)}.$$

注 2.1.1 易见 $c_1 > \dfrac{1}{\varepsilon(1-\varepsilon)}$.

定理 2.1.4 假设 $(\mathrm{H}_{2.1.1}) \sim (\mathrm{H}_{2.1.3})$ 成立, $0 < a_1 < b_1 \leqslant m_1 d_1$, 进而假设 f 满足

$(\mathrm{H}_{2.1.5})$ $f(t,x,y) \leqslant \phi_p(d_1/L_1)$, $(t,x,y) \in [0,1] \times [0, Md_1] \times [-d_1, d_1]$.

$(\mathrm{H}_{2.1.6})$ $f(t,x,y) > \phi_p\left(b_1/(M_1\varepsilon(1-\varepsilon))\right)$, $(t,x,y) \in [\varepsilon, 1-\varepsilon] \times [b_1, c_1 b_1] \times [-d_1, d_1]$.

$(\mathrm{H}_{2.1.7})$ $f(t,x,y) < \phi_p(a_1/N_1)$, $(t,x,y) \in [0,1] \times [0, a] \times [-d_1, d_1]$,
其中 $m_1 = \min\{M, C_1\varepsilon(1-\varepsilon)\}$, 则边值问题 (2.1.1), (2.1.2) 至少存在三个对称正解 u_1, u_2, u_3 满足

$$\max_{0\leqslant t\leqslant 1} |u_i'(t)| \leqslant d_1, \qquad i = 1, 2, 3;$$

$$\max_{0\leqslant t\leqslant 1} |u_1(t)| < a_1; \qquad \max_{0\leqslant t\leqslant 1} |u_2(t)| > a_1; \tag{2.1.4}$$

$$\min_{\varepsilon\leqslant t\leqslant 1-\varepsilon} |u_2(t)| < b_1; \qquad \min_{\varepsilon\leqslant t\leqslant 1-\varepsilon} |u_3(t)| > b_1.$$

证明 容易验证, 边值问题 (2.1.1), (2.1.2) 存在解 $u = u(t)$ 当且仅当它是 $u = T_1 u$ 的不动点. 因此我们只需验证算子 T_1 满足 Avery-Peterson 不动点定理, 进而可得 T_1 至少存在三个不动点. 下分四步来证明主要结果.

第一步: 如果 $u \in \overline{P_1(\gamma_1, d_1)}$, 则 $\gamma_1(u) = \max\limits_{0\leqslant t\leqslant 1} |u'(t)| \leqslant d_1$. 由引理 2.1.2 可得 $\max\limits_{0\leqslant t\leqslant 1} |u(t)| \leqslant Md_1$, 则由 $(\mathrm{H}_{2.1.5})$ 知 $f(t,x,y) \leqslant \phi_p(d_1/L_1)$. 另一方面, 对于任意的 $u \in P_1$, 有 $T_1 u \in P_1$, 则 $T_1 u$ 是凹的, 且在 $[0,1]$ 上是对称的. $\max\limits_{0\leqslant t\leqslant 1} |(T_1 u)'(t)| = |(T_1 u)'(0)|$, 则

$$\gamma_1(T_1 u) = \max_{0\leqslant t\leqslant 1} ((T_1 u)'(t)) = (T_1 u)'(0) = \phi_q \left(\int_0^{\frac{1}{2}} F_u(s)\mathrm{d}s \right) \leqslant \frac{d_1}{L_1} \cdot L_1 = d_1.$$

因此, $T_1 : \overline{P_1(\gamma_1, d_1)} \to \overline{P_1(\gamma_1, d_1)}$.

第二步: 为了验证定理 1.2.6 中的 (A_1) 成立, 取

$$u_1(t) = \left[-\left(t - \frac{1}{2} \right)^2 + C_1 + \frac{1}{4} \right] \cdot \frac{b_1}{C_1 \varepsilon (1-\varepsilon)},$$

有

$$\alpha_1(u_1) = \min_{\varepsilon \leqslant t \leqslant 1-\varepsilon} |u_1(t)| > b_1,$$

$$\theta_1(u_1) = \max_{0 \leqslant t \leqslant 1} |u_1(t)| = u_1\left(\frac{1}{2} \right) = \frac{C_1 + \dfrac{1}{4}}{C_1 \varepsilon (1-\varepsilon)} b_1 = c_1 b_1,$$

$$\gamma_1(u_1) = \max_{0 \leqslant t \leqslant 1} |u_1'(t)| = u_1'(0) = \frac{b_1}{C_1 \varepsilon (1-\varepsilon)} \leqslant d_1.$$

则 $u_1 \in P_1(\alpha_1, \theta_1, \gamma_1, b_1, c_1 b_1, d_1)$ 且 $\{u \in P_1(\alpha_1, \theta_1, \gamma_1, b_1, c_1 b_1, d_1) \mid \alpha_1(u) > b_1\} \neq \varnothing$. 若 $u \in P_1(\alpha_1, \theta_1, \gamma_1, b_1, c_1 b_1, d_1)$, 则 $b_1 \leqslant u(t) \leqslant c_1 b_1, |u_1'(t)| \leqslant d_1$, 从而由 $(\mathrm{H}_{2.1.6})$ 和引理 2.1.3 知

$$\alpha_1(T_1 u) = \min_{\varepsilon \leqslant s \leqslant (1-\varepsilon)} |(T_1 u)(s)| \geqslant \varepsilon(1-\varepsilon) \max_{0 \leqslant t \leqslant 1} |(T_1 u)(t)| = \varepsilon(1-\varepsilon) \left| (T_1 u)\left(\frac{1}{2} \right) \right|$$

$$\geqslant \varepsilon(1-\varepsilon) \left[\int_{\varepsilon}^{\frac{1}{2}} \phi_q \left(\int_{s}^{\frac{1}{2}} F_u(\tau) \mathrm{d}\tau \right) \mathrm{d}s + \delta \phi_q \left(\int_{\frac{1}{2}}^{\xi} F_u(s) \mathrm{d}s \right) \right]$$

$$\geqslant \varepsilon(1-\varepsilon) \cdot \frac{b_1}{\varepsilon(1-\varepsilon) M_1} \cdot M_1 = b_1,$$

即定理 1.2.6 的 (A_1) 成立.

第三步: 由引理 2.1.3 知

$$\alpha_1(T_1 u) \geqslant \varepsilon(1-\varepsilon)\theta_1(T_1 u) > \varepsilon(1-\varepsilon) c_1 b_1 = \varepsilon(1-\varepsilon) \frac{b_1}{\varepsilon(1-\varepsilon)} = b_1.$$

对于所有的 $u \in P_1(\alpha_1, \gamma_1, b_1, d_1)$, $\theta_1(T_1 u) > c_1 b_1$, 即定理 1.2.6 的 (A_2) 成立.

第四步: 最后证明定理 1.2.6 的 (A_3) 成立. 显然, $\psi_1(0) = 0 < a_1$, $0 \notin R_1(\psi_1, \gamma_1, a_1, d_1)$. 假设 $u \in R_1(\psi_1, \gamma_1, a_1, d_1)$ 且 $\psi_1(u) = a_1$, 则由 $(\mathrm{H}_{2.1.7})$ 得

$$\psi_1(T_1 u) = \max_{0 \leqslant t \leqslant 1} |(T_1 u)(t)| = \left| (T_1 u)\left(\frac{1}{2} \right) \right|$$

$$= \int_0^{\frac{1}{2}} \phi_q \left(\int_s^{\frac{1}{2}} F_u(\tau) \mathrm{d}\tau \right) \mathrm{d}s + \delta \phi_q \left(\int_{\frac{1}{2}}^{\xi} F_u(s) \mathrm{d}s \right)$$

$$< \frac{a_1}{N_1} \cdot N_1 = a_1,$$

即定理 1.2.6 的 (A₃) 成立. 从而应用定理 1.2.6 可得边值问题 (2.1.1), (2.1.2) 至少存在三个对称正解 u_1, u_2, u_3 满足(2.1.4).　　　□

2.1.2　边值问题 (2.1.1), (2.1.3) 三个对称正解的存在性

本小节中, 我们将给出边值问题 (2.1.1), (2.1.3) 三个对称正解的存在性结果. 方法类似, 因此本小节将省略部分证明.

定义锥 $P_2 \subset X$ 为

$$P_2 = \{u \in X \mid u(t) \text{ 为 } [0,1] \text{ 上的非负对称凹函数}, u(0) + Bu'(\xi) \leqslant 0\}.$$

定义锥 P_2 上的非负连续凸泛函 γ_2、非负连续泛函 ψ_2 和 θ_2 及非负连续凹泛函 α_2 分别为

$$\gamma_2(u) = \max_{0 \leqslant t \leqslant 1} |u'(t)|, \qquad \psi_2(u) = \theta_2(u) = \max_{0 \leqslant t \leqslant 1} |u(t)|,$$

$$\alpha_2(u) = \min_{\varepsilon \leqslant t \leqslant (1-\varepsilon)} |u(t)| \quad (0 < \varepsilon < 1).$$

引理 2.1.5　若 $u \in P_2$ 为边值问题 (2.1.1),(2.1.3) 的解, 则它可表示为

$$u(t) = \begin{cases} g\left(\phi_q \left(\int_{\frac{1}{2}}^{\xi} F_u(s)\mathrm{d}s \right) \right) + \int_0^t \phi_q \left(\int_s^{\frac{1}{2}} F_u(\tau)\mathrm{d}\tau \right) \mathrm{d}s, & t \in \left[0, \frac{1}{2}\right], \\ g\left(\phi_q \left(\int_\eta^{\frac{1}{2}} F_u(s)\mathrm{d}s \right) \right) + \int_t^1 \phi_q \left(\int_{\frac{1}{2}}^s F_u(\tau)\mathrm{d}\tau \right) \mathrm{d}s, & t \in \left[\frac{1}{2}, 1\right]. \end{cases}$$

证明　若 $u \in P_2$ 为边值问题 (2.1.1), (2.1.3) 的解, 则 $u(t)$ 必关于 $\frac{1}{2}$ 对称且 $u'\left(\frac{1}{2}\right) = 0$.

$$-(\phi_p(u'(t)))' = h(t)f(t, u(t), u'(t)).$$

当 $t \in \left[0, \frac{1}{2}\right]$ 时, 对上式两端从 t 到 $\frac{1}{2}$ 积分得

$$\phi_p(u'(t)) = \int_t^{1/2} F_u(s)\mathrm{d}s,$$

则

$$u'(t) = \phi_q \left(\int_t^{1/2} F_u(s)\mathrm{d}s \right). \tag{2.1.5}$$

对 (2.1.5) 式两端从 0 到 t 积分得

$$u(t) = u(0) + \int_0^t \phi_q \left(\int_s^{1/2} F_u(\tau)\mathrm{d}\tau \right)\mathrm{d}s. \tag{2.1.6}$$

当 $t \in \left[\dfrac{1}{2}, 1 \right]$ 时, 由(2.1.5)易得

$$u'(t) = -\phi_q \left(\int_{1/2}^t F_u(s)\mathrm{d}s \right),$$

从而有

$$u'(\xi) = -\phi_q \left(\int_{1/2}^\xi F_u(s)\mathrm{d}s \right).$$

由边界条件 (2.1.3) 及 $(H_{2.1.4})$ 得

$$u(0) = -g(u'(\xi)) = g \left(\phi_q \left(\int_{1/2}^\xi F_u(s)\mathrm{d}s \right) \right). \tag{2.1.7}$$

将(2.1.7)代入(2.1.6)得

$$u(t) = g \left(\phi_q \left(\int_{1/2}^\xi F_u(s)\mathrm{d}s \right) \right) + \int_0^t \phi_q \left(\int_s^{1/2} F_u(\tau)\mathrm{d}\tau \right)\mathrm{d}s, \ t \in \left[0, \dfrac{1}{2} \right]. \tag{2.1.8}$$

同理有

$$u(t) = g \left(\phi_q \left(\int_\eta^{1/2} F_u(s)\mathrm{d}s \right) \right) + \int_t^1 \phi_q \left(\int_{1/2}^s F_u(\tau)\mathrm{d}\tau \right)\mathrm{d}s, \ t \in \left[\dfrac{1}{2}, 1 \right]. \tag{2.1.9}$$

$\square$

定义算子 $T_2 : P_2 \to X$ 为

$$(T_2u)(t) = \begin{cases} g \left(\phi_q \left(\displaystyle\int_{\frac{1}{2}}^\xi F_u(s)\mathrm{d}s \right) \right) + \displaystyle\int_0^t \phi_q \left(\displaystyle\int_s^{\frac{1}{2}} F_u(\tau)\mathrm{d}\tau \right)\mathrm{d}s, & t \in \left[0, \dfrac{1}{2} \right], \\[4mm] g \left(\phi_q \left(\displaystyle\int_\eta^{\frac{1}{2}} F_u(s)\mathrm{d}s \right) \right) + \displaystyle\int_t^1 \phi_q \left(\displaystyle\int_{\frac{1}{2}}^s F_u(\tau)\mathrm{d}\tau \right)\mathrm{d}s, & t \in \left[\dfrac{1}{2}, 1 \right]. \end{cases}$$

与 2.1.1 小节类似地讨论可得 $(T_2u)(t)$ 在 $t \in [0,1]$ 上是连续的.

引理 2.1.6 对于 $u \in P_2$, 有 $\max\limits_{0 \leqslant t \leqslant 1} |u(t)| \leqslant \overline{M} \max\limits_{0 \leqslant t \leqslant 1} |u'(t)|$, 其中 $\overline{M} = B + \dfrac{1}{2}$.

证明 对于 $u \in P_2$, 有

$$\max_{0 \leqslant t \leqslant 1} |u(t)| = u\left(\frac{1}{2}\right) = u(0) + \int_0^{\frac{1}{2}} u'(t)\mathrm{d}t \leqslant -Bu'(\xi) + \frac{1}{2}\max_{0 \leqslant t \leqslant 1}|u'(t)|$$

$$\leqslant \left(B + \frac{1}{2}\right)\max_{0 \leqslant t \leqslant 1}|u'(t)| = \overline{M}\max_{0 \leqslant t \leqslant 1}|u'(t)|. \qquad \square$$

引理 2.1.7 $T_2 : P_2 \to P_2$ 是全连续算子.

证明 首先证明 $T_2 : P_2 \to P_2$.

对于 $u \in P_2$,

$$(T_2u)(0) = g\left(\phi_q\left(\int_{1/2}^{\xi} F_u(s)\mathrm{d}s\right)\right), \quad (T_2u)'(\xi) = -\phi_q\left(\int_{1/2}^{\xi} F_u(s)\mathrm{d}s\right).$$

由 $(\mathrm{H}_{2.1.4})$ 可得 $(T_2u)(0) + g((T_2u)'(\xi)) = 0$, 从而有

$$(T_2u)(0) + B(T_2u)'(\xi) \leqslant (T_2u)(0) + g((T_2u)'(\xi)) = 0.$$

另一方面, 易见 T_2u 为非负对称凹函数. 从而 $T_2 : P_2 \to P_2$.

与引理 2.1.1 类似地讨论可得 T_2 也是全连续算子. $\qquad \square$

记

$$L_2 = \phi_q\left(\int_0^{\frac{1}{2}} h(s)\mathrm{d}s\right),$$

$$M_2 = \int_\varepsilon^{\frac{1}{2}} \phi_q\left(\int_s^{\frac{1}{2}} h(\tau)\mathrm{d}\tau\right)\mathrm{d}s + g\left(\phi_q\left(\int_{\frac{1}{2}}^{\xi} h(s)\mathrm{d}s\right)\right),$$

$$N_2 = \int_0^{\frac{1}{2}} \phi_q\left(\int_s^{\frac{1}{2}} h(\tau)\mathrm{d}\tau\right)\mathrm{d}s + g\left(\phi_q\left(\int_{\frac{1}{2}}^{\xi} h(s)\mathrm{d}s\right)\right),$$

$$C_2 = B(2\xi - 1), \quad c_2 = \frac{C_2 + \dfrac{1}{4}}{C_2\varepsilon(1-\varepsilon)}.$$

定理 2.1.8 假设 $(\mathrm{H}_{2.1.1})$, $(\mathrm{H}_{2.1.2})$, $(\mathrm{H}_{2.1.4})$ 成立, $0 < a_2 < b_2 \leqslant m_2d_2$, 且 f 满足

(H$_{2.1.8}$) $f(t,x,y) \leqslant \phi_p(d_2/L_2)$, $(t,x,y) \in [0,1] \times [0, \overline{M}d_2] \times [-d_2, d_2]$.

(H$_{2.1.9}$) $f(t,x,y) > \phi_p(b_2/(M_2\varepsilon(1-\varepsilon)))$, $(t,x,y) \in [\varepsilon, 1-\varepsilon] \times [b_2, c_2 b_2] \times [-d_2, d_2]$.

(H$_{2.1.10}$) $f(t,x,y) < \phi_p(a_2/N_2)$, $(t,x,y) \in [0,1] \times [0, a_2] \times [-d_2, d_2]$,

其中 $m_2 = \min\{\overline{M}, C_2\varepsilon(1-\varepsilon)\}$, 则边值问题 (2.1.1), (2.1.3) 至少存在三个对称正解 u_1, u_2, u_3 满足

$$\max_{0 \leqslant t \leqslant 1} |u_i'(t)| \leqslant d_2, \qquad i = 1,2,3;$$

$$\max_{0 \leqslant t \leqslant 1} |u_1(t)| < a_2; \qquad \max_{0 \leqslant t \leqslant 1} |u_2(t)| > a_2; \qquad (2.1.10)$$

$$\min_{\varepsilon \leqslant t \leqslant (1-\varepsilon)} |u_2(t)| < b_2; \qquad \min_{\varepsilon \leqslant t \leqslant (1-\varepsilon)} |u_3(t)| > b_2.$$

证明　本小节中, 我们仅证明定理 1.2.6 中的条件 (A$_1$) 成立. 取 $u_2(t) = \left[-\left(t - \dfrac{1}{2}\right)^2 + C_2 + \dfrac{1}{4} \right] \dfrac{b_2}{C_2\varepsilon(1-\varepsilon)}$, 易证 $u_2(t) \in P_2(\alpha_2, \theta_2, \gamma_2, b_2, c_2 b_2, d_2)$, $\{u \in P_2(\alpha_2, \theta_2, \gamma_2, b_2, c_2 b_2, d_2) | \alpha_2(u) > b_2\} \neq \varnothing$. 若 $u \in P_2(\alpha_2, \theta_2, \gamma_2, b_2, c_2 b_2, d_2)$, 则有 $b_2 \leqslant u(t) \leqslant c_2 b_2, |u'(t)| \leqslant d_2$. 由 (H$_{2.1.9}$) 和引理 2.1.5 得

$$\alpha_2(T_2 u) = \min_{\varepsilon \leqslant t \leqslant 1-\varepsilon} |(T_2 u)(t)| \geqslant \varepsilon(1-\varepsilon) \max_{0 \leqslant t \leqslant 1} |(T_2 u)(t)| = \varepsilon(1-\varepsilon) \left| (T_2 u)\left(\frac{1}{2}\right) \right|$$

$$\geqslant \varepsilon(1-\varepsilon)\left[\int_\varepsilon^{\frac{1}{2}} \phi_q\left(\int_s^{\frac{1}{2}} F_u(\tau)\mathrm{d}\tau \right)\mathrm{d}s + g\left(\phi_q\left(\int_{\frac{1}{2}}^\xi F_u(s)\mathrm{d}s \right) \right) \right]$$

$$\geqslant \varepsilon(1-\varepsilon) \cdot \frac{b_2}{\varepsilon(1-\varepsilon)M_2} \cdot M_2 = b_2.$$

即定理 1.2.6 的 (A$_1$) 成立.　　　　　　　　　　　　　　　　　　　　□

2.1.3　例子

例 2.1.1

$$\begin{cases} (\phi_3(u'(t)))' + f(t, u(t), u'(t)) = 0, \\ u(0) + u'(2/3) = 0, \quad u(1) - u'(1/3) = 0, \end{cases} \qquad (2.1.11)$$

其中 $f(t,x,y) = \begin{cases} \dfrac{\mathrm{e}^{-t(1-t)}}{10} + \left(\dfrac{10u}{17}\right)^5 + \dfrac{1}{10}\left|\dfrac{v}{300}\right|, & 0 \leqslant u \leqslant 16, \\[4mm] \dfrac{\mathrm{e}^{-t(1-t)}}{10} + \left(\dfrac{160}{17}\right)^5 + \dfrac{1}{10}\left|\dfrac{v}{300}\right|, & u \geqslant 16. \end{cases}$　可以看出 $p =$

$3, h(t) = 1, \delta = 1, \xi = \dfrac{2}{3}, \eta = \dfrac{1}{3}$. 取 $\varepsilon = \dfrac{1}{5}, a_1 = \dfrac{3}{2}, b_1 = 12, d_1 = 300$. 则

$q = \dfrac{3}{2}, M = \dfrac{3}{2}, C_1 = \dfrac{1}{3}, 1 - \varepsilon = \dfrac{4}{5}, m_1 = \dfrac{4}{75}$,

$$L_1 = \sqrt{\int \int_0^{\frac{1}{2}} \mathrm{d}s} < 1, \quad M_1 = \int_{\frac{1}{10}}^{\frac{1}{2}} \left(\sqrt{\int \int_s^{\frac{1}{2}} \mathrm{d}\tau} \right) \mathrm{d}s + 2\sqrt{\int \int_{\frac{1}{3}}^{\frac{1}{2}} \mathrm{d}s} > 0.8,$$

$$N_1 = \int_0^{\frac{1}{2}} \left(\sqrt{\int \int_s^{\frac{1}{2}} \mathrm{d}\tau} \right) \mathrm{d}s + 2\sqrt{\int \int_{\frac{1}{3}}^{\frac{1}{2}} \mathrm{d}s} < 1.2,$$

$$f(t, x, y) \leqslant \frac{1}{10} + \left(\frac{160}{17} \right)^5 + \frac{1}{10} < 9 \times 10^4 \leqslant \phi_3 \left(\frac{d_1}{L_1} \right),$$

$$(t, x, y) \in [0, 1] \times [0, 450] \times [-300, 300];$$

$$f(t, x, y) > 0.9 \times 10^4 > \phi_3 \left(\frac{b_1}{M_1 \varepsilon (1 - \varepsilon)} \right),$$

$$(t, x, y) \in \left[\frac{1}{5}, \frac{4}{5} \right] \times \left[12, \frac{525}{4} \right] \times [-300, 300];$$

$$f(t, x, y) < 1 \leqslant \phi_3 \left(\frac{a_1}{N_1} \right), \quad (t, x, y) \in [0, 1] \times \left[0, \frac{3}{2} \right] \times [-300, 300].$$

则定理 2.1.1 的所有条件均成立. 从而边值问题 (2.1.1) 存在至少三个对称正解 u_1, u_2, u_3 满足

$$\max_{0 \leqslant t \leqslant 1} |u_i'(t)| \leqslant 300, \qquad i = 1, 2, 3;$$

$$\max_{0 \leqslant t \leqslant 1} |u_1(t)| < 1; \qquad \max_{0 \leqslant t \leqslant 1} |u_2(t)| > 1;$$

$$\min_{\varepsilon \leqslant t \leqslant 1 - \varepsilon} |u_2(t)| < 12; \qquad \min_{\varepsilon \leqslant t \leqslant 1 - \varepsilon} |u_3(t)| > 12.$$

例 2.1.2

$$\begin{cases} u'' + t(1-t)f(t, u(t), u'(t)) = 0, & 0 < t < 1, \\ u(0) + g(u'(4/5)) = 0, \quad u(0) - g(u'(1/5)) = 0, \end{cases} \tag{2.1.12}$$

其中 $g(u) = \begin{cases} u^3, & |u| \leqslant 1, \\ u^{\frac{1}{3}}, & |u| > 1, \end{cases}$ $f(t, x, y) = \begin{cases} 10 \sin t(1-t) + u^6 + \dfrac{|v|}{10000}, & 0 \leqslant u \leqslant 8.5, \\ 10 \sin t(1-t) + 8.5^6 + \dfrac{|v|}{10000}, & u > 8.5. \end{cases}$

由 (2.1.2) 知 $p = 2, \xi = \dfrac{4}{5}, \eta = \dfrac{1}{5}$. 取 $a_2 = \dfrac{1}{2}, b_2 = 5, d_2 = 4 \times 10^4, \varepsilon = \dfrac{1}{4}, 1 - \varepsilon = \dfrac{3}{4}$.
则 $q = 2, \overline{M} = \dfrac{3}{2}, L_2 = \dfrac{1}{12}, M_2 = \dfrac{23}{12 \times 256} + g\left(\dfrac{99}{375 \times 4}\right) > 0.007, N_2 = \dfrac{5}{192} +$
$g\left(\dfrac{99}{375 \times 4}\right) < 0.03$.

$$f(t, x, y) \leqslant 10 + 8.5^6 + 4 < 4.8 \times 10^5 = \phi_2\left(\frac{d_2}{L_2}\right),$$

$$(t, x, y) \in [0, 1] \times [0, 6 \times 10^4] \times [-4 \times 10^4, 4 \times 10^4];$$

$$f(t, x, y) > 5^6 > 10000 > \phi_2\left(\frac{b_2}{M_2 \varepsilon (1 - \varepsilon)}\right),$$

$$(t, x, y) \in \left[\frac{1}{4}, \frac{3}{4}\right] \times [5, 8000] \times [-4 \times 10^4, 4 \times 10^4];$$

$$f(t, x, y) < 10 + \left(\frac{1}{2}\right)^6 + 4 < 15 < \phi_2\left(\frac{a_2}{N_2}\right),$$

$$(t, x, y) \in [0, 1] \times \left[0, \frac{1}{2}\right] \times [-4 \times 10^4, 4 \times 10^4].$$

因此可得边值问题 (2.1.2) 至少存在三个对称正解满足

$$\max_{0 \leqslant t \leqslant 1} |u_i'(t)| \leqslant 4 \times 10^4, \quad i = 1, 2, 3;$$

$$\max_{0 \leqslant t \leqslant 1} |u_1(t)| < \frac{1}{2}; \quad \max_{0 \leqslant t \leqslant 1} |u_2(t)| > \frac{1}{2};$$

$$\min_{\frac{1}{4} \leqslant t \leqslant \frac{3}{4}} |u_2(t)| < 5; \quad \min_{\frac{1}{4} \leqslant t \leqslant \frac{3}{4}} |u_3(t)| < 5.$$

2.2　几类具非线性边界条件的四点边值问题正解的存在性

本节研究微分方程

$$(\phi_p(u'(t)))' + h(t)f(t, u(t)) = 0, \quad 0 < t < 1, \tag{2.2.1}$$

在边界条件

$$g_1(u'(0)) - u(\xi) = 0, \quad \beta u'(1) + u(\eta) = 0 \tag{2.2.2}$$

或

$$\alpha u'(0) - u(\xi) = 0, \quad g_2(u'(1)) + u(\eta) = 0 \tag{2.2.3}$$

下的边值问题的多个正解的存在性. 其中 $\phi_p(s) = |s|^{p-2}s$, $p > 1$, $\alpha \geqslant \xi$, $\beta \geqslant 1 - \eta$, $0 < \xi < \eta < 1$, g_1, g_2 满足

(H$_{2.2.1}$) (I) $g_1 \in C((-\infty, +\infty), (-\infty, +\infty))$, $g_1(0) = 0$;

(II) $g_1(x) \geqslant \xi x$, $x \in [0, +\infty)$;

(III) g_1 关于 x 是单增的.

(H$_{2.2.2}$) (I) $g_2 \in C((-\infty, +\infty), (-\infty, +\infty))$, g_2 是奇函数;

(II) $g_2(x) \geqslant (1 - \eta)x$, $x \in [0, +\infty)$;

(III) g_2 关于 x 是单增的.

我们总假设

(H$_{2.2.3}$) $h(t) \in L^1((0, 1), (0, +\infty))$, 即允许 $h(t)$ 在点 $t = 0$ 或/和 $t = 1$ 处有奇性, 且 $h(t)$ 在 $[0, 1]$ 内的任意测度非零的子区间上不恒为 0.

(H$_{2.2.4}$) $f \in C([0, 1] \times [0, +\infty), [0, +\infty))$, $f \not\equiv 0$.

2.2.1 预备工作

引理 2.2.1 假设 $v \in L^1[0, 1]$, $v(t) \geqslant 0$, $v(t)$ 在 $[0, 1]$ 内的任意子区间上不恒为 0, 则边值问题

$$\begin{cases} (\phi_p(u'(t)))' + v(t) = 0, & 0 < t < 1, \\ g_1(u'(0)) - u(\xi) = 0, & \beta u'(1) + u(\eta) = 0 \end{cases} \tag{2.2.4}$$

的唯一解可表示为

$$u(t) = \begin{cases} g_1\left(\phi_q\left(\int_0^\sigma v(s)\mathrm{d}s\right)\right) + \int_\xi^t \phi_q\left(\int_s^\sigma v(\tau)\mathrm{d}\tau\right)\mathrm{d}s := u_1(t), & t \in [0, \sigma], \\ \beta\phi_q\left(\int_\sigma^1 v(s)\mathrm{d}s\right) + \int_t^\eta \phi_q\left(\int_\sigma^s v(\tau)\mathrm{d}\tau\right)\mathrm{d}s := u_2(t), & t \in [\sigma, 1], \end{cases} \tag{2.2.5}$$

其中 σ 是下面方程的唯一解,

$$A_1(t) - A_2(t) = 0, \quad t \in [0, 1]. \tag{2.2.6}$$

$A_1(t)$, $A_2(t)$ 定义如下:

$$A_1(t) = g_1\left(\phi_q\left(\int_0^t v(s)\mathrm{d}s\right)\right) + \int_\xi^t \phi_q\left(\int_s^t v(\tau)\mathrm{d}\tau\right)\mathrm{d}s,$$

$$A_2(t) = \beta\phi_q\left(\int_t^1 v(s)\mathrm{d}s\right) + \int_t^\eta \phi_q\left(\int_t^s v(\tau)\mathrm{d}\tau\right)\mathrm{d}s.$$

证明　首先, 我们来证明边值问题 (2.2.4) 的解可以表示为 (2.2.5). 令 u 是边值问题 (2.2.4) 的解, 由 $(\phi_p(u'(t)))' = -v(t) \leqslant 0$ 知 $u''(t) \leqslant 0$, 又由边界条件知, 必存在一点 $\sigma \in (0,1)$ 使得 $u'(\sigma) = 0$ (易证 σ 不可能是 0 或 1. 事实上, 若 $u'(0) = 0$, 有 $u(\xi) = 0, u'(1) < 0, u(\eta) > 0$, 矛盾, 同理可知 $u'(1) \neq 0$). 否则, 不失一般性, 假设 $u'(t) < 0$, $t \in (0,1)$, 则 $u(t)$ 在 $t \in (0,1)$ 上是单减的. 由边值问题 (2.2.4) 的边界条件知 $u(\xi) = g_1(u'(0)) \leqslant 0, u(\eta) = -\beta u'(1) > 0$, 矛盾. 由 (2.2.4) 有

$$-(\phi_p(u'(t)))' = v(t).$$

对上式两端从 t 到 σ 积分得

$$\phi_p(u'(t)) = \int_t^\sigma v(s)\mathrm{d}s.$$

则

$$u'(t) = \phi_q\left(\int_t^\sigma v(s)\mathrm{d}s\right). \tag{2.2.7}$$

对 (2.2.7) 两端从 0 到 t 积分得

$$u(t) = u(0) + \int_0^t \phi_q\left(\int_s^\sigma v(\tau)\mathrm{d}\tau\right)\mathrm{d}s. \tag{2.2.8}$$

由 (2.2.7) 和 (2.2.8) 得

$$u'(0) = \phi_q\left(\int_0^\sigma v(s)\mathrm{d}s\right),$$

$$u(\xi) = u(0) + \int_0^\xi \phi_q\left(\int_s^\sigma v(\tau)\mathrm{d}\tau\right)\mathrm{d}s.$$

由边值问题 (2.2.4) 的边界条件得

$$u(0) = g_1\left(\phi_q\left(\int_0^\sigma v(s)\mathrm{d}s\right)\right) - \int_0^\xi \phi_q\left(\int_s^\sigma v(\tau)\mathrm{d}\tau\right)\mathrm{d}s. \tag{2.2.9}$$

将 (2.2.9) 代入 (2.2.8) 得

$$u(t) = g_1\left(\phi_q\left(\int_0^\sigma v(s)\mathrm{d}s\right)\right) + \int_\xi^t \phi_q\left(\int_s^\sigma v(\tau)\mathrm{d}\tau\right)\mathrm{d}s, \quad t \in [0,1]. \tag{2.2.10}$$

类似讨论可得

$$u(t) = \beta\phi_q\left(\int_\sigma^1 v(s)\mathrm{d}s\right) + \int_\sigma^\eta \phi_q\left(\int_\sigma^s v(\tau)\mathrm{d}\tau\right)\mathrm{d}s, \quad t \in [0,1]. \tag{2.2.11}$$

在 (2.2.10) 和 (2.2.11) 中, 令 $t = \sigma$, 则 $A_1(\sigma) = A_2(\sigma)$, 即 σ 可由(2.2.6)确定. 下证 σ 是唯一的.

$$A_1(t) - A_2(t)$$
$$= g_1\left(\phi_q\left(\int_0^t v(s)\mathrm{d}s\right)\right) + \int_t^\xi \phi_q\left(\int_t^s v(\tau)\mathrm{d}\tau\right)\mathrm{d}s - \beta\phi_q\left(\int_t^1 v(s)\mathrm{d}s\right)$$
$$- \int_t^\eta \phi_q\left(\int_t^s v(\tau)\mathrm{d}\tau\right)\mathrm{d}s$$
$$= g_1\left(\phi_q\left(\int_0^t v(s)\mathrm{d}s\right)\right) + \int_\xi^\eta \phi_q\left(\int_s^t v(\tau)\mathrm{d}\tau\right)\mathrm{d}s + \beta\phi_q\left(\int_1^t v(s)\mathrm{d}s\right).$$

显然, $A_1(t) - A_2(t)$ 在 $t \in [0,1]$ 上是严格单增的. 同时, 注意到 $A_1(0) - A_2(0) < 0$, $A_1(1) - A_2(1) > 0$. 进而, 由 $A_1(t) - A_2(t)$ 的连续性可知, 必存在一点 $\sigma \in (0,1)$ 使得 $A_1(t) - A_1(t) = 0$, 即 $A_1(t), A_2(t)$ 必交于唯一一点 σ. 因此, 当 $t \in [0,1]$ 时, 边值问题 (2.2.4) 的解可以表示为 (2.2.5). □

引理 2.2.2 令 $v(t)$ 满足引理 2.2.1 的所有条件, 则边值问题 (2.2.4) 的解 $u(t)$ 在 $t \in [0,1]$ 上是凹的, 且 $u(t) \geqslant 0$.

证明 由 $(\phi_p(u'(t)))' = -v(t) \leqslant 0$ 知 $u''(t) \leqslant 0$, 从而 $u(t)$ 在 $t \in [0,1]$ 上是凹的.

下证 $u(t) \geqslant 0$. 由引理 2.2.1 知 $u(t)$ 可以表示为 (2.2.5). 则由 $(H_{2.2.1})(\mathrm{II})$ 知当 $t \in [0,\sigma]$ 时, (2.2.5)中,

$$u_1(t) = g_1\left(\phi_q\left(\int_0^\sigma v(s)\mathrm{d}s\right)\right) + \int_\xi^t \phi_q\left(\int_s^\sigma v(\tau)\mathrm{d}\tau\right)\mathrm{d}s$$
$$\geqslant \xi\phi_q\left(\int_0^\sigma v(s)\mathrm{d}s\right) - \int_0^\xi \phi_q\left(\int_s^\sigma v(\tau)\mathrm{d}\tau\right)\mathrm{d}s + \int_0^t \phi_q\left(\int_s^\sigma v(\tau)\mathrm{d}\tau\right)\mathrm{d}s$$
$$\geqslant \int_0^\xi \phi_q\left(\int_0^\sigma v(\tau)\mathrm{d}\tau\right)\mathrm{d}s - \int_0^\xi \phi_q\left(\int_0^\sigma v(\tau)\mathrm{d}\tau\right)\mathrm{d}s + \int_0^t \phi_q\left(\int_s^\sigma v(\tau)\mathrm{d}\tau\right)\mathrm{d}s$$
$$= \int_0^t \phi_q\left(\int_s^\sigma v(\tau)\mathrm{d}\tau\right)\mathrm{d}s \geqslant 0.$$

进而, 当 $t \in [\sigma,1]$ 时, 由 $\beta \geqslant 1 - \eta$ 可得 $u_2(t) \geqslant 0$. 因此 $u(t) \geqslant 0, t \in [0,1]$. □

2.2.2 边值问题 (2.2.1), (2.2.2) 三个正解的存在性

本小节, 我们将给出非线性项 f 的增长性条件, 进而利用定理 1.2.8 来得出边值问题 (2.2.1), (2.2.2) 三个正解的存在性.

记空间 $X = \{u \in C[0,1] \mid u(t) \geqslant 0\}$, 其范数为 $\|u\| = \max\limits_{0 \leqslant t \leqslant 1} |u(t)|$, 显然 X 为 Banach 空间.

定义锥 $P \subset X$ 为

$$P = \{u \in X \mid u(t) \text{ 在 } t \in [0,1] \text{ 上是凹的, 存在一点 } \sigma \in (0,1) \text{ 使得 } u'(\sigma) = 0\}.$$

引理 2.2.3　若 $u \in P$, 则 $u(t) \geqslant \min\{t, 1-t\}\|u\|, t \in [0,1]$.

证明　当 $t = 0, 1$ 时, 显然. 当 $t \in (0, \sigma]$ 时, 有

$$\frac{u(t)}{t} \geqslant \frac{u(\sigma)}{\sigma} \geqslant \frac{\max\limits_{0 \leqslant t \leqslant 1} |u(t)|}{1} \Rightarrow u(t) \geqslant t\|u\|.$$

当 $t \in [\sigma, 1]$ 时, 类似可得 $u(t) \geqslant (1-t)\|u\|$. 综上, $u(t) \geqslant \min\{t, 1-t\}\|u\|$ 成立. □

注 2.2.1　由引理 2.2.3 知, 当 $k \geqslant 3$ 时有 $\min\limits_{\frac{1}{k} \leqslant t \leqslant 1-\frac{1}{k}} u(t) \geqslant \frac{1}{k}\|u\|$.

记 $F_u(t) = h(t)f(t, u(t))$, 定义算子 $T_1 : P \to X$ 为

$$(T_1 u)(t) = \begin{cases} g_1\left(\phi_q\left(\int_0^\sigma F_u(s)\mathrm{d}s\right)\right) + \int_\xi^t \phi_q\left(\int_s^\sigma F_u(\tau)\mathrm{d}\tau\right)\mathrm{d}s, & t \in [0, \sigma], \\ \beta\phi_q\left(\int_\sigma^1 F_u(s)\mathrm{d}s\right) + \int_t^\eta \phi_q\left(\int_\sigma^s F_u(\tau)\mathrm{d}\tau\right)\mathrm{d}s, & t \in [\sigma, 1]. \end{cases} \tag{2.2.12}$$

引理 2.2.4　假设 $(H_{2.2.3})$ 和 $(H_{2.2.4})$ 成立, 则 $T_1 : P \to P$ 是全连续的.

证明　首先证明 $T_1 : P \to P$. 令 $u \in P$, 显然, $(T_1 u)(t) \geqslant 0$, $\beta(T_1 u)'(1) + (T_1 u)(\eta) = 0$. 下证 $T_1 u$ 在 $t \in [0,1]$ 上是凹的. 由 (2.2.12) 知

$$(T_1 u)'(t) = \begin{cases} \phi_q\left(\int_t^\sigma F_u(s)\mathrm{d}s\right), & t \in [0, \sigma], \\ -\phi_q\left(\int_\sigma^t F_u(s)\mathrm{d}s\right), & t \in [\sigma, 1]. \end{cases} \tag{2.2.13}$$

显然, $(T_1 u)''(t) \leqslant 0$. 进而, $(T_1 u)'(t) \geqslant 0$, $t \in [0, \sigma]$; $(T_1 u)'(t) \leqslant 0$, $t \in [\sigma, 1]$, $(T_1 u)'(\sigma) = 0$. 则 $T_1 : P \to P$.

更多细节的证明, 请参考 2.1 节.　　　　□

我们总假设 $k \geqslant 3$ 充分大, 使得 $\xi, \eta \in \left[\dfrac{1}{k}, 1 - \dfrac{1}{k}\right]$. 定义锥 P 上的非负连续凹泛函 α_1 为

$$\alpha_1(u) = \min\limits_{\frac{1}{k} \leqslant t \leqslant 1-\frac{1}{k}} |u(t)|, \quad u \in P.$$

记

$$M_1 = \beta\phi_q\left(\int_0^1 h(s)\mathrm{d}s\right)$$

$$+ \max\left\{\int_0^\eta \phi_q\left(\int_0^s h(\tau)\mathrm{d}\tau\right)\mathrm{d}s, \int_\eta^1 \phi_q\left(\int_s^1 h(\tau)\mathrm{d}\tau\right)\mathrm{d}s\right\},$$

$$m_1 = \frac{1}{k}\cdot\min\left\{\xi\phi_q\left(\int_{\frac{1}{k}}^{\frac{1}{2}} h(s)\mathrm{d}s\right) + \int_\xi^{\frac{1}{2}} \phi_q\left(\int_s^{\frac{1}{2}} h(\tau)\mathrm{d}\tau\right)\mathrm{d}s,\right.$$

$$\left.\beta\phi_q\left(\int_{\frac{1}{2}}^{1-\frac{1}{k}} h(s)\mathrm{d}s\right) + \int_{\frac{1}{2}}^\eta \phi_q\left(\int_{\frac{1}{2}}^s h(\tau)\mathrm{d}\tau\right)\mathrm{d}s\right\}.$$

定理　2.2.5　假设 $(\mathrm{H}_{2.2.1})$, $(\mathrm{H}_{2.2.3})$, $(\mathrm{H}_{2.2.4})$ 成立, 存在常数 a_1, b_1, c_1 满足 $0 < a_1 < b_1 \leqslant \min\left\{\dfrac{1}{k}, \dfrac{m_1}{M_1}\right\}c_1$, 使得下面的条件成立:

$(\mathrm{H}_{2.2.5})$ $f(t,u) < \phi_p\left(a_1/M_1\right)$, $(t,u)\in[0,1]\times[0,a_1]$.

$(\mathrm{H}_{2.2.6})$ $f(t,u) \leqslant \phi_p(c_1/M_1)$, $(t,u)\in[0,1]\times[0,c_1]$.

$(\mathrm{H}_{2.2.7})$ $f(t,u) \geqslant \phi_p(b_1/m_1)$, $(t,u)\in\left[\dfrac{1}{k}, 1-\dfrac{1}{k}\right]\times[b_1, kb_1]$,

则边值问题 $(2.2.1), (2.2.2)$ 至少存在三个正解 u_1, u_2, u_3 满足

$$\|u_1\| < a_1, \quad \alpha_1(u_2) > b_1, \quad \|u_3\| > a_1, \quad \alpha_1(u_3) < b_1. \tag{2.2.14}$$

证明　边值问题 $(2.2.1), (2.2.2)$ 有解 $u = u(t)$ 当且仅当它是算子方程 $u = T_1 u$ 的解. 下证算子 T_1 满足 Leggett-Williams 不动点定理 (定理 1.2.8). 我们分三步来证明.

第一步: 首先证明 $T_1 : \overline{P}_{a_1} \to \overline{P}_{a_1}$.

由 $(\mathrm{H}_{2.2.5})$ 知

$$\|T_1 u\| = |(T_1 u)(\sigma)| = \beta\phi_q\left(\int_\sigma^1 F_u(s)\mathrm{d}s\right) + \int_\sigma^\eta \phi_q\left(\int_\sigma^s F_u(\tau)\mathrm{d}\tau\right)\mathrm{d}s$$

$$\leqslant \max\left\{\beta\phi_q\left(\int_0^1 F_u(s)\mathrm{d}s\right) + \int_0^\eta \phi_q\left(\int_0^s F_u(\tau)\mathrm{d}\tau\right)\mathrm{d}s\,,\right.$$

$$\left.\beta\phi_q\left(\int_0^1 F_u(s)\mathrm{d}s\right) + \int_\eta^1 \phi_q\left(\int_s^1 F_u(\tau)\mathrm{d}\tau\right)\mathrm{d}s\right\}$$

$$\leqslant \frac{a_1}{M_1}\cdot M_1 = a_1.$$

类似地, $(H_{2.2.6})$ 意味着 $T_1 : \overline{P}_{c_1} \to \overline{P}_{c_1}$, 即定理 1.2.8 的 (ii) 成立.

第二步: 验证定理 1.2.8 的 (i) 成立.

取 $u(t) = kb_1$, 显然, $u(t) \in P(\alpha_1, b_1, kb_1)$, 则 $\{u(t) \in P(\alpha_1, b_1, kb_1)\} \neq \varnothing$. 若 $u \in P(\alpha_1, b_1, kb_1)$, 则对于 $t \in \left[\dfrac{1}{k}, 1 - \dfrac{1}{k} \right]$, $b_1 \leqslant u(t) \leqslant kb_1$. 由 $(H_{2.2.7})$ 知

$$
\begin{aligned}
\alpha_1(Tu) &= \min_{\frac{1}{k} \leqslant t \leqslant 1-\frac{1}{k}} |(Tu)(t)| \geqslant \min\left\{ \frac{1}{k}, 1-\frac{1}{k} \right\} \max_{0 \leqslant t \leqslant 1} |(Tu)(t)| = \frac{1}{k} |(Tu)(\sigma)| \\
&= \frac{1}{k} \left(g_1 \left(\phi_q \left(\int_0^\sigma F_u(s) \mathrm{d}s \right) \right) + \int_\xi^\sigma \phi_q \left(\int_s^\sigma F_u(\tau) \mathrm{d}\tau \right) \mathrm{d}s \right) \\
&\geqslant \frac{1}{k} \min\left\{ \xi \phi_q \left(\int_0^{\frac{1}{2}} F_u(s) \mathrm{d}s \right) + \int_\xi^{\frac{1}{2}} \phi_q \left(\int_s^{\frac{1}{2}} F_u(\tau) \mathrm{d}\tau \right) \mathrm{d}s, \right. \\
&\qquad \left. \beta \left(\phi_q \left(\int_{\frac{1}{2}}^1 F_u(s) \mathrm{d}s \right) \right) + \int_{\frac{1}{2}}^\eta \phi_q \left(\int_{\frac{1}{2}}^s F_u(\tau) \mathrm{d}\tau \right) \mathrm{d}s \right\} \\
&\geqslant \frac{1}{k} \min\left\{ \xi \phi_q \left(\int_{\frac{1}{k}}^{\frac{1}{2}} F_u(s) \mathrm{d}s \right) + \int_\xi^{\frac{1}{2}} \phi_q \left(\int_s^{\frac{1}{2}} F_u(\tau) \mathrm{d}\tau \right) \mathrm{d}s, \right. \\
&\qquad \left. \beta \left(\phi_q \left(\int_{\frac{1}{2}}^{1-\frac{1}{k}} F_u(s) \mathrm{d}s \right) \right) + \int_{\frac{1}{2}}^\eta \phi_q \left(\int_{\frac{1}{2}}^s F_u(\tau) \mathrm{d}\tau \right) \mathrm{d}s \right\} \\
&\geqslant \frac{b_1}{m_1} \cdot m_1 = b_1.
\end{aligned}
$$

则定理 1.2.8 (i) 成立.

第三步: 验证定理 1.2.8 (iii) 成立.

若 $u \in P(\alpha_1, b_1, c_1)$, $\|Tu\| > kb_1$, 则

$$
\alpha_1(Tu) = \min_{\frac{1}{k} \leqslant t \leqslant 1-\frac{1}{k}} (Tu)(t) \geqslant \frac{1}{k} \|Tu\| > b_1.
$$

因此, 定理 1.2.8 (iii) 也成立. 故边值问题 (2.2.1), (2.2.2) 至少存在三个正解满足 (2.2.14). □

2.2.3　边值问题 (2.2.1), (2.2.3) 三个正解的存在性

与上两小节类似地讨论, 可得以下结论, 其证明略去.

引理 2.2.6　假设 $v(t)$ 满足引理 2.2.1 的所有条件, 则边值问题

$$
\begin{cases}
(\phi_p(u'(t)))' + v(t) = 0, & 0 < t < 1, \\
\alpha u'(0) - u(\xi) = 0, & g_2(u'(1)) + u(\eta) = 0
\end{cases}
\tag{2.2.15}
$$

有唯一解

$$u(t) = \begin{cases} \alpha\phi_q\left(\displaystyle\int_0^\sigma v(s)\mathrm{d}s\right) + \displaystyle\int_\xi^t \phi_q\left(\displaystyle\int_s^\sigma v(\tau)\mathrm{d}\tau\right)\mathrm{d}s, & t \in [0,\sigma], \\ g_2\left(\phi_q\left(\displaystyle\int_\sigma^1 v(s)\mathrm{d}s\right)\right) + \displaystyle\int_t^\eta \phi_q\left(\displaystyle\int_\sigma^s v(\tau)\mathrm{d}\tau\right)\mathrm{d}s, & t \in [\sigma,1], \end{cases}$$

其中 σ 是下面方程的唯一解

$$B_1(t) - B_2(t) = 0, \quad t \in [0,1].$$

$B_1(t)$, $B_2(t)$ 定义如下:

$$B_1(t) = \alpha\phi_q\left(\int_0^t v(s)\mathrm{d}s\right) + \int_\xi^t \phi_q\left(\int_s^t v(\tau)\mathrm{d}\tau\right)\mathrm{d}s,$$

$$B_2(t) = g_2\left(\phi_q\left(\int_t^1 v(s)\mathrm{d}s\right)\right) + \int_t^\eta \phi_q\left(\int_t^s v(\tau)\mathrm{d}\tau\right)\mathrm{d}s.$$

引理 2.2.7 令 $v(t)$ 满足引理 2.2.1 的所有条件, 则边值问题 (2.2.15) 的解 $u(t)$ 是凹的, 且 $u(t) \geqslant 0$.

接下来将给出非线性项 f 的增长性条件, 进而可以利用定理 1.2.8 来得出边值问题 (2.2.1), (2.2.3) 三个正解的存在性.

空间 X、锥 P 以及泛函 α_1 如 2.2.1 节中所定义. 取充分大的 $k \geqslant 3$ 满足 $\xi, \eta \in \left[\dfrac{1}{k}, 1 - \dfrac{1}{k}\right]$. 定义算子 $T_2 : P \to X$ 为

$$(T_2 u)(t) = \begin{cases} \alpha\phi_q\left(\displaystyle\int_0^\sigma F_u(s)\mathrm{d}s\right) + \displaystyle\int_\xi^t \phi_q\left(\displaystyle\int_s^\sigma F_u(\tau)\mathrm{d}\tau\right)\mathrm{d}s, & t \in [0,\sigma], \\ g_2\left(\phi_q\left(\displaystyle\int_\sigma^1 F_u(s)\mathrm{d}s\right)\right) + \displaystyle\int_t^\eta \phi_q\left(\displaystyle\int_\sigma^s F_u(\tau)\mathrm{d}\tau\right)\mathrm{d}s, & t \in (\sigma,1]. \end{cases}$$

引理 2.2.8 假设 $(\mathrm{H}_{2.2.3})$ 和 $(\mathrm{H}_{2.2.4})$ 成立, 则 $T_2 : P \to P$ 是全连续算子.

记

$$M_2 = \alpha\phi_q\left(\int_0^1 h(s)\mathrm{d}s\right)$$
$$+ \max\left\{\int_0^\xi \phi_q\left(\int_0^s h(\tau)\mathrm{d}\tau\right)\mathrm{d}s, \int_\xi^1 \phi_q\left(\int_s^1 h(\tau)\mathrm{d}\tau\right)\mathrm{d}s\right\},$$

$$m_2 = \frac{1}{k} \cdot \min\left\{ \alpha\phi_q\left(\int_{\frac{1}{k}}^{\frac{1}{2}} h(s)\mathrm{d}s\right) + \int_\xi^{\frac{1}{2}} \phi_q\left(\int_s^{\frac{1}{2}} h(\tau)\mathrm{d}\tau\right)\mathrm{d}s,\right.$$

$$\left.(1-\eta)\phi_q\left(\int_{\frac{1}{2}}^{1-\frac{1}{k}} h(s)\mathrm{d}s\right) + \int_{\frac{1}{2}}^\eta \phi_q\left(\int_{\frac{1}{2}}^s h(\tau)\mathrm{d}\tau\right)\mathrm{d}s\right\}.$$

定理 2.2.9　假设 $(H_{2.2.2})$, $(H_{2.2.3})$ 和 $(H_{2.2.4})$ 成立, 存在常数 a_2, b_2, c_2 满足 $0 < a_2 < b_2 \leqslant \min\left\{\frac{1}{k}, \frac{m_2}{M_2}\right\} c_2$ 使得下面的条件成立:

$(H_{2.2.8})$ $f(t,u) < \phi_p\left(\dfrac{a_2}{M_2}\right)$, $(t,u) \in [0,1] \times [0, a_2]$.

$(H_{2.2.9})$ $f(t,u) \leqslant \phi_p\left(\dfrac{c_2}{M_2}\right)$, $(t,u) \in [0,1] \times [0, c_2]$.

$(H_{2.2.10})$ $f(t,u) \geqslant \phi_p\left(\dfrac{b_2}{m_2}\right)$, $(t,u) \in \left[\dfrac{1}{k}, 1 - \dfrac{1}{k}\right] \times [b_2, kb_2]$,

则边值问题 (2.2.1), (2.2.3) 至少存在三个正解 u_1, u_2, u_3 满足

$$\|u_1\| < a_2, \quad \alpha_1(u_2) > b_2, \quad \|u_3\| > a_2, \quad \alpha_1(u_3) < b_2.$$

2.2.4　推广性结果

本小节中, 我们来考虑微分方程 (2.2.1) 具下面非线性边界条件的边值问题:

$$g_1(u'(0)) - u(\xi) = 0, \quad g_2(u'(1)) + u(\eta) = 0. \tag{2.2.16}$$

假设 $(H_{2.2.1})$, $(H_{2.2.2})$ 成立, 进一步, 下面条件之一成立:

$(H_{2.2.11})$ 存在正常数 $B_1 \geqslant \xi$ 使得 $g_1(x) \leqslant B_1 x$.

$(H_{2.2.12})$ 存在正常数 $B_2 \geqslant 1 - \eta$ 使得 $g_2(x) \leqslant B_2 x$.

不失一般性, 假设 $(H_{2.2.11})$ 成立, 则我们可以得到边值问题 (2.2.1), (2.2.16) 的多个正解的存在性结果. 接下来, 我们给出主要结论, 其证明略去.

引理 2.2.10　假设 $v(t)$ 满足引理 2.2.1 中的所有条件, 则引理 2.2.1 的所有条件均满足, 则边值问题

$$\begin{cases} (\phi_p(u'(t)))' + v(t) = 0, & 0 < t < 1, \\ g_1(u'(0)) - u(\xi) = 0, \quad g_2(u'(1)) + u(\eta) = 0 \end{cases} \tag{2.2.17}$$

有唯一解

$$u(t) = \begin{cases} g_1\left(\phi_q\left(\int_0^\sigma v(s)\mathrm{d}s\right)\right) + \int_\xi^t \phi_q\left(\int_s^\sigma v(\tau)\mathrm{d}\tau\right)\mathrm{d}s, & t \in [0, \sigma], \\ g_2\left(\phi_q\left(\int_\sigma^1 v(s)\mathrm{d}s\right)\right) + \int_t^\eta \phi_q\left(\int_\sigma^s v(\tau)\mathrm{d}\tau\right)\mathrm{d}s, & t \in [\sigma, 1], \end{cases}$$

其中 σ 是下面方程的唯一解,

$$C_1(t) - C_2(t) = 0, \quad t \in [0,1],$$

$C_1(t)$, $C_2(t)$ 定义如下:

$$C_1(t) = g_1\left(\phi_q\left(\int_0^t v(s)\mathrm{d}s\right)\right) + \int_\xi^t \phi_q\left(\int_s^t v(\tau)\mathrm{d}\tau\right)\mathrm{d}s,$$

$$C_2(t) = g_2\left(\phi_q\left(\int_t^1 v(s)\mathrm{d}s\right)\right) + \int_t^\eta \phi_q\left(\int_t^s v(\tau)\mathrm{d}\tau\right)\mathrm{d}s.$$

引理 2.2.11　令 $v(t)$ 满足引理 2.2.1 的所有条件, 则边值问题 (2.2.17) 的解 $u(t)$ 在 $t \in [0,1]$ 上是凹的, 且 $u(t) \geqslant 0$.

空间 X、锥 P 及泛函 $\alpha_1(u)$ 的定义如 2.2.1 小节所示.

定义算子 $T_3 : P \to X$ 为

$$(T_3 u)(t) = \begin{cases} g_1\left(\phi_q\left(\int_0^\sigma F_u(s)\mathrm{d}s\right)\right) + \int_\xi^t \phi_q\left(\int_s^\sigma F_u(\tau)\mathrm{d}\tau\right)\mathrm{d}s, & t \in [0,\sigma], \\ g_2\left(\phi_q\left(\int_\sigma^1 F_u(s)\mathrm{d}s\right)\right) + \int_t^\eta \phi_q\left(\int_\sigma^s F_u(\tau)\mathrm{d}\tau\right)\mathrm{d}s, & t \in [\sigma,1]. \end{cases}$$

引理 2.2.12　$T_3 : P \to P$ 是全连续算子. 记

$$M_3 = B_1\phi_q\left(\int_0^1 h(s)\mathrm{d}s\right)$$
$$+ \max\left\{\int_0^\xi \phi_q\left(\int_0^s h(\tau)\mathrm{d}\tau\right)\mathrm{d}s, \int_\xi^1 \phi_q\left(\int_s^1 h(\tau)\mathrm{d}\tau\right)\mathrm{d}s\right\},$$

$$m_3 = \frac{1}{k} \cdot \min\left\{\xi\phi_q\left(\int_{\frac{1}{k}}^{\frac{1}{2}} h(s)\mathrm{d}s\right) + \int_\xi^{\frac{1}{2}} \phi_q\left(\int_s^{\frac{1}{2}} h(\tau)\mathrm{d}\tau\right)\mathrm{d}s, \right.$$
$$\left. (1-\eta)\phi_q\left(\int_{\frac{1}{2}}^{1-\frac{1}{k}} h(s)\mathrm{d}s\right) + \int_{\frac{1}{2}}^\eta \phi_q\left(\int_{\frac{1}{2}}^s h(\tau)\mathrm{d}\tau\right)\mathrm{d}s\right\}.$$

定理 2.2.13　假设 $(\mathrm{H}_{2.2.1}) \sim (\mathrm{H}_{2.2.4})$, $(\mathrm{H}_{2.2.12})$ 成立, 存在常数 a_3, b_3, c_3 满足 $0 < a_3 < b_3 \leqslant \min\left\{\dfrac{1}{k}, \dfrac{m_3}{M_3}\right\} c_3$ 使得下面的条件成立:

$(\mathrm{H}_{2.2.13})$ $f(t,u) < \phi_p\left(\dfrac{a_3}{M_3}\right)$, $(t,u) \in [0,1] \times [0,a_3]$.

($\mathrm{H}_{2.2.14}$) $f(t,u) \leqslant \phi_p\left(\dfrac{c_3}{M_3}\right)$, $(t,u) \in [0,1] \times [0,c_3]$.

($\mathrm{H}_{2.2.15}$) $f(t,u) \geqslant \phi_p\left(\dfrac{b_3}{m_3}\right)$, $(t,u) \in \left[\dfrac{1}{k}, 1-\dfrac{1}{k}\right] \times [b_3, kb_3]$,

则边值问题 (2.2.1), (2.2.4) 至少存在三个正解 u_1, u_2, u_3 满足

$$\|u_1\| < a_3, \quad \alpha_1(u_2) > b_3, \quad \|u_3\| > a_3, \quad \alpha_1(u_3) < b_3.$$

2.2.5 例子

例 2.2.1   考虑下面的非线性四点边值问题

$$\begin{cases} \left(\dfrac{u'}{\sqrt{u'}}\right)' + \dfrac{1}{t^{1/2}} f(t, u(t)) = 0, & 0 < t < 1, \\ [u'(0)]^2 + u'(0) - u(1/2) = 0, & 2u'(1) + u(2/3) = 0, \end{cases} \tag{2.2.18}$$

其中

$$f(t, u(t)) = \begin{cases} \sin t + \left(\dfrac{u}{15}\right)^8, & 0 < u \leqslant 24.9, \\ \sin t + \left(\dfrac{24.9}{15}\right)^8, & u > 24.9. \end{cases}$$

显然 $p = \dfrac{3}{2}$, $g_1(x) = x^2 + x$, $\xi = \dfrac{1}{2}$, $\eta = \dfrac{2}{3}$. 取 $k = 5$, $a_1 = \dfrac{80}{9}$, $b_1 = 23$, $c_1 = 32000$. 直接计算可得 $M_1 = \dfrac{80}{9}$, $m_1 = 0.027$. 同时, 下面的条件也成立:

(1) $f(t,u) \leqslant 0.86 < 1 = \phi_p\left(\dfrac{a_1}{M_1}\right)$, $(t,u) \in [0,1] \times \left[0, \dfrac{80}{9}\right]$.

(2) $f(t,u) \leqslant 58.51 < 60 = \phi_p\left(\dfrac{c_1}{M_1}\right)$, $(t,u) \in [0,1] \times [0, 32000]$.

(3) $f(t,u) \geqslant 30.5 > 29.2 = \phi_p\left(\dfrac{b_1}{m_1}\right)$, $(t,u) \in \left[\dfrac{1}{k}, 1-\dfrac{1}{k}\right] \times [23, 115]$.

则定理 2.2.5 的所有条件均成立, 从而边值问题 (2.2.18) 至少存在三个正解 u_1, u_2, u_3 满足

$$\|u_1\| < \dfrac{80}{9}, \quad \alpha(u_2) > 23, \quad \|u_3\| > \dfrac{80}{9}, \quad \alpha(u_3) < 23.$$

例 2.2.2   考虑下面的非线性四点边值问题

$$\begin{cases} u'' + \dfrac{1}{(1-t)^{1/2}} f(t, u(t)) = 0, & 0 < t < 1, \\ 3u'(0) - u(1/4) = 0, & g_2(u'(1)) + u(1/2) = 0, \end{cases} \tag{2.2.19}$$

其中

$$f(t,u) = \begin{cases} -\left(t - \dfrac{1}{2}\right)^2 + \dfrac{1}{4} + \left(\dfrac{u}{10}\right)^3, & 0 \leqslant u \leqslant 3400, \\[3mm] -\left(t - \dfrac{1}{2}\right)^2 + \dfrac{1}{4} + \left(\dfrac{3400}{10}\right)^3, & u \geqslant 3400. \end{cases}$$

$$g_2(x) = x^3 + 1.$$

显然, $p = 2, \alpha = 3, \xi = 1/4, \eta = 1/2$. 取 $k = 4$, $a_2 = 6.866$, $b_2 = 150$, $c_2 = 2.75 \times 10^8$. 直接计算可得 $q = 2, M_2 = 6.866, m_2 = 0.052$. 同时, 下面的条件也成立:

(1) $f(t,u) \leqslant 0.5737 < 1 = \phi_p\left(\dfrac{a_2}{M_2}\right)$, $(t,u) \in [0,1] \times [0, 6.866]$.

(2) $f(t,u) \leqslant 3.9305 \times 10^7 < 4.005 \times 10^7 = \phi_p\left(\dfrac{c_2}{M_2}\right)$, $(t,u) \in [0,1] \times [0, 2.75 \times 10^8]$.

(3) $f(t,u) \geqslant 3375 > 2884.6 = \phi_p\left(\dfrac{b_2}{m_2}\right)$, $(t,u) \in \left[\dfrac{1}{4}, \dfrac{3}{4}\right] \times [150, 600]$.

则定理 2.2.9 的所有条件都成立, 从而边值问题 (2.2.18) 至少存在三个正解 $u_1, u_2,$ u_3 满足

$$\|u_1\| < 6.866, \quad \alpha(u_2) > 150, \quad \|u_3\| > 6.866, \quad \alpha(u_3) < 150.$$

2.3 具 p-Laplace 算子的高阶四点边值问题正解的存在性

本节研究具 p-Laplace 算子的 n 阶四点边值问题

$$\begin{cases} (\phi_p(u^{(n-1)}))' + h(t)f(t, u(t), u'(t), \cdots, u^{(n-2)}(t)) = 0, & 0 < t < 1, n \geqslant 3, \\ u^{(i)}(0) = 0, & 0 \leqslant i \leqslant n-3, \\ u^{(n-1)}(0) - \alpha u^{(n-2)}(\xi) = 0, & n \geqslant 3, \\ u^{(n-1)}(1) + \beta u^{(n-2)}(\eta) = 0, & n \geqslant 3, \end{cases}$$
$$\tag{2.3.1}$$

其中 $\phi_p(s) = |s|^{p-2}s, p > 1$, $0 < \alpha \leqslant \dfrac{1}{\xi}$, $0 < \beta \leqslant \dfrac{1}{1-\eta}$, $0 < \xi < \eta < 1$. 通过运用锥上的不动点定理, 我们得到了上述边值问题一个及多个正解的存在性. 同时, 本节最后我们将给出本问题的推广问题.

我们总假设

($H_{2.3.1}$) $h \in L^1(0,1)$, $h(t)$ 非负, 且在 $(0,1)$ 的任意测度非零的子区间上不恒为 0.

($H_{2.3.2}$) $f \in C([0,1] \times [0,+\infty)^{n-1}, \ [0,+\infty))$, $f \not\equiv 0$.

2.3.1　预备工作

考虑空间 $X = C^{n-2}[0,1]$, 其范数为 $\|u\| = \max\limits_{0 \leqslant i \leqslant n-2}\{\|u\|_i\}$, 其中 $\|u\|_i = \max\limits_{t \in [0,1]} |u^{(i)}(t)|$.

接下来, 我们用 ϕ_q 表示 ϕ_p 的逆, 其中 $q > 1$ 满足 $\dfrac{1}{p} + \dfrac{1}{q} = 1$. 考虑下面的边值问题:

$$\begin{cases} (\phi_p(u^{(n-1)}))' + \omega(t) = 0, & 0 < t < 1, n \geqslant 3, \\ u^{(i)}(0) = 0, & 0 \leqslant i \leqslant n-3, \\ u^{(n-1)}(0) - \alpha u^{(n-2)}(\xi) = 0, & n \geqslant 3, \\ u^{(n-1)}(1) + \beta u^{(n-2)}(\eta) = 0, & n \geqslant 3. \end{cases} \tag{2.3.2}$$

引理 2.3.1　假设 $\omega \in L^1(0,1)$, $\omega(t) \geqslant 0$, $t \in [0,1]$, 在 $[0,1]$ 上的任意测度非零的子区间上, $w(t) \not\equiv 0$. 如果边值问题 (2.3.2) 存在一个解, 则这个解是非负的.

证明　首先, 假设 $u(t)$ 为边值问题 (2.3.2) 的一个解. 记 $v(t) = u^{(n-2)}(t)$, 则 $u(t)$ 可以表示为

$$u(t) = \int_0^t \int_0^{s_1} \cdots \int_0^{s_{n-3}} v(s_{n-2}) \mathrm{d}s_{n-2} \mathrm{d}s_{n-3} \cdots \mathrm{d}s_1. \tag{2.3.3}$$

易见, 若 $v(t) \geqslant 0$, 则 $u(t) \geqslant 0$, 故下证 $v(t) = u^{(n-2)}(t)$ 是非负的.

由 (2.3.2) 知, 在 $t \in (0,1)$ 上, $(\phi_p(v'(t)))' = -\omega(t) \leqslant 0$, 因此 $\phi_p(v'(t))$ 在 $t \in (0,1)$ 上是非增的. 由 ϕ_p 的定义可知 $v'(t)$ 在 $t \in (0,1)$ 上是非增的, 则在 $t \in (0,1)$ 上, $v''(t) \leqslant 0$. 从而 $v(t)$ 在 $t \in [0,1]$ 上是凹的. 由此得 $v(t)$ 在 0 或 1 达到最小值. 不失一般性, 假设 $v(t)$ 在 0 点达到最小值, 那么 $v(0) \leqslant v(\xi)$. 另一方面,

$$v(\xi) = v(0) + \int_0^\xi v'(s)\mathrm{d}s \leqslant v(0) + \int_0^\xi v'(0)\mathrm{d}s$$

$$= v(0) + v'(0)\xi = v(0) + \alpha v(\xi)\xi,$$

即 $v(0) \geqslant v(\xi)(1 - \alpha\xi)$. 由 $0 < \alpha \leqslant \dfrac{1}{\xi}$ 得 $v(0) \geqslant 0$. 同理由 $0 < \beta \leqslant \dfrac{1}{1 - \eta}$ 可得 $v(1) \geqslant 0$. 综上所述, $v(t) \geqslant 0, v(t) \not\equiv 0, t \in [0,1]$, 即 $u(t) \geqslant 0, u(t) \not\equiv 0, t \in [0,1]$. $\qquad\square$

引理 2.3.2 假设 $\omega(t)$ 满足引理 2.3.1 中的所有条件, 则边值问题 (2.3.2) 有唯一解 $u \in X \cap C^n(0,1)$, 且该解可表示为式 (2.3.3). 进而, $V_1(t) - V_2(t) = 0$ 存在唯一的解 σ, 其中

$$V_1(t) = \frac{1}{\alpha}\phi_q\left(\int_0^t \omega(s)\mathrm{d}s\right) + \int_\xi^t \phi_q\left(\int_s^t \omega(\tau)\mathrm{d}\tau\right)\mathrm{d}s,$$

$$V_2(t) = \frac{1}{\beta}\phi_q\left(\int_t^1 \omega(s)\mathrm{d}s\right) + \int_t^\eta \phi_q\left(\int_t^s \omega(\tau)\mathrm{d}\tau\right)\mathrm{d}s,$$

$v(t) = u^{(n-2)}(t)$ 可表示为

$$v(t) = \begin{cases} \dfrac{1}{\alpha}\phi_q\left(\displaystyle\int_0^\sigma \omega(s)\mathrm{d}s\right) + \displaystyle\int_\xi^t \phi_q\left(\int_s^\sigma \omega(\tau)\mathrm{d}\tau\right)\mathrm{d}s, & t \in [0,\sigma], \\[4mm] \dfrac{1}{\beta}\phi_q\left(\displaystyle\int_\sigma^1 \omega(s)\mathrm{d}s\right) + \displaystyle\int_t^\eta \phi_q\left(\int_\sigma^s \omega(\tau)\mathrm{d}\tau\right)\mathrm{d}s, & t \in [\sigma,1]. \end{cases} \tag{2.3.4}$$

证明 令 $v(t) = u^{(n-2)}(t)$, 如果下面的边值问题存在正解, 则边值问题 (2.3.2) 存在一个正解,

$$\begin{cases} (\phi_p(v'(t)))' + \omega(t) = 0, & 0 < t < 1, \\ v'(0) - \alpha v(\xi) = 0, & v'(1) + \beta v(\eta) = 0. \end{cases} \tag{2.3.5}$$

由此, 只需证明边值问题 (2.3.5) 存在一个正解, 且该正解可表示为 (2.3.4). 为此, 只需验证下面的两个事实:

(1) 存在 $\sigma \in (0,1)$ 使得 $v'(\sigma) = 0$, 其中 $v(t)$ 是边值问题 (2.3.5) 的解;

(2) $V_1(t)$ 与 $V_2(t)$ 必定交于一点 $\sigma \in (0,1)$.

这两点的证明可参考 2.2 节, 此处略去. $\qquad\square$

注 2.3.1 可以看出, 当 $n = 2$ 时, 边值问题 (2.3.1) 变为

$$\begin{cases} (\phi_p(u'))' + h(t)f(t,u(t)) = 0, & 0 < t < 1, \\ u'(0) - \alpha u(\xi) = 0, & u'(1) + \beta u(\eta) = 0, \end{cases} \tag{2.3.6}$$

则 $v(t) = u(t)$, 那么边值问题 (2.3.6) 为边值问题 (2.3.1) 的特殊情形, 也即边值问题 (2.2.1), (2.2.2) 的特殊情形. 由于 2.2 节已研究了该类边值问题, 故本节令 $n \geqslant 3$. 但是本节的结果也可应用于 $n = 2$.

定义锥 $P \subset X$ 为

$$P = \left\{ u \in X \;\middle|\; \begin{array}{l} u^{(i)}(0)=0,\ 0 \leqslant i \leqslant n-3,\ u^{(n-2)}(t) \geqslant 0,\ u^{(n-2)}(t) \text{ 在 } t \in [0,1] \\ \text{上为凹的, 存在点 } \sigma \in (0,1) \text{ 使得 } u^{(n-1)}(\sigma)=0 \end{array} \right\}.$$

记 $F_u(t) = h(t)f(t,u(t),\cdots,u^{(n-2)}(t))$, 定义算子 $T : P \to X$ 为

$$(Tu)(t) = \int_0^t \int_0^{s_1} \cdots \int_0^{s_{n-3}} v(s_{n-2}) \mathrm{d}s_{n-2} \mathrm{d}s_{n-3} \cdots \mathrm{d}s_1,$$

其中

$$v(t) = \begin{cases} \dfrac{1}{\alpha}\phi_q\left(\displaystyle\int_0^{\sigma} F_u(s)\mathrm{d}s\right) + \displaystyle\int_{\xi}^t \phi_q\left(\displaystyle\int_s^{\sigma} F_u(\tau)\mathrm{d}\tau\right)\mathrm{d}s, & t \in [0,\sigma], \\ \dfrac{1}{\beta}\phi_q\left(\displaystyle\int_{\sigma}^1 F_u(s)\mathrm{d}s\right) + \displaystyle\int_t^{\eta} \phi_q\left(\displaystyle\int_{\sigma}^s F_u(\tau)\mathrm{d}\tau\right)\mathrm{d}s, & t \in [\sigma,1]. \end{cases}$$

引理 2.3.3　对于 $u \in P$, $\theta \in \left(0,\dfrac{1}{2}\right)$, $u^{(n-2)}(t) \geqslant \theta \max\limits_{s\in[0,1]} u^{(n-2)}(s), t \in [\theta,1-\theta]$.

证明　参见引理 2.2.3. 具体证明略. □

引理 2.3.4　假设 $(\mathrm{H}_{2.3.1})$ 和 $(\mathrm{H}_{2.3.2})$ 成立, 则边值问题 (2.3.2) 的解 $u(t)$ 满足

$$u(t) \leqslant u'(t) \leqslant \cdots \leqslant u^{(n-3)}(t) \leqslant \|u\|_{n-2}, \quad t \in [0,1],$$

进而, 对 $\theta \in \left(0,\dfrac{1}{2}\right)$, $\dfrac{1}{\theta}u^{(n-2)}(t) \geqslant u^{(n-3)}(t)$, $t \in [\theta,1-\theta]$.

证明　假设 $u(t)$ 是边值问题 (2.3.2) 的解, 则由引理 2.3.1 得 $u^{(i)}(t) \geqslant 0$, $i = 0,1,\cdots,n-2$, $t \in [0,1]$.

$$u^{(i)}(t) = \int_0^t u^{(i+1)}(s)\mathrm{d}s \leqslant tu^{(i+1)}(t) \leqslant u^{(i+1)}(t), \ i=0,1,\cdots,n-4, \ t\in[0,1],$$

从而 $u(t) \leqslant u'(t) \leqslant \cdots \leqslant u^{(n-3)}(t)$, $t \in [0,1]$. 进而有

$$u^{(n-3)}(t) = \int_0^t u^{(n-2)}(s)\mathrm{d}s \leqslant t\|u\|_{n-2} \leqslant \|u\|_{n-2},$$

由引理 2.3.3 可得 $u^{(n-3)}(t) \leqslant \dfrac{1}{\theta}u^{(n-2)}(t)$, $t \in [\theta,1-\theta]$. □

注 2.3.2　由引理 2.3.4 易得, 对于 $u \in P$, $\|u\| = \|u\|_{n-2}$.

引理 2.3.5　$T : P \to P$ 是全连续的.

2.3.2 正解的存在性

取充分小的 $\theta > 0$ 使得 $\xi, \eta \in (\theta, 1 - \theta)$. 记

$$L = \min \left\{ \int_\theta^\xi \phi_q \left(\int_\theta^s h(\tau) \mathrm{d}\tau \right) \mathrm{d}s, \int_\eta^{1-\theta} \phi_q \left(\int_s^{1-\theta} h(\tau) \mathrm{d}\tau \right) \mathrm{d}s \right\},$$

$$\lambda_1 = \frac{1}{L}, \quad \lambda_2 = \frac{1}{\max \left\{ \dfrac{1}{\alpha} + 1 - \xi, \dfrac{1}{\beta} + \eta \right\} \left(\phi_q \left(\displaystyle\int_0^1 h(s) \mathrm{d}s \right) \right)},$$

$$M \in (\lambda_1, \infty), \quad m \in (0, \lambda_2).$$

定理 2.3.6 假设 ($H_{2.3.1}$) 和 ($H_{2.3.2}$) 成立, 存在 $r, \rho, R \in \mathbb{R}$ 使得 $0 < r < \dfrac{m}{M} \rho < \rho < R$ 或 $0 < \rho < \theta r < r < R$ 成立, 此外, 下面的条件成立:

($H_{2.3.3}$) $f(t, u_0, \cdots, u_{n-2}) \geqslant \phi_p(Mr)$, $t \in [\theta, 1 - \theta]$, $\theta r \leqslant u_{n-2} \leqslant r, 0 \leqslant u_0 \leqslant \cdots \leqslant u_{n-4} \leqslant u_{n-3} \leqslant \dfrac{1}{\theta} u_{n-2}$.

($H_{2.3.4}$) $f(t, u_0, \cdots, u_{n-2}) \leqslant \phi_p(m\rho)$, $t \in [0, 1]$, $0 \leqslant u_{n-2} \leqslant \rho, 0 \leqslant u_0 \leqslant \cdots \leqslant u_{n-4} \leqslant u_{n-3} \leqslant \dfrac{1}{\theta} u_{n-2}$.

则边值问题 (2.3.1) 至少存在一个正解 $u \in \overline{\Omega}_R \cap P$ 使得 $\|u\|$ 位于 r 和 ρ 之间, 其中 $\Omega_R = \{ x \in X \mid \|x\| < R \}$.

证明 X, P 定义如前所述. 由 $T : \overline{\Omega}_R \cap P \to P$ 的全连续性可知边值问题 (2.3.1) 的解等价于 T 在 P 中的不动点. 下证 T 在 $\overline{\Omega}_R \cap P$ 中至少存在一个不动点. 不失一般性, 假设 $0 < r < \dfrac{m}{M} \rho < \rho < R$. 记 $\Omega_a = \{ x \in X \mid \|x\| < a \}$, 其中 $a = r, \rho$. $\forall u \in \partial \Omega_r \cap P$, $0 < \theta r = \theta \|u\| \leqslant u^{(n-2)}(t) \leqslant \|u\| = r, t \in [\theta, 1 - \theta]$. 接下来分三种情况讨论. 由 ($H_{2.3.3}$) 和引理 2.3.3 得

(a) $\sigma \in [\theta, 1 - \theta]$.

$$\|Tu\| = |(Tu)^{(n-2)}(\sigma)| = \frac{1}{\alpha} \phi_q \left(\int_0^\sigma F_u(s) \mathrm{d}s \right) + \int_\xi^\sigma \phi_q \left(\int_s^\sigma F_u(\tau) \mathrm{d}\tau \right) \mathrm{d}s$$

$$\geqslant \int_\xi^\theta \phi_q \left(\int_s^\theta F_u(\tau) \mathrm{d}\tau \right) \mathrm{d}s$$

$$= \int_\theta^\xi \phi_q \left(\int_\theta^s F_u(\tau) \mathrm{d}\tau \right) \mathrm{d}s \geqslant MrL > r = \|u\|.$$

同理有

$$\|Tu\| = |(Tu)^{(n-2)}(\sigma)|$$

$$= \frac{1}{\beta}\phi_q\left(\int_\sigma^1 F_u(s)\mathrm{d}s\right) + \int_\sigma^\eta \phi_q\left(\int_\sigma^s F_u(\tau)\mathrm{d}\tau\right)\mathrm{d}s$$

$$\geqslant \int_{1-\theta}^\eta \phi_q\left(\int_{1-\theta}^s F_u(\tau)\mathrm{d}\tau\right)\mathrm{d}s = \int_\eta^{1-\theta} \phi_q\left(\int_s^{1-\theta} F_u(\tau)\mathrm{d}\tau\right)\mathrm{d}s$$

$$\geqslant MrL > r = \|u\|.$$

(b) $\sigma \in (0, \theta)$.

$$\|Tu\| = |(Tu)^{(n-2)}(\sigma)| = \frac{1}{\beta}\phi_q\left(\int_\sigma^1 F_u(s)\mathrm{d}s\right) + \int_\sigma^\eta \phi_q\left(\int_\sigma^s F_u(\tau)\mathrm{d}\tau\right)\mathrm{d}s$$

$$\geqslant \int_\eta^1 \phi_q\left(\int_\sigma^1 F_u(\tau)\mathrm{d}\tau\right)\mathrm{d}s + \int_\sigma^\eta \phi_q\left(\int_\sigma^s F_u(\tau)\mathrm{d}\tau\right)\mathrm{d}s$$

$$\geqslant \int_\eta^1 \phi_q\left(\int_\theta^1 F_u(\tau)\mathrm{d}\tau\right)\mathrm{d}s + \int_\theta^\eta \phi_q\left(\int_\theta^s F_u(\tau)\mathrm{d}\tau\right)\mathrm{d}s$$

$$\geqslant \int_\eta^1 \phi_q\left(\int_\theta^s F_u(\tau)\mathrm{d}\tau\right)\mathrm{d}s + \int_\theta^\eta \phi_q\left(\int_\theta^s F_u(\tau)\mathrm{d}\tau\right)\mathrm{d}s$$

$$= \int_\theta^1 \phi_q\left(\int_\theta^s F_u(\tau)\mathrm{d}\tau\right)\mathrm{d}s \geqslant \int_\theta^{1-\theta} \phi_q\left(\int_\theta^s F_u(\tau)\mathrm{d}\tau\right)\mathrm{d}s$$

$$\geqslant MrL > r = \|u\|.$$

(c) $\sigma \in (1-\theta, 1)$.

$$\|Tu\| = |(Tu)^{(n-2)}(\sigma)| = \frac{1}{\alpha}\phi_q\left(\int_0^\sigma F_u(s)\mathrm{d}s\right) + \int_\xi^\sigma \phi_q\left(\int_s^\sigma F_u(\tau)\mathrm{d}\tau\right)\mathrm{d}s$$

$$\geqslant \int_0^\xi \phi_q\left(\int_0^\sigma F_u(\tau)\mathrm{d}\tau\right)\mathrm{d}s + \int_\xi^\sigma \phi_q\left(\int_s^\sigma F_u(\tau)\mathrm{d}\tau\right)\mathrm{d}s$$

$$\geqslant \int_0^\xi \phi_q\left(\int_0^{1-\theta} F_u(\tau)\mathrm{d}\tau\right)\mathrm{d}s + \int_\xi^{1-\theta} \phi_q\left(\int_s^{1-\theta} F_u(\tau)\mathrm{d}\tau\right)\mathrm{d}s$$

$$\geqslant \int_0^\xi \phi_q\left(\int_s^{1-\theta} F_u(\tau)\mathrm{d}\tau\right)\mathrm{d}s + \int_\xi^{1-\theta} \phi_q\left(\int_s^{1-\theta} F_u(\tau)\mathrm{d}\tau\right)\mathrm{d}s$$

$$= \int_0^{1-\theta} \phi_q \left(\int_s^\theta F_u(\tau)\mathrm{d}\tau \right) \mathrm{d}s \geqslant \int_\theta^{1-\theta} \phi_q \left(\int_s^{1-\theta} F_u(\tau)\mathrm{d}\tau \right) \mathrm{d}s$$

$$\geqslant MrL > r = \|u\|.$$

综合 (a), (b), (c) 三种情形得 $\forall u \in \partial\Omega_r \cap P$, $\|Tu\| \geqslant \|u\|$.

另一方面, $\forall u \in \partial\Omega_\rho \cap P$, $u(t) \leqslant \|u\| = \rho$, 由 $(\mathrm{H}_{2.3.4})$ 得

$$\|Tu\| = |(Tu)^{(n-2)}(\sigma)| = \frac{1}{\alpha}\phi_q\left(\int_0^\sigma F_u(s)\mathrm{d}s \right) + \int_\xi^\sigma \phi_q\left(\int_s^\sigma F_u(\tau)\mathrm{d}\tau \right)\mathrm{d}s$$

$$\leqslant \frac{1}{\alpha}\phi_q\left(\int_0^\sigma F_u(s)\mathrm{d}s \right) + \int_\xi^\sigma \phi_q\left(\int_0^\sigma F_u(\tau)\mathrm{d}\tau \right)\mathrm{d}s$$

$$\leqslant \frac{1}{\alpha}\phi_q\left(\int_0^1 F_u(s)\mathrm{d}s \right) + \int_\xi^1 \phi_q\left(\int_0^1 F_u(\tau)\mathrm{d}\tau \right)\mathrm{d}s$$

$$= \left(\frac{1}{\alpha} + 1 - \xi \right)\phi_q\left(\int_0^1 F_u(s)\mathrm{d}s \right) \leqslant m\rho\left(\frac{1}{\alpha} + 1 - \xi \right)\phi_q\left(\int_0^1 h(s)\mathrm{d}s \right)$$

$$< \rho = \|u\|.$$

类似有

$$\|Tu\| = |(Tu)^{(n-2)}(\sigma)| = \frac{1}{\beta}\phi_q\left(\int_\sigma^1 F_u(s)\mathrm{d}s \right) + \int_\sigma^\eta \phi_q\left(\int_\sigma^s F_u(\tau)\mathrm{d}\tau \right)\mathrm{d}s$$

$$\leqslant \frac{1}{\beta}\phi_q\left(\int_0^1 F_u(s)\mathrm{d}s \right) + \int_\sigma^\eta \phi_q\left(\int_\sigma^1 F_u(\tau)\mathrm{d}\tau \right)\mathrm{d}s$$

$$\leqslant \frac{1}{\beta}\phi_q\left(\int_0^1 F_u(s)\mathrm{d}s \right) + \int_0^\eta \phi_q\left(\int_0^1 F_u(\tau)\mathrm{d}\tau \right)\mathrm{d}s$$

$$= \left(\frac{1}{\beta} + \eta \right)\phi_q\int_0^1 F_u(s)\mathrm{d}s \leqslant m\rho\left(\frac{1}{\beta} + \eta \right)\phi_q\left(\int_0^1 h(s)\mathrm{d}s \right) < \rho = \|u\|,$$

即 $\forall u \in \partial\Omega_\rho \cap P$, $\|Tu\| \leqslant \|u\|$. 从而, 应用定理 1.2.4 可得 T 在 $(\overline{\Omega}_\rho \setminus \Omega_r) \cap P$ 中至少存在一个不动点, 从而边值问题 (2.3.1) 至少存在一个正解 u 满足 $r < \|u\| < \rho$. $\qquad\square$

定理 2.3.7 $(\mathrm{H}_{2.3.1})$ 和 $(\mathrm{H}_{2.3.2})$ 成立, 进而假设

$(\mathrm{H}_{2.3.5})$ $f^0 < \phi_p(m)$, 其中 $f^0 = \limsup\limits_{u_{n-2}\to 0^+} \max\limits_{0\leqslant t\leqslant 1} \dfrac{f(t, u_0, \cdots, u_{n-2})}{\phi_p(u_{n-2})}$.

$(\mathrm{H}_{2.3.6})$ $f_\infty > \phi_p\left(\dfrac{M}{\theta} \right)$, 其中 $f_\infty = \liminf\limits_{u_{n-2}\to\infty} \min\limits_{0\leqslant t\leqslant 1} \dfrac{f(t, u_0, \cdots, u_{n-2})}{\phi_p(u_{n-2})}$.

则边值问题 (2.3.1) 在 P 中至少存在一个正解 u.

证明　由 (H$_{2.3.5}$) 和 f^0 的定义知: 对于充分小的 $\varepsilon > 0$, 存在 $\rho > 0$ 使得

$$f(t, u_0, \cdots, u_{n-2}) \leqslant (\phi_p(m) + \varepsilon)\phi_p(u_{n-2}) \leqslant (\phi_p(m) + \varepsilon)\phi_p(\rho),$$

$$t \in [0,1], \quad u_{n-2} \in [0, \rho], \quad 0 \leqslant u_0 \leqslant \cdots \leqslant u_{n-4} \leqslant u_{n-3} \leqslant \frac{1}{\theta}u_{n-2}.$$

显然, (H$_{2.3.4}$) 成立.

类似地, 由 (H$_{2.3.6}$) 知, 存在 $r > 0$, $\theta r > \rho$ 使得

$$f(t, u_0, \cdots, u_{n-2}) \geqslant \left(\phi_p\left(\frac{M}{\theta}\right) - \varepsilon\right)\phi_p(u_{n-2}),$$

$$t \in [0,1], \quad u_{n-2} \in [\theta r, +\infty], \quad 0 \leqslant u_0 \leqslant \cdots \leqslant u_{n-4} \leqslant u_{n-3} \leqslant \frac{1}{\theta}u_{n-2}.$$

从而由引理 2.3.3 得

$$f(t, u_0, \cdots, u_{n-2}) \geqslant \left(\phi_p\left(\frac{M}{\theta}\right) - \varepsilon\right)\phi_p(\theta r),$$

$$t \in [\theta, 1-\theta], \quad u_{n-2} \in [\theta r, r], \quad 0 \leqslant u_0 \leqslant \cdots \leqslant u_{n-4} \leqslant u_{n-3} \leqslant \frac{1}{\theta}u_{n-2},$$

即 (H$_{2.3.3}$) 成立.

因此, 由定理 2.3.6 可得边值问题 (2.3.1) 至少存在一个正解 u 满足 $r < \|u\| < \rho$. □

定理 2.3.8　(H$_{2.3.1}$) 和 (H$_{2.3.2}$) 成立, 进而假设

(H$_{2.3.7}$) $f^\infty < \phi_p(m)$, 其中　$f^\infty = \limsup\limits_{u_{n-2} \to \infty} \max\limits_{0 \leqslant t \leqslant 1} \dfrac{f(t, u_0, \cdots, u_{n-2})}{\phi_p(u_{n-2})}$.

(H$_{2.3.8}$) $f_0 > \phi_p\left(\dfrac{M}{\theta}\right)$, 其中　$f_0 = \liminf\limits_{u_{n-2} \to 0^+} \min\limits_{0 \leqslant t \leqslant 1} \dfrac{f(t, u_0, \cdots, u_{n-2})}{\phi_p(u_{n-2})}$.

则边值问题(2.3.1)至少存在一个正解 $u \in P$.

证明　对于充分小的 $\varepsilon > 0$, 由 (H$_{2.3.7}$) 知, 存在 $\bar{\rho} > 0$ 使得

$$f(t, u_0, \cdots, u_{n-2}) \leqslant (\phi_p(m) + \varepsilon)\phi_p(u_{n-2}),$$

$$t \in [0,1], \quad u_{n-2} \in [\bar{\rho}, +\infty), \quad 0 \leqslant u_0 \leqslant \cdots \leqslant u_{n-4} \leqslant u_{n-3} \leqslant \frac{1}{\theta}u_{n-2}.$$

此处我们分两种情形考虑, 即 f 有界和 f 无界.

情形 I: f 有界. 存在 $N > 0$ 使得

$$f(t, u_0, \cdots, u_{n-2}) \leqslant N,$$

$$t \in [0,1], \quad u_{n-2} \in [0,+\infty), \quad 0 \leqslant u_0 \leqslant \cdots \leqslant u_{n-3} \leqslant \frac{1}{\theta} u_{n-2}.$$

取 $\rho > \overline{\rho}$ 使得 $\phi_p(m\rho) \geqslant N$, 则有

$$f(t, u_0, \cdots, u_{n-2}) \leqslant N \leqslant (\phi_p(m) + \varepsilon)\phi_p(\rho),$$

$$t \in [0,1], \quad u_{n-2} \in [0,\rho], \quad 0 \leqslant u_0 \leqslant \cdots \leqslant u_{n-4} \leqslant u_{n-3} \leqslant \frac{1}{\theta} u_{n-2}.$$

情形 II: f 无界. 存在 $\rho > u_{n-2}^0 > \overline{\rho}$,

$$f(t, u_0, \cdots, u_{n-2}) \leqslant f(t^0, u_0^0, \cdots, u_{n-2}^0) \leqslant (\phi_p(m)+\varepsilon)\phi_p(u_{n-2}^0) \leqslant (\phi_p(m)+\varepsilon)\phi_p(\rho),$$

$$t \in [0,1], \quad u_{n-2} \in [\overline{\rho},\rho], \quad 0 \leqslant u_0 \leqslant \cdots \leqslant u_{n-4} \leqslant u_{n-3} \leqslant \frac{1}{\theta} u_{n-2}.$$

又

$$f(t, u_0, \cdots, u_{n-2}) \leqslant (\phi_p(m) + \varepsilon)\phi_p(u_{n-2}) \leqslant (\phi_p(m) + \varepsilon)\phi_p(\rho), \quad t \in [0,1],$$

$$u_{n-2} \in [0,\overline{\rho}], \quad 0 \leqslant u_0 \leqslant \cdots \leqslant u_{n-4} \leqslant u_{n-3} \leqslant \frac{1}{\theta} u_{n-2}.$$

情形 I 和情形 II 均有

$$f(t, u_0, \cdots, u_{n-2}) \leqslant (\phi_p(m) + \varepsilon)\phi_p(\rho),$$

$$t \in [0,1], \quad u \in [0,\rho], \quad 0 \leqslant u_0 \leqslant \cdots \leqslant u_{n-4} \leqslant u_{n-3} \leqslant \frac{1}{\theta} u_{n-2},$$

即 (H$_{2.3.4}$) 成立.

类似地, 由 (H$_{2.3.8}$) 知, 对充分小的 ε, 存在 $0 < r < \dfrac{m}{M}\rho$ 使得

$$f(t, u_0, \cdots, u_{n-2}) \geqslant \left(\phi_p\left(\frac{M}{\theta}\right) - \varepsilon\right) \phi_p(u_{n-2}),$$

$$t \in [0,1], \quad u_{n-2} \in [0,r], \quad 0 \leqslant u_0 \leqslant \cdots \leqslant u_{n-4} \leqslant u_{n-3} \leqslant \frac{1}{\theta} u_{n-2}.$$

因此

$$f(t, u_0, \cdots, u_{n-2}) \geqslant \left(\phi_p\left(\frac{M}{\theta}\right) - \varepsilon\right) \phi_p(u_{n-2}),$$

$$t \in [\theta, 1-\theta], \quad u_{n-2} \in [\theta r, r], \quad 0 \leqslant u_0 \leqslant \cdots \leqslant u_{n-4} \leqslant u_{n-3} \leqslant \frac{1}{\theta} u_{n-2}.$$

即 (H$_{2.3.3}$) 成立. 从而由定理 2.3.6 可得边值问题 (2.3.1) 至少存在一个正解 $u \in P$. $\qquad\square$

注 2.3.3　事实上, 定理 2.3.7 和定理 2.3.8 均可看作定理 2.3.6 的推论. 同时, 由上面的定理可得到以下结论.

推论 2.3.9　$(H_{2.3.3})$ 成立, 进而, $(H_{2.3.5})$ 或 $(H_{2.3.7})$ 成立, 则边值问题 (2.3.1) 至少存在一个正解 $u \in P$.

推论 2.3.10　$(H_{2.3.4})$ 成立, 进而, $(H_{2.3.6})$ 或 $(H_{2.3.8})$ 成立, 则边值问题 (2.3.1) 至少存在一个正解 $u \in P$.

接下来, 我们给出边值问题 (2.3.1) 至少存在两个正解的充分条件.

定理 2.3.11　$(H_{2.3.6})$, $(H_{2.3.4})$ 和 $(H_{2.3.8})$ 成立, 且 $\forall u \in \partial\Omega_\rho \cap P, u \neq Tu$, 则边值问题 (2.3.1) 至少存在两个正解 $u_1, u_2 \in P$ 满足 $\|u_1\| < \rho < \|u_2\|$.

证明　由定理 2.3.6 知, $(H_{2.3.4})$ 意味着 $\forall u \in \partial\Omega_\rho \cap P, \|Tu\| \leqslant \|u\|$. 由定理 2.3.2 知, $(H_{2.3.6})$ 意味着, 存在 $R > \rho$ 使得 $\forall u \in \partial\Omega_R \cap P, \|Tu\| \geqslant \|u\|$. 由定理 2.3.8 知, $(H_{2.3.8})$ 意味着, $\forall u \in \partial\Omega_r \cap P$, 存在 $r \in \left(0, \frac{m}{M}\rho\right)$ 使得 $\|Tu\| \geqslant \|u\|$. 又 $u \neq Tu$, $u \in \partial\Omega_\rho \cap P$. 因此, 由定理 1.2.4 可得 T 至少存在两个不动点 $u_1 \in (\Omega_\rho \setminus \Omega_r)$ 和 $u_2 \in (\Omega_R \setminus \Omega_\rho)$. 则边值问题 (2.3.1) 至少存在两个正解 $u_1, u_2 \in P$ 满足 $\|u_1\| < \rho < \|u_2\|$. □

注 2.3.4　定理 2.3.11 中的条件 $u \neq Tu$, $u \in \partial\Omega_\rho \cap P$ 可以得到满足, 如果 $(H_{2.3.4})$ 改为

$(H_{2.3.4}^*)$ $f(t, u_0, \cdots, u_{n-2}) < \phi_p(m\rho)$, $t \in [0, 1]$, $0 \leqslant u_{n-2} \leqslant \rho$, $0 \leqslant u_0 \leqslant \cdots \leqslant u_{n-4} \leqslant u_{n-3} \leqslant \frac{1}{\theta} u_{n-2}$.

下面两个定理的证明与定理 2.3.11 的证明类似, 此处略去.

定理 2.3.12　$(H_{2.3.3})$, $(H_{2.3.5})$ 和 $(H_{2.3.7})$ 成立, 且 $\forall u \in \partial\Omega_r \cap P, u \neq Tu$ 成立. 则边值问题 (2.3.1) 至少存在两个正解 $u_1, u_2 \in P$ 满足 $\|u_1\| < r < |u_2\|$.

定理 2.3.13　假设存在常数 $r > 0$ 使得下面两个条件之一成立:

$(H_{2.3.9})$ $f(t, u_0, \cdots, u_{n-2}) > \phi_p(Mr)$, $t \in [\theta, 1-\theta]$, $u_{n-2} \in [\theta r, r]$,

$$0 \leqslant u_0 \leqslant \cdots \leqslant u_{n-4} \leqslant u_{n-3} \leqslant \frac{1}{\theta} u_{n-2}, \quad f^0 = 0, \quad f^\infty = 0.$$

$(H_{2.3.9}^*)$ $f(t, u_0, \cdots, u_{n-2}) < \phi_p(mr)$, $t \in [0, 1]$, $u_{n-2} \in [0, r]$,

$$0 \leqslant u_0 \leqslant \cdots \leqslant u_{n-4} \leqslant u_{n-3} \leqslant \frac{1}{\theta} u_{n-2}, \quad f_0 = +\infty, \quad f_\infty = \infty.$$

则边值问题 (2.3.1) 至少存在两个正解 $u_1, u_2 \in P$ 满足 $\|u_1\| < r < \|u_2\|$.

注 2.3.5 类似地, 我们可以研究下面的 $2m$ 点边值问题:

$$
\begin{cases}
(\phi_p(u^{(n-1)}))' + h(t)f(t, u(t), u'(t), \cdots, u^{(n-2)}(t)) = 0, & 0 < t < 1, n \geqslant 3, \\
u^{(i)}(0) = 0, & 0 \leqslant i \leqslant n-3, \\
u^{(n-1)}(0) - \sum_{i=1}^{m-1} \alpha_i u^{(n-2)}(\xi_i) = 0, & n \geqslant 3, \\
u^{(n-1)}(1) + \sum_{i=1}^{m-1} \beta_i u^{(n-2)}(\eta_i) = 0, & n \geqslant 3,
\end{cases}
\tag{2.3.7}
$$

其中 $\phi_p(s) = |s|^{p-2}s$, $p > 1$, $\alpha_i > 0, \beta_i > 0$, $0 < \sum_{i=1}^{m-1} \alpha_i \xi_i \leqslant 1$, $0 < \sum_{i=1}^{m-1} \beta_i(1 - \eta_i) \leqslant 1$, $0 = \xi_0 < \xi_1 < \xi_2 < \cdots < \xi_{m-1} < \eta_1 < \eta_2 < \cdots < \eta_{m-1} < \eta_m = 1$, $i = 1, 2, \cdots, m-1$. 类似地, $n = 2$ 可以看作边值问题 (2.3.7) 的特殊情况.

2.3.3 例子

考虑下面的具 p-Laplace 算子的四阶边值问题.

例 2.3.1

$$
\begin{cases}
(\phi_p(u^{(3)}(t)))' + \dfrac{\sin t}{5} + \left(\dfrac{5u''(t)}{20}\right)^5 = 0, & 0 < t < 1, \\
u^{(i)}(0) = 0, \quad i = 0, 1, \\
u'''(0) - 2u''(1/5) = 0, \quad u'''(1) + 4u''(5/6) = 0,
\end{cases}
\tag{2.3.8}
$$

其中

$$
h(t) = 1, \quad f(t, u_0, u_1, u_2) = \frac{\sin t}{5} + \left(\frac{u_2}{4}\right)^5.
$$

易见

$$
\xi = \frac{1}{5}, \quad \eta = \frac{5}{6}, \quad \alpha = 2, \quad \beta = 4.
$$

令 $p = \dfrac{3}{2}$, $\theta = \dfrac{1}{10}$. 直接计算得 $\lambda_1 = 10125$, $\lambda_2 = \dfrac{10}{13}$, 取 $M = 12800$, $m = \dfrac{5}{13}$. 进而, 令 $\rho = \dfrac{13}{5} < \theta r = \dfrac{1}{10} \times 200 < r = 200$. 可以验证 h, f 分别满足 (H$_{2.3.1}$) 和 (H$_{2.3.2}$), 且

(1) $f(t, u_0, \cdots, u_{n-2}) \geqslant \phi_p(Mr) = 1.6 \times 10^3$, $t \in [\theta, 1-\theta]$, $\theta r \leqslant u_{n-2} \leqslant r, 0 \leqslant u_0 \leqslant \cdots \leqslant u_{n-4} \leqslant u_{n-3} \leqslant \dfrac{1}{\theta} u_{n-2}$.

(2) $f(t,u_0,\cdots,u_{n-2}) \leqslant \phi_p(m\rho) = 1$, $t \in [0,1]$, $0 \leqslant u_{n-2} \leqslant \rho, 0 \leqslant u_0 \leqslant \cdots \leqslant u_{n-4} \leqslant u_{n-3} \leqslant \dfrac{1}{\theta}u_{n-2}$.

则定理 2.3.6 的所有条件均满足, 从而边值问题 (2.3.8) 至少存在一个正解, 其范数位于 $\rho = \dfrac{13}{5}$ 和 $r = 200$ 之间.

例 2.3.2

$$\begin{cases} (\phi_p(u^{(3)}(t)))' + e^t\left(\dfrac{1}{100}(u''(t))^2 + \dfrac{1}{1000}\right) = 0, & 0 < t < 1, \\ u^{(i)}(0) = 0, & i = 0,1, \\ u'''(0) - 3u''\left(\dfrac{1}{4}\right) = 0, \quad u'''(1) + u''\left(\dfrac{3}{4}\right) = 0, \end{cases} \quad (2.3.9)$$

其中

$$h(t) = e^t, \quad f(t,u_0,u_1,u_2) = \dfrac{1}{100}u_2^2 + \dfrac{1}{1000}.$$

易见

$$\xi = \dfrac{1}{4}, \quad \eta = \dfrac{3}{4}, \quad \alpha = 3, \quad \beta = 1.$$

令 $p = 2$, $\theta = \dfrac{1}{5}$. 直接计算得 $\lambda_2 \approx 0.336$, $f_0 = \infty$, $f_\infty = \infty$. 取 $m = 0.2$, $r = 19$, 可验证 h, f 分别满足 $(H_{2.3.1})$ 和 $(H_{2.3.2})$, 且

$$f(t,u_0,\cdots,u_{n-2}) < \phi_p(mr) = 3.8,$$

$$t \in [0,1], \quad 0 < u_{n-2} < r, \quad 0 \leqslant u_0 \leqslant \cdots \leqslant u_{n-4} \leqslant u_{n-3} \leqslant \dfrac{1}{\theta}u_{n-2}.$$

则定理 2.3.13 的所有条件均满足, 从而边值问题 (2.3.9) 至少存在两个正解 $u_1, u_2 \in P$ 满足 $\|u_1\| \leqslant 19 \leqslant \|u_2\|$.

第 3 章 Sturm-Liouville 型 $2m$ 点边值问题正解存在性

近几十年来, 多点边值问题的研究受到了广泛关注, 这是由于多点边值问题不仅可以精确地描述许多重要的物理现象, 而且可以将许多两点边值问题纳入同一个框架.

多点边值问题与两点边值问题相比有更大的难度, 对其所做的研究相对较晚. 1987 年 Il'in 和 Moiseev [19] 率先讨论了二阶线性常微分方程多点边值问题. 此后, 常微分方程多点边值问题的研究取得了重大进展 [39, 96–103]. 受文献 [19] 的启发, Gupta 研究了一系列的多点边值问题, 可参考 [104–106] 及其中的参考文献. 已研究过的多点边界条件可以归结为

$$u(0) = \sum_{i=1}^{m-1} \alpha_i u(\xi_i), \quad u(1) = \sum_{i=1}^{m-1} \beta_i u(\xi_i);$$

$$u'(0) = \sum_{i=1}^{m-1} \alpha_i u'(\xi_i), \quad u(1) = \sum_{i=1}^{m-1} \beta_i u(\xi_i);$$

$$u(0) = \sum_{i=1}^{m-1} \alpha_i u(\xi_i), \quad u'(1) = \sum_{i=1}^{m-1} \beta_i u'(\xi_i);$$

$$u'(0) = \sum_{i=1}^{m-1} \alpha_i u'(\xi_i), \quad u'(1) = \sum_{i=1}^{m-1} \beta_i u'(\xi_i),$$

其中 $\alpha_i,\ \beta_i > 0$.

3.1 节研究边值问题

$$\begin{cases} (\phi_p(u'(t)))' + h(t)f(t, u(t), u'(t)) = 0, & 0 < t < 1, \\ u'(0) - \displaystyle\sum_{i=1}^{m-1} \alpha_i u(\xi_i) = 0, & u'(1) + \displaystyle\sum_{i=1}^{m-1} \beta_i u(\eta_i) = 0 \end{cases} \tag{3.0.1}$$

在非线性项 f 非负的情况下三个正解的存在性.

3.2 节研究边值问题 (3.0.1) 的对称正解.

为了得到正解, 并非总是需要非线性项 f 为正, 如文献 [107]. 事实上, 这个要求既不是充分的也不是必要的, 有时即使解是正的, 非线性项 f 却未必为正. 例如, 下面的四点边值问题:

$$\begin{cases} u'' - t^2 + 4t - \dfrac{1}{5} = 0, & 0 < t < 1, \\ u'(0) - \dfrac{320}{303} u\left(\dfrac{1}{2}\right) = 0, & u'(1) + \dfrac{1134}{2503} u\left(\dfrac{2}{3}\right) = 0. \end{cases} \tag{3.0.2}$$

通过计算知 $u(t) = \dfrac{1}{12}t^4 - \dfrac{2}{3}t^3 + \dfrac{1}{10}t^2 + t + \dfrac{1}{2}$ 为边值问题 (3.0.2) 的唯一解, 通过图 3.1 我们可以看得更清楚.

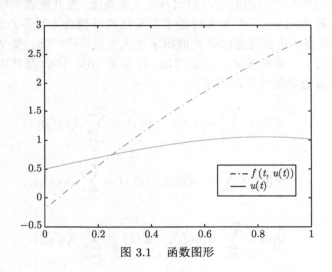

图 3.1　函数图形

显然, $u(t) > 0, t \in [0,1]$. 而此时 $f(t, u(t)) = -t^2 + 4t - \dfrac{1}{5}$, 易见, f 在 $[0,1]$ 上并非总为正. 在两点边值问题正解存在性的研究中, Anuradha 在文献 [108] 中将对非线性项 f 的要求放宽为: 存在一个正常数 M 使得 $f(t, u) \geqslant -M$. 受上面的启发, 3.3 节将进一步去掉对非线性项 $f(t, u) \geqslant -M$ 的限制, 给出了 Sturm-Liouville 型 $2m$ 点边值问题正解的存在性定理.

3.1　具 p-Laplace 算子的 Sturm-Liouville 型 $2m$ 点边值问题三个正解的存在性

本节研究下面的具 p-Laplace 算子的 $2m$ 点边值问题:

$$\begin{cases} (\phi_p(u'(t)))' + h(t)f(t,u(t),u'(t)) = 0, & 0 < t < 1, \\ u'(0) - \sum_{i=1}^{m-1} \alpha_i u(\xi_i) = 0, \quad u'(1) + \sum_{i=1}^{m-1} \beta_i u(\eta_i) = 0, \end{cases} \quad (3.1.1)$$

其中 $\phi_p(s) = |s|^{p-2}s$, $p > 1$, $\alpha_i > 0$, $\beta_i > 0$, $0 < \sum_{i=1}^{m-1} \alpha_i \xi_i \leqslant 1$, $0 < \sum_{i=1}^{m-1} \beta_i (1 - \eta_i) \leqslant 1$, $0 = \xi_0 < \xi_1 < \xi_2 < \cdots < \xi_{m-1} < \eta_1 < \eta_2 < \cdots < \eta_{m-1} < \eta_m = 1$, $i = 1, 2, \cdots, m-1$. 本节的目的是给出边值问题 (3.1.1) 三个正解的存在性定理.

我们总假设

($H_{3.1.1}$) $h(t) \in L^1[0,1]$ 在 $(0,1)$ 上非负, 且在 $(0,1)$ 的任意测度非零的子区间上不恒为零.

($H_{3.1.2}$) $f \in C([0,1] \times [0,+\infty) \times \mathbb{R}, [0,+\infty))$, $\forall u \in \mathbb{R}_+$, $f(t,u,0)$ 在 $[0,1]$ 的任意测度非零的子区间上不恒为零.

3.1.1 预备工作

记 $\alpha := \sum_{i=1}^{m-1} \alpha_i$, $\beta := \sum_{i=1}^{m-1} \beta_i$.

$$W_1(t) = \frac{1}{\alpha} \left(\phi_q \left(\int_0^t v(s)\mathrm{d}s \right) + \sum_{i=1}^{m-1} \alpha_i \int_{\xi_i}^t \phi_q \left(\int_s^t v(\tau)\mathrm{d}\tau \right) \mathrm{d}s \right),$$

$$W_2(t) = \frac{1}{\beta} \left(\phi_q \left(\int_t^1 v(s)\mathrm{d}s \right) + \sum_{i=1}^{m-1} \beta_i \int_t^{\eta_i} \phi_q \left(\int_t^s v(\tau)\mathrm{d}\tau \right) \mathrm{d}s \right).$$

考虑边值问题

$$\begin{cases} (\phi_p(u'(t)))' + v(t) = 0, & 0 < t < 1, \\ u'(0) - \sum_{i=1}^{m-1} \alpha_i u(\xi_i) = 0, \quad u'(1) + \sum_{i=1}^{m-1} \beta_i u(\eta_i) = 0. \end{cases} \quad (3.1.2)$$

引理 3.1.1 假设在 $[0,1]$ 的任意测度非零的子区间上, $v \in L^1[0,1]$, $v(t) \geqslant 0$, 且在任一子区间上, $v(t) \not\equiv 0$, 则边值问题 (3.1.2) 有唯一解

$$u(t) = \begin{cases} \dfrac{1}{\alpha} \left(\phi_q \left(\int_0^\sigma v(s)\mathrm{d}s \right) + \sum_{i=1}^{m-1} \alpha_i \int_{\xi_i}^t \phi_q \left(\int_s^\sigma v(\tau)\mathrm{d}\tau \right) \mathrm{d}s \right) := u_{*1}(t), & t \in [0,\sigma], \\ \dfrac{1}{\beta} \left(\phi_q \left(\int_\sigma^1 v(s)\mathrm{d}s \right) + \sum_{i=1}^{m-1} \beta_i \int_t^{\eta_i} \phi_q \left(\int_\sigma^s v(\tau)\mathrm{d}\tau \right) \mathrm{d}s \right) := u_{*2}(t), & t \in [\sigma,1], \end{cases}$$

$$(3.1.3)$$

其中 σ 为下面方程的解:

$$W_1(t) - W_2(t) = 0, \quad t \in [0,1]. \tag{3.1.4}$$

证明　我们首先来证明 (3.1.2) 的解可以表示为 (3.1.3) 的形式. 令 u 为边值问题 (3.1.2) 的解, 则 $(\phi_p(u'(t)))' = -v(t) \leqslant 0$ 意味着 $u'(t)$ 是非增的, 我们断定

$$u'(0) > 0 > u'(1). \tag{3.1.5}$$

若否, 不妨设 $u'(0) \leqslant 0$. 则在 $[0,1]$ 上, $u'(t) \leqslant 0$ 且同时有 $u'(1) < 0$. 从而必存在一点 ξ_i 使得 $u(\xi_i) \leqslant 0$. 由 $\xi_1 < \xi_2 < \cdots < \xi_{m-1} < \eta_1 < \eta_2 < \cdots < \eta_{m-1}$ 知, $u(\eta_i) \leqslant 0$, $i = 1, 2, \cdots, m-1$, 则由 (3.1.2) 中的第二个边界条件知 $u'(1) \geqslant 0$, 矛盾, 故 $u'(0) > 0$. 同理可得 $u'(1) < 0$, 即 (3.1.5) 成立, 从而必存在点 $\sigma \in (0,1)$ 使得 $u'(\sigma) = 0$,

$$-(\phi_p(u'(t)))' = v(t),$$

对上式两端从 σ 到 t 积分得

$$\phi_p(u'(t)) = -\int_\sigma^t v(s)\mathrm{d}s, \tag{3.1.6}$$

由此可以得出 $u'(t) = 0$ 的点是唯一的, 若不然, 设存在另一点 σ_1, 不妨设 $\sigma_1 < \sigma$ 使 $u'(\sigma_1) = 0$, 则

$$\phi_p(u'(\sigma_1)) = -\int_\sigma^{\sigma_1} v(s)\mathrm{d}s > 0,$$

矛盾. 由 (3.1.6) 得

$$u'(t) = -\phi_q\left(\int_\sigma^t v(s)\mathrm{d}s\right), \tag{3.1.7}$$

其中 q 满足 $\dfrac{1}{p} + \dfrac{1}{q} = 1$. 对 (3.1.7) 从 t 到 1 积分有

$$u(t) = u(1) + \int_t^1 \phi_q\left(\int_\sigma^s v(\tau)\mathrm{d}\tau\right)\mathrm{d}s. \tag{3.1.8}$$

由 (3.1.7) 和 (3.1.8) 得

$$u'(1) = -\phi_q\left(\int_\sigma^1 v(s)\mathrm{d}s\right),$$

$$u(\eta_i) = u(1) + \int_{\eta_i}^1 \phi_q\left(\int_\sigma^s v(\tau)\mathrm{d}\tau\right)\mathrm{d}s.$$

由 (3.1.2) 中的边界条件得

$$u(1) = \frac{1}{\beta} \left(\phi_q \left(\int_\sigma^1 v(s)\mathrm{d}s \right) - \sum_{i=1}^{m-1} \beta_i \int_{\eta_i}^1 \phi_q \left(\int_\sigma^s v(\tau)\mathrm{d}\tau \right) \mathrm{d}s \right). \qquad (3.1.9)$$

将 (3.1.9) 代入 (3.1.8) 得

$$\begin{aligned}
u(t) &= \frac{1}{\beta} \left(\phi_q \left(\int_\sigma^1 v(s)\mathrm{d}s \right) - \sum_{i=1}^{m-1} \beta_i \int_{\eta_i}^1 \phi_q \left(\int_\sigma^s v(\tau)\mathrm{d}\tau \right) \mathrm{d}s \right) \\
&\quad + \int_t^1 \phi_q \left(\int_\sigma^s v(\tau)\mathrm{d}\tau \right) \mathrm{d}s \\
&= \frac{1}{\beta} \left(\phi_q \left(\int_\sigma^1 v(s)\mathrm{d}s \right) \right. \\
&\quad \left. + \sum_{i=1}^{m-1} \beta_i \int_t^{\eta_i} \phi_q \left(\int_\sigma^s v(\tau)\mathrm{d}\tau \right) \mathrm{d}s \right) \\
&:= u_{*2}(t), \quad t \in [0,1]. \qquad (3.1.10)
\end{aligned}$$

同理有

$$u(t) = \frac{1}{\alpha} \left(\phi_q \left(\int_0^\sigma v(s)\mathrm{d}s \right) + \sum_{i=1}^{m-1} \alpha_i \int_{\xi_i}^t \phi_q \left(\int_s^\sigma v(\tau)\mathrm{d}\tau \right) \mathrm{d}s \right) := u_{*1}(t), \quad t \in [0,1].$$
$$(3.1.11)$$

在 (3.1.10) 和 (3.1.11) 中, 令 $t = \sigma$, 由 $u_{*1}(\sigma) = u_{*2}(\sigma)$ 得 $W_1(\sigma) = W_2(\sigma)$, 即 σ 可由 $W_1(t) - W_2(t) = 0$ 确定.

下证 $W_1(0) - W_2(0) < 0$. 事实上,

$$\begin{aligned}
W_1(0) &= \frac{1}{\alpha} \left(\sum_{i=1}^{m-1} \alpha_i \int_{\xi_i}^0 \phi_q \left(\int_s^0 v(\tau)\mathrm{d}\tau \right) \mathrm{d}s \right) \\
&= \frac{1}{\alpha} \left(\sum_{i=1}^{m-1} \alpha_i \int_0^{\xi_i} \phi_q \left(\int_0^s v(\tau)\mathrm{d}\tau \right) \mathrm{d}s \right) \\
&\leqslant \frac{1}{\alpha} \left(\sum_{i=1}^{m-1} \alpha_i \int_0^{\xi_{m-1}} \phi_q \left(\int_0^s v(\tau)\mathrm{d}\tau \right) \mathrm{d}s \right) \\
&= \int_0^{\xi_{m-1}} \phi_q \left(\int_0^s v(\tau)\mathrm{d}\tau \right) \mathrm{d}s
\end{aligned}$$

$$< \int_0^{\eta_1} \phi_q \left(\int_0^s v(\tau) \mathrm{d}\tau \right) \mathrm{d}s$$

$$= \frac{1}{\beta} \left(\sum_{i=1}^{m-1} \beta_i \int_0^{\eta_1} \phi_q \left(\int_0^s v(\tau) \mathrm{d}\tau \right) \mathrm{d}s \right)$$

$$\leqslant \frac{1}{\beta} \left(\sum_{i=1}^{m-1} \beta_i \int_0^{\eta_i} \phi_q \left(\int_0^s v(\tau) \mathrm{d}\tau \right) \mathrm{d}s \right) \leqslant W_2(0).$$

从而, $W_1(0) - W_2(0) < 0$. 类似有 $W_1(1) - W_2(1) > 0$. 因此 $W_1(t)$ 和 $W_2(t)$ 必定交于 $(0,1)$ 上某一点, 而该点即为 (3.1.4) 的解, 这也意味着由 (3.1.2) 式定义的 $u(t)$ 在点 σ 是连续的.

因此, 当 $t \in [0,1]$ 时, 边值问题 (3.1.2) 的解可以表示为 (3.1.3).　　　□

引理 3.1.2　令 $v(t)$ 满足引理 3.1.1 中的所有条件, 则边值问题 (3.1.2) 的解 $u(t)$ 在 $t \in [0,1]$ 上是凹的, 且 $u(t) \geqslant 0$.

证明　$(\phi_p(u'(t)))' = -v(t) \leqslant 0$, 因此 $u(t)$ 在 $t \in [0,1]$ 上是凹的. 下证 $u(t) \geqslant 0$.

由引理 3.1.1 知 $u(t)$ 可以表示为 (3.1.3). 当 $t \in [0,\sigma]$ 时, 由 $0 < \sum\limits_{i=1}^{m-1} \alpha_i \xi_i \leqslant 1$ 得

$$u_{*1}(t) = \frac{1}{\alpha} \left(\phi_q \left(\int_0^\sigma v(s)\mathrm{d}s \right) + \sum_{i=1}^{m-1} \alpha_i \int_{\xi_i}^t \phi_q \left(\int_s^\sigma v(\tau)\mathrm{d}\tau \right) \mathrm{d}s \right)$$

$$= \frac{1}{\alpha} \left(\phi_q \left(\int_0^\sigma v(s)\mathrm{d}s \right) - \sum_{i=1}^{m-1} \alpha_i \int_0^{\xi_i} \phi_q \left(\int_s^\sigma v(\tau)\mathrm{d}\tau \right) \mathrm{d}s \right)$$

$$\quad + \int_0^t \phi_q \left(\int_s^\sigma v(\tau)\mathrm{d}\tau \right) \mathrm{d}s$$

$$\geqslant \frac{1}{\alpha} \left(\phi_q \left(\int_0^\sigma v(s)\mathrm{d}s \right) - \sum_{i=1}^{m-1} \alpha_i \int_0^{\xi_i} \phi_q \left(\int_0^\sigma v(\tau)\mathrm{d}\tau \right) \mathrm{d}s \right)$$

$$\quad + \int_0^t \phi_q \left(\int_s^\sigma v(\tau)\mathrm{d}\tau \right) \mathrm{d}s$$

$$\geqslant \frac{1}{\alpha} \left(\phi_q \left(\int_0^\sigma v(s)\mathrm{d}s \right) - \sum_{i=1}^{m-1} \alpha_i \xi_i \phi_q \left(\int_0^\sigma v(\tau)\mathrm{d}\tau \right) \right)$$

$$\quad + \int_0^t \phi_q \left(\int_s^\sigma v(\tau)\mathrm{d}\tau \right) \mathrm{d}s$$

$$\geqslant \frac{1}{\alpha}\left(\phi_q\left(\int_0^\sigma v(s)\mathrm{d}s\right) - \phi_q\left(\int_0^\sigma v(\tau)\mathrm{d}\tau\right)\right) + \int_0^t \phi_q\left(\int_s^\sigma v(\tau)\mathrm{d}\tau\right)\mathrm{d}s$$

$$= \int_0^t \phi_q\left(\int_s^\sigma v(\tau)\mathrm{d}\tau\right)\mathrm{d}s \geqslant 0.$$

类似地, 当 $t \in [\sigma, 1]$ 时, 由 $0 < \sum_{i=1}^{m-1}\beta_i(1-\eta_i) \leqslant 1$ 可得 $u_{*2}(t) \geqslant 0$. 因此 $u(t) \geqslant 0$, $t \in [0,1]$. □

3.1.2 至少三个正解的存在性

在本小节中, 我们将在 f 上加上增长性条件, 继而利用定理 1.2.6 来得到边值问题 (3.1.1) 三个正解的存在性结果.

考虑空间 $X = C^1[0,1]$, 其范数为 $\|u\| = \max\{\|u\|_1, \|u'\|_1\}$, 其中 $\|u\|_1 = \max_{0\leqslant t\leqslant 1}|u(t)|$. 定义锥 $P \subset X$ 为

$$P = \left\{u \in X \left| \begin{array}{l} u(t)\geqslant 0, u'(0)-\sum_{i=1}^{m-1}\alpha_i u(\xi_i)=0, \ u(t) \text{ 在 } t \in [0,1] \text{ 上是凹的, 存在点} \\ \sigma \in (0,1) \text{ 使得 } u'(\sigma) = 0 \end{array}\right.\right\}.$$

锥 P 上的非负连续凸泛函 γ、非负连续泛函 ψ 和 θ、非负连续凹泛函 α 分别定义为

$$\gamma(u) = \max_{0\leqslant t\leqslant 1}|u'(t)|, \quad \psi(u) = \theta(u) = \max_{0\leqslant t\leqslant 1}|u(t)|,$$

$$\alpha(u) = \min_{\frac{1}{k}\leqslant t\leqslant 1-\frac{1}{k}}|u(t)| \quad (k \geqslant 3).$$

引理 3.1.3 $\forall u \in P$, 存在 $\overline{M} = 1 + \frac{1}{\alpha}$ 使得 $\max_{0\leqslant t\leqslant 1}|u(t)| \leqslant \overline{M}\max_{0\leqslant t\leqslant 1}|u'(t)|$.

证明 $\forall u \in P$, 有

$$\max_{0\leqslant t\leqslant 1}|u(t)| = |u(\sigma)| = \left|\frac{1}{\alpha}\sum_{i=1}^{m-1}\alpha_i u(\sigma)\right| = \frac{1}{\alpha}\left|\sum_{i=1}^{m-1}\alpha_i u(\xi_i) + \sum_{i=1}^{m-1}\alpha_i\int_{\xi_i}^\sigma u'(t)\mathrm{d}t\right|$$

$$\leqslant \frac{1}{\alpha}\left|u'(0) + \alpha\int_0^1 |u'(t)|\mathrm{d}t\right|$$

$$\leqslant \left(1+\frac{1}{\alpha}\right)\max_{0\leqslant t\leqslant 1}|u'(t)| = \overline{M}\max_{0\leqslant t\leqslant 1}|u'(t)|. \quad □$$

引理 3.1.4　　$\forall u \in P, u(t) \geqslant \min\{t, 1-t\} \max\limits_{0 \leqslant s \leqslant 1} |u(s)|.$

证明请参考引理 2.2.3.

$\forall u \in P$, 由引理 3.1.4 和 u 的凹性得

$$\frac{1}{k}\theta(u) \leqslant \alpha(u) \leqslant \theta(u) = \psi(u), \quad \|u\| = \max\{\theta(u), \gamma(u)\} \leqslant \overline{M}\gamma(u).$$

记 $F_u(t) = h(t)f(t, u(t), u'(t))$, 定义算子 $T : P \to X$ 为

$$(Tu)(t) = \begin{cases} \dfrac{1}{\alpha}\left(\phi_q \displaystyle\int_0^\sigma F_u(s)\mathrm{d}s + \sum_{i=1}^{m-1}\alpha_i \int_{\xi_i}^t \phi_q \int_s^\sigma F_u(\tau)\mathrm{d}\tau\mathrm{d}s\right), & t \in [0, \sigma], \\ \dfrac{1}{\beta}\left(\phi_q \displaystyle\int_\sigma^1 F_u(s)\mathrm{d}s + \sum_{i=1}^{m-1}\beta_i \int_t^{\eta_i} \phi_q \int_\sigma^s F_u(\tau)\mathrm{d}\tau\mathrm{d}s\right), & t \in (\sigma, 1]. \end{cases}$$

$$(3.1.12)$$

引理 3.1.5　　假设 $(\mathrm{H}_{3.1.1})$ 和 $(\mathrm{H}_{3.1.2})$ 成立, 则 $T : P \to P$ 是全连续的.

证明　　首先验证 $T : P \to P$. 令 $u \in P$. 易见 $(Tu)(t) \geqslant 0$, $(Tu)'(0) - \sum\limits_{i=1}^{m-1}\alpha_i(Tu)(\xi_i) = 0$. 由 (3.1.1) 得

$$(Tu)'(t) = \begin{cases} \phi_q\left(\displaystyle\int_t^\sigma F_u(s)\mathrm{d}s\right), & t \in [0, \sigma], \\ -\phi_q\left(\displaystyle\int_\sigma^t F_u(s)\mathrm{d}s\right), & t \in (\sigma, 1]. \end{cases}$$

显然, $(Tu)'(t)$ 在 $t \in [0, 1]$ 上是单调非增的, 因此 $(Tu)''(t) \leqslant 0$, 即 T 在 $t \in [0, 1]$ 上是凹的, 且显然有 $(Tu)'(\sigma) = 0$, 即 $T : P \to P$. 对 T 的全连续性的证明可参阅文献 [42].　　$\square$

记

$$L = \phi_q\left(\int_0^1 h(s)\mathrm{d}s\right),$$

$$M = \min\left\{\frac{1}{\alpha}\left(\phi_q\left(\int_{\frac{1}{k}}^{\frac{1}{2}} h(s)\mathrm{d}s\right) + \sum_{i=1}^{m-1}\alpha_i \int_{\xi_i}^{\frac{1}{2}} \phi_q\left(\int_s^{\frac{1}{2}} h(\tau)\mathrm{d}\tau\right)\mathrm{d}s\right),\right.$$

$$\left.\frac{1}{\beta}\left(\phi_q\left(\int_{\frac{1}{2}}^{1-\frac{1}{k}} h(s)\mathrm{d}s\right) + \sum_{i=1}^{m-1}\beta_i \int_{\frac{1}{2}}^{\eta_i} \phi_q\left(\int_{\frac{1}{2}}^s h(\tau)\mathrm{d}\tau\right)\mathrm{d}s\right)\right\},$$

$$N = \max \left\{ \frac{1}{\alpha} \left(\phi_q \left(\int_0^{\frac{1}{2}} h(s) \mathrm{d}s \right) + \sum_{i=1}^{m-1} \alpha_i \int_{\xi_i}^{\frac{1}{2}} \phi_q \left(\int_s^{\frac{1}{2}} h(\tau) \mathrm{d}\tau \right) \mathrm{d}s \right), \right.$$

$$\left. \frac{1}{\beta} \left(\phi_q \left(\int_{\frac{1}{2}}^1 h(s) \mathrm{d}s \right) + \sum_{i=1}^{m-1} \beta_i \int_{\frac{1}{2}}^{\eta_i} \phi_q \left(\int_{\frac{1}{2}}^s h(\tau) \mathrm{d}\tau \right) \mathrm{d}s \right) \right\},$$

$$C = \frac{\displaystyle\sum_{i=1}^{m-1} \alpha_i}{1 + \displaystyle\sum_{i=1}^{m-1} \alpha_i \left(\xi_i - \frac{1}{2} \right)^2}, \quad C_1 = \frac{4Cb}{4-C}, \quad C_2 = \frac{4b}{4-C}, \quad D = \frac{4k}{4-C}.$$

注 3.1.1 直接计算可得 $C < 4$. 事实上,

$$C = \frac{\displaystyle\sum_{i=1}^{m-1} \alpha_i}{1 + \displaystyle\sum_{i=1}^{m-1} \alpha_i \left(\xi_i - \frac{1}{2} \right)^2} < 4 \Longleftrightarrow \sum_{i=1}^{m-1} \alpha_i < 4 + 4 \sum_{i=1}^{m-1} \alpha_i \left(\xi_i - \frac{1}{2} \right)^2$$

$$\Longleftrightarrow \sum_{i=1}^{m-1} \alpha_i \left(1 - 4 \left(\xi_i - \frac{1}{2} \right)^2 \right) < 4 \Longleftrightarrow \sum_{i=1}^{m-1} \alpha_i (1 - 2\xi_i + 1)(1 + 2\xi_i - 1) < 4$$

$$\Longleftrightarrow 4 \sum_{i=1}^{m-1} \alpha_i \xi_i (1 - \xi_i) < 4 \Longleftrightarrow \sum_{i=1}^{m-1} \alpha_i \xi_i (1 - \xi_i) < 1.$$

由 $\displaystyle\sum_{i=1}^{m-1} \alpha_i \xi_i (1 - \xi_i) < \sum_{i=1}^{m-1} \alpha_i \xi_i < 1$ 知 $C < 4$, 则 $C_1, C_2 > 0$, 且显然 $D > 1$.

定理 3.1.6 假设 $(\mathrm{H}_{3.1.1})$ 和 $(\mathrm{H}_{3.1.2})$ 成立, 且存在常数 a, b, d, 满足 $0 < a < b < bk < \mu d$ 使得下面的条件成立:

$(\mathrm{H}_{3.1.3})$ $f(t, x, y) \leqslant \phi_p \left(\dfrac{d}{L} \right), (t, x, y) \in [0, 1] \times [0, \overline{M}d] \times [-d, d].$

$(\mathrm{H}_{3.1.4})$ $f(t, x, y) > \phi_p \left(\dfrac{kb}{M} \right), (t, x, y) \in \left[\dfrac{1}{k}, 1 - \dfrac{1}{k} \right] \times [b, kb] \times [-d, d].$

$(\mathrm{H}_{3.1.5})$ $f(t, x, y) < \phi_p \left(\dfrac{a}{N} \right), (t, x, y) \in [0, 1] \times [0, a] \times [-d, d],$

其中 $\mu = \min \left\{ \dfrac{M}{Lk}, \dfrac{4-C}{4C} \right\}$, 则边值问题 (3.1.1) 至少存在三个正解 u_1, u_2 和 u_3 满足

$$\max_{0\leqslant t\leqslant 1}|u_1(t)| < a; \quad \max_{0\leqslant t\leqslant 1}|u_2(t)| > a; \quad \min_{\frac{1}{k}\leqslant t\leqslant 1-\frac{1}{k}}|u_2(t)| < b;$$

$$\min_{\frac{1}{k}\leqslant t\leqslant 1-\frac{1}{k}}|u_3(t)| > b; \quad \max_{0\leqslant t\leqslant 1}|u_i'(t)| \leqslant d, \quad i=1,2,3. \tag{3.1.13}$$

证明　边值问题 (3.1.1) 有解 $u = u(t)$ 当且仅当 $u = Tu$. 因此只需证明算子 T 满足 Avery-Peterson 不动点定理, 即可得三个正解的存在性. 我们分四步来证明.

第一步: 显然, $\psi(\lambda u) \leqslant \lambda\psi(u)$, $\alpha(u) \leqslant \psi(u)$. 由引理 3.1.1 知, $\forall u \in \overline{P(\gamma,d)}$, $\|u\| \leqslant \overline{M}\gamma(u)$. 则由 $(\mathrm{H}_{3.1.3})$ 知, $f(t,x,y) \leqslant \phi_p\left(\dfrac{d}{L}\right)$. 另一方面, $\forall u \in P$, $Tu \in P$, 则 Tu 在 $[0,1]$ 上是凹的, 因此有

$$\gamma(Tu) = \max_{0\leqslant t\leqslant 1}|(Tu)'(t)| = \max\{|(Tu)'(0)|,|(Tu)'(1)|\}$$

$$= \max\left\{\phi_q\left(\int_0^\sigma F_u(s)\mathrm{d}s\right), \phi_q\left(\int_\sigma^1 F_u(\tau)\mathrm{d}s\right)\right\}$$

$$\leqslant \phi_q\left(\int_0^1 F_u(s)\mathrm{d}s\right) \leqslant \frac{d}{L}\cdot L = d,$$

即 $T: \overline{P(\gamma,d)} \to \overline{P(\gamma,d)}$.

第二步: 取 $u(t) = -C_1\left(t - \dfrac{1}{2}\right)^2 + C_2$. 显然, $u'\left(\dfrac{1}{2}\right) = 0$, 且

$$\alpha(u) = \min_{\frac{1}{k}\leqslant t\leqslant 1-\frac{1}{k}}|u(t)| > b,$$

$$\theta(u) = \max_{0\leqslant t\leqslant 1}|u(t)| = u\left(\frac{1}{2}\right) = \frac{4b}{4-C} = C_2,$$

$$\gamma(u) = \max_{0\leqslant t\leqslant 1}|u'(t)| = u'(0) = \frac{4Cb}{4-C} = C_1 \leqslant d.$$

因此, $u \in P(\alpha,\theta,\gamma,b,Db,d)$ 且 $\{u \in P(\alpha,\theta,\gamma,b,Db,d) \mid \alpha(u) > b\} \neq \varnothing$, $\forall u \in P(\alpha,\theta,\gamma,b,Db,d)$, $b \leqslant u(t) \leqslant Db, |u'(t)| \leqslant d$ 成立. 因此, 由 $(\mathrm{H}_{3.1.4})$ 和引理 3.1.4 得

$$\alpha(Tu) = \min_{\frac{1}{k}\leqslant t\leqslant 1-\frac{1}{k}}|(Tu)(t)| \geqslant \min\left\{\frac{1}{k}, 1-\frac{1}{k}\right\}\max_{0\leqslant t\leqslant 1}|(Tu)(t)| = \frac{1}{k}|(Tu)(\sigma)|$$

$$= \frac{1}{k}\cdot\frac{1}{\alpha}\left(\phi_q\left(\int_0^\sigma F_u(s)\mathrm{d}s\right) + \sum_{i=1}^{m-1}\alpha_i\int_{\xi_i}^\sigma \phi_q\left(\int_s^\sigma F_u(\tau)\mathrm{d}\tau\right)\mathrm{d}s\right)$$

$$\geqslant \frac{1}{k} \min \left\{ \frac{1}{\alpha} \left(\phi_q \left(\int_0^{\frac{1}{2}} F_u(s) \mathrm{d}s \right) + \sum_{i=1}^{m-1} \alpha_i \int_{\xi_i}^{\frac{1}{2}} \phi_q \left(\int_s^{\frac{1}{2}} F_u(\tau) \mathrm{d}\tau \right) \mathrm{d}s \right), \right.$$

$$\left. \frac{1}{\beta} \left(\phi_q \left(\int_{\frac{1}{2}}^1 F_u(s) \mathrm{d}s \right) + \sum_{i=1}^{m-1} \beta_i \int_{\frac{1}{2}}^{\eta_i} \phi_q \left(\int_{\frac{1}{2}}^s F_u(\tau) \mathrm{d}\tau \right) \mathrm{d}s \right) \right\}$$

$$\geqslant \frac{1}{k} \min \left\{ \frac{1}{\alpha} \left(\phi_q \left(\int_{\frac{1}{k}}^{\frac{1}{2}} F_u(s) \mathrm{d}s \right) + \sum_{i=1}^{m-1} \alpha_i \int_{\xi_i}^{\frac{1}{2}} \phi_q \left(\int_s^{\frac{1}{2}} F_u(\tau) \mathrm{d}\tau \right) \mathrm{d}s \right), \right.$$

$$\left. \frac{1}{\beta} \left(\phi_q \left(\int_{\frac{1}{2}}^{1-\frac{1}{k}} F_u(s) \mathrm{d}s \right) + \sum_{i=1}^{m-1} \beta_i \int_{\frac{1}{2}}^{\eta_i} \phi_q \left(\int_{\frac{1}{2}}^s F_u(\tau) \mathrm{d}\tau \right) \mathrm{d}s \right) \right\}$$

$$\geqslant \frac{1}{k} \cdot \frac{kb}{M} \cdot M = b.$$

所以定理 1.2.6 中的 (A_1) 成立.

第三步: 由引理 3.1.4 得, 定理 1.2.6 中的 (A_2) 成立, 即 $\forall u \in P(\alpha, \gamma, b, d)$, $\theta(Tu) > Db$,

$$\alpha(Tu) \geqslant \frac{1}{k} \theta(Tu) > \frac{1}{k} Db = \frac{1}{k} \cdot \frac{4k}{4-C} b > b.$$

第四步: 显然, $\psi(0) = 0 < a$, $0 \notin R(\psi, \gamma, a, d)$. 假设 $u \in R(\psi, \gamma, a, d)$ 且 $\psi(u) = a$. 则由 $(\mathrm{H}_{3.1.5})$ 得

$$\psi(Tu) = \max_{0 \leqslant t \leqslant 1} |(Tu)(t)| = |(Tu)(\sigma)|$$

$$= \frac{1}{\alpha} \left(\phi_q \left(\int_0^\sigma F_u(s) \mathrm{d}s \right) + \sum_{i=1}^{m-1} \alpha_i \int_{\xi_i}^\sigma \phi_q \left(\int_s^\sigma F_u(\tau) \mathrm{d}\tau \right) \mathrm{d}s \right)$$

$$\leqslant \max \left\{ \frac{1}{\alpha} \left(\phi_q \left(\int_0^{\frac{1}{2}} F_u(s) \mathrm{d}s \right) + \sum_{i=1}^{m-1} \alpha_i \int_{\xi_i}^{\frac{1}{2}} \phi_q \left(\int_s^{\frac{1}{2}} F_u(\tau) \mathrm{d}\tau \right) \mathrm{d}s \right), \right.$$

$$\left. \frac{1}{\beta} \left(\phi_q \left(\int_{\frac{1}{2}}^1 F_u(s) \mathrm{d}s \right) + \sum_{i=1}^{m-1} \beta_i \int_{\frac{1}{2}}^{\eta_i} \phi_q \left(\int_{\frac{1}{2}}^s F_u(\tau) \mathrm{d}\tau \right) \mathrm{d}s \right) \right\}$$

$$\leqslant \frac{a}{N} \cdot N = a.$$

因此, 定理 1.2.6 中的 (A_3) 成立. 综上, 根据定理 1.2.6 即可得出边值问题 (3.1.1) 至少存在三个正解 u_1, u_2, u_3 满足 (3.1.13). □

3.1.3 例子

例 3.1.1

$$\begin{cases} (\phi_3(u'(t)))' + f(t,u(t),u'(t)) = 0, & 0 < t < 1, \\ u'(0) - 2u\left(\dfrac{1}{5}\right) - 2u\left(\dfrac{1}{4}\right) = 0, & u'(1) + u\left(\dfrac{1}{3}\right) + u\left(\dfrac{2}{3}\right) = 0, \end{cases} \quad (3.1.14)$$

其中

$$f(t,x,y) = \begin{cases} t^2 + 30 \times \left(\dfrac{u}{10}\right)^3 + 590 \times \left|\dfrac{v}{10^8}\right|, & 0 \leqslant u \leqslant 65000, \\ t^2 + 30 \times \left(\dfrac{65000}{10}\right)^3 + 590 \times \left|\dfrac{v}{10^8}\right|, & u > 65000, \end{cases}$$

$$h(t) = 1, \quad p = 3, \quad \xi_1 = \frac{1}{5}, \quad \xi_2 = \frac{1}{4}, \quad \eta_1 = \frac{1}{3}, \quad \eta_2 = \frac{2}{3},$$

$$\alpha_1 = 2, \quad \alpha_2 = 2, \quad \beta_1 = 1, \quad \beta_2 = 1.$$

取 $k = 5$, $a = 10$, $b = 3 \times 10^4$, $d = 10^8$. 直接计算得 $q = \dfrac{3}{2}$, $\dfrac{1}{\alpha} = \dfrac{1}{4}$, $\dfrac{1}{\beta} = \dfrac{1}{2}$, $\overline{M} = \dfrac{5}{4}$, $C = \dfrac{800}{261}$, $\mu = 0.0467$, $L = 1$, $\dfrac{6}{25} > M > \dfrac{1}{5}$, $\dfrac{39}{100} < N < \dfrac{2}{5}$.

可以验证 f 满足 $(H_{3.1.2})$, 进而有

$$f(t,x,y) \leqslant 1 + 30 \times 6500^3 + 590 < 10^{13} < 10^{16} = \phi_p\left(\frac{d}{L}\right),$$

$$(t,x,y) \in [0,1] \times [0, 1.25 \times 10^8] \times [-10^8, 10^8];$$

$$f(t,x,y) \geqslant 30 \times 3000^3 = 8.1 \times 10^{11} > 5.625 \times 10^{11} > \phi_p\left(\frac{kb}{M}\right),$$

$$(t,x,y) \in \left[\frac{1}{4}, \frac{3}{4}\right] \times [3 \times 10^4, 1.5 \times 10^5] \times [-10^8, 10^8];$$

$$f(t,x,y) \leqslant 1 + 30 + 590 = 621 < 625 < \phi_p(a/N),$$

$$(t,x,y) \in [0,1] \times [0,10] \times [-10^8, 10^8].$$

因此定理 3.1.6 的所有条件均满足. 于是边值问题 (3.1.14) 至少存在三个正解满足

$$\max_{0\leqslant t\leqslant 1}|u_i'(t)| < 10^8, \quad i = 1, 2, 3.$$

$$\max_{0\leqslant t\leqslant 1} u_1(t) < 10; \quad \max_{0\leqslant t\leqslant 1} u_2(t) > 10;$$

$$\min_{\frac{1}{4}\leqslant t\leqslant \frac{3}{4}} u_2(t) < 3 \times 10^4; \quad \min_{\frac{1}{4}\leqslant t\leqslant \frac{3}{4}} u_3(t) > 3 \times 10^4.$$

3.2 具 p-Laplace 算子的 $2m$ 点边值问题对称正解的存在性

本节研究下面的具 p-Laplace 算子的多点边值问题:

$$\begin{cases} (\phi_p(u'(t)))' + h(t)f(t, u(t), |u'(t)|) = 0, & 0 < t < 1, \\ u'(0) - \displaystyle\sum_{i=1}^{m-1} \alpha_i u(\xi_i) = 0, \quad u'(1) + \sum_{i=1}^{m-1} \alpha_i u(\eta_i) = 0, \end{cases} \tag{3.2.1}$$

其中 $\phi_p(s) = |s|^{p-2}s$, $p > 1$, $\alpha_i > 0$, $\displaystyle\sum_{i=1}^{m-1} \alpha_i \xi_i \leqslant 1$, $0 < \xi_1 < \xi_2 < \cdots < \xi_{m-1} < \dfrac{1}{2}$, $\xi_i + \eta_i = 1$, $i = 1, 2, \cdots, m-1$. h, f 满足

(H$_{3.2.1}$) $h \in L^1[0,1]$ 在 $(0,1)$ 上非负, 且在 $(0,1)$ 的任意测度非零的子区间上不恒为零, $h(t) = h(1-t)$.

(H$_{3.2.2}$) $f \in C([0,1] \times [0,+\infty) \times \mathbb{R}, [0,+\infty))$, 且 $f(t,x,y) = f(1-t,u,v)$.

$u \in C([0,1], \mathbb{R})$ 为 "对称" 的是指: $u(t) = u(1-t), t \in [0,1]$.

3.2.1 预备工作

定义空间 $X = C^1[0,1]$, 其范数为 $\|u\| = \max\left\{\max_{0\leqslant t\leqslant 1}|u(t)|, \max_{0\leqslant t\leqslant 1}|u'(t)|\right\}$. 锥 $P \subset X$ 定义为

$$P = \left\{ u \in X \,\middle|\, u(t) \text{ 为 } [0,1] \text{ 上的非负对称凹函数}, u'(0) - \sum_{i=1}^{m-1} \alpha_i u(\xi_i) = 0 \right\}.$$

记 $\alpha := \displaystyle\sum_{i=1}^{m-1} \alpha_i$, $F_u(t) = h(t)f(t, u(t), |u'(t)|)$, 定义算子 $T : P \to X$ 为

$$(Tu)(t) = \begin{cases} \dfrac{1}{\alpha}\left(\phi_q\left(\displaystyle\int_0^{\frac{1}{2}} F_u(s)\mathrm{d}s\right) + \sum_{i=1}^{m-1}\alpha_i\int_{\xi_i}^{t}\phi_q\left(\int_s^{\frac{1}{2}} F_u(\tau)\mathrm{d}\tau\right)\mathrm{d}s\right) \\ \quad :=(T^1 u)(t),\ \ t\in\left[0,\dfrac{1}{2}\right], \\[2mm] \dfrac{1}{\alpha}\left(\phi_q\left(\displaystyle\int_{\frac{1}{2}}^1 F_u(s)\mathrm{d}s\right) + \sum_{i=1}^{m-1}\alpha_i\int_{t}^{\eta_i}\phi_q\left(\int_{\frac{1}{2}}^{s} F_u(\tau)\mathrm{d}\tau\right)\mathrm{d}s\right) \\ \quad :=(T^2 u)(t),\ \ t\in\left[\dfrac{1}{2},1\right]. \end{cases}$$

显然, $(T^1 u)(t), (T^2 u)(t)$ 分别在 $t\in\left[0,\dfrac{1}{2}\right]$ 和 $t\in\left[\dfrac{1}{2},1\right]$ 上是连续的, 并且 $(T^1 u)\left(\dfrac{1}{2}\right)=(T^2 u)\left(\dfrac{1}{2}\right)$, 所以 $(Tu)(t)$ 在 $t\in[0,1]$ 上连续.

定义锥 P 上的非负连续凸泛函 γ、非负连续泛函 ψ 和 θ、非负连续凹泛函 α 如下:

$$\gamma(u) = \max_{0\leqslant t\leqslant 1}|u'(t)|, \qquad \psi(u) = \theta(u) = \max_{0\leqslant t\leqslant 1}|u(t)|,$$

$$\alpha(u) = \min_{\frac{1}{k}\leqslant t\leqslant 1-\frac{1}{k}}|u(t)| \quad (k\geqslant 3).$$

引理 3.2.1　$T: P\to P$ 是全连续算子.

证明　首先验证 $T: P\to P$. 显然, $(Tu)(t)\in C^1[0,1]$ 且

$$(Tu)''(t) = -h(t)f(t,u(t),u'(t))\leqslant 0, \quad (Tu)'(0) - \sum_{i=1}^{m-1}\alpha_i(Tu)(\xi_i) = 0.$$

易见 $(Tu)(t) = (Tu)(1-t)$. 事实上, 当 $0\leqslant t\leqslant\dfrac{1}{2}$ 时, $(\mathrm{H}_{3.2.1})$ 和 $(\mathrm{H}_{3.2.2})$ 意味着

$$(Tu)(t) = \dfrac{1}{\alpha}\left(\phi_q\left(\int_0^{\frac{1}{2}} F_u(s)\mathrm{d}s\right) + \sum_{i=1}^{m-1}\alpha_i\int_{\xi_i}^{t}\phi_q\left(\int_s^{\frac{1}{2}} F_u(\tau)\mathrm{d}\tau\right)\mathrm{d}s\right)$$

$$= \dfrac{1}{\alpha}\left(\phi_q\left(\int_{\frac{1}{2}}^1 F_u(1-s)\mathrm{d}s\right) + \sum_{i=1}^{m-1}\alpha_i\int_{1-t}^{\eta_i}\phi_q\left(\int_{1-s}^{\frac{1}{2}} F_u(\tau)\mathrm{d}\tau\right)\mathrm{d}s\right)$$

$$= \dfrac{1}{\alpha}\left(\phi_q\left(\int_{\frac{1}{2}}^1 F_u(s)\mathrm{d}s\right) + \sum_{i=1}^{m-1}\alpha_i\int_{1-t}^{\eta_i}\phi_q\left(\int_{\frac{1}{2}}^{s} F_u(1-\tau)\mathrm{d}\tau\right)\mathrm{d}s\right)$$

$$= \frac{1}{\alpha}\left(\phi_q\left(\int_{\frac{1}{2}}^1 F_u(s)\mathrm{d}s\right) + \sum_{i=1}^{m-1}\alpha_i\int_{1-t}^{\eta_i}\phi_q\left(\int_{\frac{1}{2}}^s F_u(\tau)\mathrm{d}\tau\right)\mathrm{d}s\right)$$

$$= (Tu)(1-t).$$

同理, $(Tu)(t) = (Tu)(1-t)$ 在 $t \in \left[\frac{1}{2}, 1\right]$ 上也成立. 在 $t \in [0,1]$ 上, 由 $0 < \sum_{i=1}^{m-1}\alpha_i\xi_i \leqslant 1$ 可得 $(Tu)(t) \geqslant 0$. 事实上, 当 $0 \leqslant t \leqslant \frac{1}{2}$ 时,

$$(T^1 u)(t) = \frac{1}{\alpha}\left(\phi_q\left(\int_0^{\frac{1}{2}} F_u(s)\mathrm{d}s\right) - \sum_{i=1}^{m-1}\alpha_i\left(\int_0^{\xi_i}\phi_q\left(\int_s^{\frac{1}{2}} F_u(\tau)\mathrm{d}\tau\right)\mathrm{d}s\right.\right.$$

$$\left.\left. + \int_0^t\phi_q\left(\int_s^{\frac{1}{2}} F_u(\tau)\mathrm{d}\tau\right)\mathrm{d}s\right)\right)$$

$$\geqslant \frac{1}{\alpha}\left(\phi_q\left(\int_0^{\frac{1}{2}} F_u(s)\mathrm{d}s\right) - \sum_{i=1}^{m-1}\alpha_i\int_0^{\xi_i}\phi_q\left(\int_0^{\frac{1}{2}} F_u(\tau)\mathrm{d}\tau\right)\mathrm{d}s\right)$$

$$+ \int_0^t\phi_q\left(\int_s^{\frac{1}{2}} F_u(\tau)\mathrm{d}\tau\right)\mathrm{d}s$$

$$= \frac{1}{\alpha}\left(\phi_q\left(\int_0^{\frac{1}{2}} F_u(s)\mathrm{d}s\right) - \sum_{i=1}^{m-1}\alpha_i\xi_i\phi_q\left(\int_0^{\frac{1}{2}} F_u(s)\mathrm{d}s\right)\right)$$

$$\geqslant \frac{1}{\alpha}\left(\phi_q\left(\int_0^{\frac{1}{2}} F_u(s)\mathrm{d}s\right) - \phi_q\left(\int_0^{\frac{1}{2}} F_u(s)\mathrm{d}s\right)\right) = 0.$$

同理可证 $(T^2 u)(t) \geqslant 0$. 因此 $T: P \to P$.

接下来标准化的证明即可得 T 为全连续的, 此处略. $\qquad\square$

引理 3.2.2 对任意的 $u \in P$, 存在实数 $\overline{M} = \max\left\{1, \frac{1}{2} + \frac{1}{\alpha}\right\}$ 使得

$$\max_{0\leqslant t\leqslant 1}|u(t)| \leqslant \overline{M}\max_{0\leqslant t\leqslant 1}|u'(t)|.$$

证明 $\forall u \in P$, 有

$$\max_{0\leqslant t\leqslant 1}|u(t)| = \left|u\left(\frac{1}{2}\right)\right| = \left|u(\xi_1) + \int_{\xi_1}^{\frac{1}{2}} u'(t)\mathrm{d}t\right|$$

$$\leqslant \left| \frac{1}{\alpha}u'(0) + \int_0^{\frac{1}{2}} |u'(t)|\mathrm{d}t \right|$$

$$\leqslant \left(\frac{1}{2} + \frac{1}{\alpha}\right) \max_{0\leqslant t\leqslant 1}|u'(t)| \leqslant \overline{M} \max_{0\leqslant t\leqslant 1}|u'(t)|. \qquad \square$$

引理 3.2.3　$\forall u \in P,\ u(t) \geqslant 2\min\{t, 1-t\} \max_{0\leqslant s\leqslant 1}|u(s)|.$

证明　首先, 当 $t \in \left[0, \frac{1}{2}\right]$ 时, 有

$$u(t) \geqslant u\left(\frac{1}{2}\right) + \frac{u\left(\frac{1}{2}\right) - u(0)}{\frac{1}{2}}\left(t - \frac{1}{2}\right) \qquad (3.2.2)$$

$$= 2tu\left(\frac{1}{2}\right) + (1-2t)u(0) \geqslant 2tu\left(\frac{1}{2}\right).$$

其次, 当 $t \in \left[\frac{1}{2}, 1\right]$ 时, 有

$$u(t) \geqslant u\left(\frac{1}{2}\right) + \frac{u\frac{1}{2} - u(1)}{\frac{1}{2} - 1}\left(t - \frac{1}{2}\right) \qquad (3.2.3)$$

$$= 2(1-t)u\left(\frac{1}{2}\right) + (2t-1)u(1) \geqslant 2(1-t)u\left(\frac{1}{2}\right).$$

结合 (3.2.2) 和 (3.2.3) 可得 $u(t) \geqslant 2\min\{t, 1-t\} \max_{0\leqslant s\leqslant 1}|u(s)|.$ $\square$

接下来, 我们将对算子 T 运用 Avery-Peterson 不动点定理, 同时给出边值问题 (3.2.1) 三个对称正解存在的充分条件.

记

$$L = \phi_q\left(\int_0^{\frac{1}{2}} h(s)\mathrm{d}s\right), \quad M = \int_{\frac{1}{k}}^{\frac{1}{2}} \phi_q\left(\int_s^{\frac{1}{2}} h(\tau)\mathrm{d}\tau\right)\mathrm{d}s,$$

$$N = \frac{1}{\alpha}\left(\phi_q\left(\int_0^{\frac{1}{2}} h(s)\mathrm{d}s\right) + \sum_{i=1}^{m-1}\alpha_i \int_{\xi_i}^{\frac{1}{2}}\phi_q\left(\int_s^{\frac{1}{2}} h(\tau)\mathrm{d}\tau\right)\mathrm{d}s\right),$$

$$C = \frac{\alpha}{1 + \sum_{i=1}^{m-1}\alpha_i\left(\xi_i - \frac{1}{2}\right)^2}, \quad C_1 = \frac{2kbC}{4-C}, \quad C_2 = \frac{2kb}{4-C}.$$

3.2.2 三个对称正解的存在性

定理 3.2.4 假设 $(\mathrm{H}_{3.2.1}) \sim (\mathrm{H}_{3.2.2})$ 成立, 令 $0 < a < b \leqslant \mu d$, 若 f 满足

$(\mathrm{H}_{3.2.3})$ $f(t, x, |y|) \leqslant \phi_p\left(\dfrac{d}{L}\right)$, $(t, x, |y|) \in [0, 1] \times [0, \overline{M}d] \times [0, d]$.

$(\mathrm{H}_{3.2.4})$ $f(t, x, |y|) > \phi_p\left(\dfrac{kb}{2M}\right)$, $(t, x, |y|) \in \left[\dfrac{1}{k}, 1 - \dfrac{1}{k}\right] \times [b, C_2] \times [0, d]$.

$(\mathrm{H}_{3.2.5})$ $f(t, x, |y|) < \phi_p\left(\dfrac{a}{N}\right)$, $(t, x, |y|) \in [0, 1] \times [0, a] \times [0, d]$,

其中 $\mu = \min\left\{\overline{M}, \dfrac{4-C}{2kC}, \dfrac{2M}{kL}\right\}$, 则边值问题 (3.2.1) 至少存在三个对称正解 u_1, u_2, u_3 满足

$$\max_{0 \leqslant t \leqslant 1} |u_i'(t)| \leqslant d, \quad i = 1, 2, 3;$$

$$\max_{0 \leqslant t \leqslant 1} |u_1(t)| < a; \quad \max_{0 \leqslant t \leqslant 1} |u_2(t)| > a; \tag{3.2.4}$$

$$\min_{\frac{1}{k} \leqslant t \leqslant 1 - \frac{1}{k}} |u_2(t)| < b; \quad \min_{\frac{1}{k} \leqslant t \leqslant 1 - \frac{1}{k}} |u_3(t)| > b.$$

证明 边值问题 (3.2.1) 有解 $u = u(t)$ 当且仅当 u 是 $u = Tu$ 的解, 因此我们只需证明算子 T 满足 Avery-Peterson 不动点定理. 下面分四步证明.

第一步: 显然, $\psi(\lambda u) \leqslant \lambda \psi(u)$, $\alpha(u) \leqslant \psi(u)$. 由引理 3.2.2 知对于所有的 $u \in \overline{P(\gamma, d)}$, $\|u\| \leqslant \overline{M}\gamma(u)$, 则 $(\mathrm{H}_{3.2.3})$ 意味着 $f(t, x, |y|) \leqslant \phi_p\left(\dfrac{d}{L}\right)$. 另一方面, 对任意的 $u \in P, Tu \in P$, 因此 Tu 在 $[0, 1]$ 上是凹的、对称的. 同时 $\max\limits_{0 \leqslant t \leqslant 1} |(Tu)'(t)| = |(Tu)'(0)|$, 则

$$\gamma(Tu) = \max_{0 \leqslant t \leqslant 1} |(Tu)'(t)| = (Tu)'(0) = \phi_q\left(\int_0^{\frac{1}{2}} F_u(s)\mathrm{d}s\right) \leqslant \frac{d}{L} \cdot L = d.$$

因此, $T: \overline{P(\gamma, d)} \to \overline{P(\gamma, d)}$.

第二步: 取 $u(t) = -C_1\left(t - \dfrac{1}{2}\right)^2 + C_2$. 显然,

$$\alpha(u) = \min_{\frac{1}{k} \leqslant t \leqslant 1 - \frac{1}{k}} |u(t)| > b,$$

$$\theta(u) = \max_{0 \leqslant t \leqslant 1} |u(t)| = u\left(\frac{1}{2}\right) = \frac{2kb}{4 - C} = C_2,$$

$$\gamma(u) = \max_{0 \leqslant t \leqslant 1} |u'(t)| = u'(0) = \frac{2kbC}{4 - C} = C_1 \leqslant d.$$

则 $u \in P(\alpha, \theta, \gamma, b, C_2, d)$ 且 $u \in \{P(\alpha, \theta, \gamma, b, C_2, d) \mid \alpha(u) > b\} \neq \varnothing$, $\forall u \in P(\alpha, \theta, \gamma, b, C_2, d)$, 有 $b \leqslant u(t) \leqslant C_2, |u'(t)| \leqslant d$. 因此, 由 $(\mathrm{H}_{3.2.4})$ 和定理 3.2.4 得

$$\alpha(Tu) = \min_{\frac{1}{k} \leqslant t \leqslant 1 - \frac{1}{k}} |(Tu)(t)| \geqslant 2 \min\left\{\frac{1}{k}, 1 - \frac{1}{k}\right\} \max_{0 \leqslant t \leqslant 1} |(Tu)(t)|$$

$$= \frac{2}{k}\left|(Tu)\left(\frac{1}{2}\right)\right| \geqslant \frac{2}{k}\left[\int_{\frac{1}{k}}^{\frac{1}{2}} \phi_q\left(\int_s^{\frac{1}{2}} F_u(\tau)\mathrm{d}\tau\right)\mathrm{d}s\right] \geqslant \frac{2}{k} \cdot \frac{kb}{2M} \cdot M = b,$$

即定理 1.2.6 中的 (A_1) 满足.

第三步: 由定理 3.2.4 知

$$\alpha(Tu) \geqslant \frac{2}{k}\theta(Tu) = \frac{2}{k}C_2 = \frac{2}{k} \cdot \frac{2kC}{4 - C}b > b,$$

$\forall u \in P(\alpha, \gamma, b, d)$ 且 $\theta(Tu) > C_2 = \dfrac{2kb}{4 - C}$, 即定理 1.2.6 中的 (A_2) 满足.

第四步: 易见 $\psi(0) = 0 < a$, $0 \notin R(\psi, \gamma, a, d)$. 设 $u \in R(\psi, \gamma, a, d)$, $\psi(u) = a$, 则由 $(\mathrm{H}_{3.2.5})$ 知

$$\psi(Tu) = \max_{0 \leqslant t \leqslant 1} |(Tu)(t)| = \left|(Tu)\left(\frac{1}{2}\right)\right|$$

$$= \frac{1}{\alpha}\left(\phi_q\left(\int_0^{\frac{1}{2}} F_u(s)\mathrm{d}s\right) + \sum_{i=1}^{m-1}\alpha_i\int_{\xi_i}^{\frac{1}{2}}\phi_q\left(\int_s^{\frac{1}{2}} F_u(\tau)\mathrm{d}\tau\right)\mathrm{d}s\right)$$

$$< \frac{a}{N} \cdot N = a.$$

从而定理 1.2.6 的 (A_3) 成立.

根据定理 1.2.6, 边值问题 (3.2.1) 至少存在三个对称正解 u_1, u_2, u_3 满足 (3.2.4).

□

3.2.3　例子

例 3.2.1

$$\begin{cases} (\phi_3(u'(t)))' + f(t, u(t), u'(t)) = 0, & 0 < t < 1, \\ u'(0) - 2u\left(\dfrac{1}{4}\right) - 1/2u\left(\dfrac{1}{3}\right) = 0, & u'(1) + 2u\left(\dfrac{3}{4}\right) + \dfrac{1}{2}u\left(\dfrac{2}{3}\right) = 0, \end{cases} \quad (3.2.5)$$

其中

$$f(t, x, |y|) = \begin{cases} 1788t(1-t) + \left(\dfrac{u}{10}\right)^6 + \left|\dfrac{v}{10^4}\right|, & 0 \leqslant u \leqslant 10, \\[2mm] 1788t(1-t) + \left(\dfrac{u}{10}\right)^7 + \left|\dfrac{v}{10^4}\right|, & 10 < u \leqslant 153, \\[2mm] 1788t(1-t) + 153^7 + \left|\dfrac{v}{10^4}\right|, & u > 153, \end{cases}$$

$h(t) = 1$, $p = 3$, $\xi_1 = \dfrac{1}{4}$, $\xi_2 = \dfrac{1}{3}$, $\eta_1 = \dfrac{3}{4}$, $\eta_2 = \dfrac{2}{3}$, $\alpha_1 = 2$, $\alpha_2 = \dfrac{1}{2}$.
令 $k = 4$, $a = 10$, $b = 100$, $d = 10^4$. 直接计算得 $q = \dfrac{3}{2}$, $\dfrac{1}{\alpha} = \dfrac{2}{5}$, $\overline{M} = 1$,
$C = \dfrac{90}{41}$, $C_2 = \dfrac{16400}{37}$, $C_1 = \dfrac{36000}{37}$, $\mu = \dfrac{\sqrt{2}}{24}$, $L = \dfrac{\sqrt{2}}{2}$, $M = \dfrac{1}{12}$, $0 < N < \dfrac{\sqrt{2}}{3}$.
易验证 f 满足 ($H_{3.2.4}$), 进而有

$$f(t, x, |y|) < \left(\dfrac{10^4}{\sqrt{2}/2}\right)^2 = 2 \times 10^8 = \phi_p\left(\dfrac{d}{L}\right),$$

$$(t, x, |y|) \in [0, 1] \times [0, 10^4] \times [0, 10^4].$$

$$f(t, x, |y|) > \left(\dfrac{200}{1/12}\right)^2 = 5.76 \times 10^6 = \phi_p\left(\dfrac{kb}{2M}\right),$$

$$(t, x, |y|) \in \left[\dfrac{1}{4}, \dfrac{3}{4}\right] \times \left[100, \dfrac{16400}{37}\right] \times [0, 10^4].$$

$$f(t, x, |y|) < \left(\dfrac{10}{\sqrt{2}/3}\right)^2 = 450 < \phi_p\left(\dfrac{a}{N}\right),$$

$$(t, x, |y|) \in [0, 1] \times [0, 10] \times [0, 10^4].$$

由于定理 3.2.4 的所有条件均满足, 故边值问题 (3.2.5) 至少存在三个对称正解且满足

$$\max_{0 \leqslant t \leqslant 1} u_1(t) < 10, \quad \max_{0 \leqslant t \leqslant 1} u_2(t) > 10; \quad \min_{\frac{1}{4} \leqslant t \leqslant \frac{3}{4}} u_2(t) < 100;$$

$$\min_{\frac{1}{4} \leqslant t \leqslant \frac{3}{4}} u_3(t) > 100; \quad \max_{0 \leqslant t \leqslant 1} |u_i'(t)| < 10^4, \quad i = 1, 2, 3.$$

3.3　非线性项可变号的 Sturm-Liouville 型 $2m$ 点边值问题正解的存在性

本节研究下面的具 p-Laplace 算子的 $2m$ 点边值问题:

$$\begin{cases} (\phi_p(u'(t)))' + f(t, u(t)) = 0, & 0 < t < 1, \\ u'(0) - \displaystyle\sum_{i=1}^{m-1} \alpha_i u(\xi_i) = 0, & u'(1) + \displaystyle\sum_{i=1}^{m-1} \beta_i u(\eta_i) = 0, \end{cases} \tag{3.3.1}$$

其中 $\phi_p(s) = |s|^{p-2}s, p > 1, \alpha_i > 0, \beta_i > 0, 0 < \displaystyle\sum_{i=1}^{m-1} \alpha_i \xi_i \leqslant 1, 0 < \displaystyle\sum_{i=1}^{m-1} \beta_i(1 - \eta_i) \leqslant 1, i = 1, 2, \cdots, m-1, 0 = \xi_0 < \xi_1 < \xi_2 < \cdots < \xi_{m-1} < \eta_1 < \eta_2 < \cdots < \eta_{m-1} < \eta_m = 1.$

我们总假设

($\mathrm{H}_{3.3.1}$) $f \in C([0,1] \times [0, +\infty), (-\infty, +\infty))$, 在 $[0,1]$ 的任意测度非零的子区间上 $f(t, u) \not\equiv 0, \forall u \in \mathbb{R}.$

3.3.1　预备工作

记

$$\alpha := \sum_{i=1}^{m-1} \alpha_i, \quad \beta := \sum_{i=1}^{m-1} \beta_i,$$

$$W_1(t) = \frac{1}{\alpha}\left(\phi_q\left(\int_0^t v(s)\mathrm{d}s\right) + \sum_{i=1}^{m-1} \alpha_i \int_{\xi_i}^t \phi_q\left(\int_s^t v(\tau)\mathrm{d}\tau\right)\mathrm{d}s\right),$$

$$W_2(t) = \frac{1}{\beta}\left(\phi_q\left(\int_t^1 v(s)\mathrm{d}s\right) + \sum_{i=1}^{m-1} \beta_i \int_t^{\eta_i} \phi_q\left(\int_t^s v(\tau)\mathrm{d}\tau\right)\mathrm{d}s\right).$$

考虑边值问题

$$\begin{cases} (\phi_p(u'(t)))' + v(t) = 0, & 0 < t < 1, \\ u'(0) - \displaystyle\sum_{i=1}^{m-1} \alpha_i u(\xi_i) = 0, & u'(1) + \displaystyle\sum_{i=1}^{m-1} \beta_i u(\eta_i) = 0. \end{cases} \tag{3.3.2}$$

假设 $v(t)$ 满足引理 3.1.1 中的所有条件, 则由 3.1 节知边值问题(3.3.2)有唯一解

$$u(t) = \begin{cases} \dfrac{1}{\alpha}\left(\phi_q\left(\displaystyle\int_0^\sigma v(s)\mathrm{d}s\right) + \sum_{i=1}^{m-1} \alpha_i \int_{\xi_i}^t \phi_q\left(\int_s^\sigma v(\tau)\mathrm{d}\tau\right)\mathrm{d}s\right) := u_{*1}(t), \\[4mm] t \in [0, \sigma], \\[3mm] \dfrac{1}{\beta}\left(\phi_q\left(\displaystyle\int_\sigma^1 v(s)\mathrm{d}s\right) + \sum_{i=1}^{m-1} \beta_i \int_t^{\eta_i} \phi_q\left(\int_\sigma^s v(\tau)\mathrm{d}\tau\right)\mathrm{d}s\right) := u_{*2}(t), \\[4mm] t \in [\sigma, 1], \end{cases}$$

$$\tag{3.3.3}$$

其中 σ 为 $W_1(t) - W_2(t) = 0, t \in [0,1]$ 上的解且 $u(t) \geqslant 0$. 考虑空间 $X = C[0,1]$, 其范数为 $\|u\| = \max\limits_{0 \leqslant t \leqslant 1} |u(t)|$. 锥 $P \subset X$ 定义为

$$P = \left\{ u \in X \mid u(t) \text{ 为 } [0,1] \text{ 上的非负凹函数, 存在点 } \sigma \in (0,1) \text{ 使得 } u'(\sigma) = 0 \right\}.$$

引理 3.3.1　$\forall u \in P, u(t) \geqslant \min\{t, 1-t\} \max\limits_{0 \leqslant t \leqslant 1} |u(t)|$.

证明参考引理 2.2.3.

3.3.2　正解的存在性

在本小节中, 我们将要在 f 上加上增长性条件, 进而借助定理 1.2.5 来得到边值问题 (3.3.1) 正解的存在性结果. 假设 $k \geqslant 3$, 由引理 3.3.1 知 $u(t) \geqslant \dfrac{1}{k} \|u\|$, $t \in \left[\dfrac{1}{k}, 1 - \dfrac{1}{k} \right]$. 取

$$0 < \frac{1}{M} < \frac{1}{k} \cdot \min\left\{ \frac{1}{\alpha} \left(\left(\frac{1}{2} - \frac{1}{k}\right)^{q-1} + \sum_{i=1}^{m-1} \alpha_i \int_{\xi_i}^{\frac{1}{2}} \phi_q \left(\frac{1}{2} - s\right) \mathrm{d}s \right), \right.$$

$$\left. \frac{1}{\beta} \left(\left(\frac{1}{2} - \frac{1}{k}\right)^{q-1} + \sum_{i=1}^{m-1} \beta_i \int_{\frac{1}{2}}^{\eta_i} \phi_q \left(s - \frac{1}{2}\right) \mathrm{d}s \right) \right\},$$

$$\frac{1}{m} > \max\left\{ \frac{1}{\alpha} \left(\left(\frac{1}{2}\right)^{q-1} + \sum_{i=1}^{m-1} \alpha_i \int_{\xi_i}^{\frac{1}{2}} \phi_q \left(\frac{1}{2} - s\right) \mathrm{d}s \right), \right.$$

$$\left. \frac{1}{\beta} \left(\left(\frac{1}{2}\right)^{q-1} + \sum_{i=1}^{m-1} \beta_i \int_{\frac{1}{2}}^{\eta_i} \phi_q \left(s - \frac{1}{2}\right) \mathrm{d}s \right) \right\}.$$

记

$$\omega(t) = \min\{t, 1-t\}, t \in (0,1), \quad P_r = \{u \in P \mid \|u\| < r\}, \quad 0 < \gamma < \frac{m}{M} < \frac{1}{k},$$

$$P_r^* = \{u \in P \mid r\omega(t) < u(t) < r\}, \quad \Omega_r = \left\{ u \in P \mid \min_{\frac{1}{k} \leqslant t \leqslant 1 - \frac{1}{k}} u(t) < \gamma r \right\}.$$

$$f_{\gamma r}^r = \min_{t \in [\frac{1}{k}, 1 - \frac{1}{k}]} \left\{ \frac{f(t, u)}{\phi_p(r)} \right\}, \ u \in [\gamma r, r], \quad f^\infty = \limsup_{u \to \infty} \max_{0 \leqslant t \leqslant 1} \frac{f(t, u)}{\phi_p(u)},$$

$$f_{r\omega(t)}^r = \max_{t \in [\frac{1}{k}, 1 - \frac{1}{k}]} \left\{ \frac{f(t, u)}{\phi_p(r)} \right\}, \ u \in [r\omega(t), r], \quad f_\infty = \liminf_{u \to \infty} \min_{\frac{1}{k} \leqslant t \leqslant 1 - \frac{1}{k}} \frac{f(t, u)}{\phi_p(u)}.$$

引理 3.3.2 [88]　Ω_r 有如下性质:

(i) Ω_r 是 P 中的相对开集;

(ii) $u \in \partial\Omega_r$ 当且仅当 $\min\limits_{\frac{1}{k} \leqslant t \leqslant 1 - \frac{1}{k}} u(t) = \gamma r$;

(iii) $P_{\gamma r} \subset \Omega_r \subset P_r$;

(iv) 若 $u \in \partial\Omega_r$, 则 $\gamma r \leqslant u(t) \leqslant r, t \in \left[\dfrac{1}{k}, 1 - \dfrac{1}{k}\right]$.

记 $F_u(t) = f(t, u(t))$, 定义算子 $T : P \to X$ 为

$$(Tu)(t) = \begin{cases} \dfrac{1}{\alpha}\left(\phi_q\left(\displaystyle\int_0^\sigma F_u(s)\mathrm{d}s\right) + \displaystyle\sum_{i=1}^{m-1}\alpha_i\int_{\xi_i}^t \phi_q\left(\int_s^\sigma F_u(\tau)\mathrm{d}\tau\right)\mathrm{d}s\right), & t \in [0, \sigma], \\[4mm] \dfrac{1}{\beta}\left(\phi_q\left(\displaystyle\int_\sigma^1 F_u(s)\mathrm{d}s\right) + \displaystyle\sum_{i=1}^{m-1}\beta_i\int_t^{\eta_i} \phi_q\left(\int_\sigma^s F_u(\tau)\mathrm{d}\tau\right)\mathrm{d}s\right), & t \in [\sigma, 1]. \end{cases}$$

$$(3.3.4)$$

则边值问题 (3.3.1) 的解等价于 T 在 P 中的不动点.

定理 3.3.3　假设 $(\mathrm{H}_{3.3.1})$ 和下面的条件成立:

$(\mathrm{H}_{3.3.2})$ *存在* $r_1, r_2, r_3 \in (0, +\infty), r_1 < \gamma r_2 < r_2 < r_3$ *使得*

(1) $f(t, u) > 0, t \in [0, 1], u \in [r_1\omega(t), \infty)$.

(2) $f_{r_1\omega(t)}^{r_1} < \phi_p(m), \quad f_{\gamma r_2}^{r_2} > \phi_p(M\gamma), \quad f_{r_3\omega(t)}^{r_3} \leqslant \phi_p(m)$,

则边值问题 (3.3.1) 在 P 中至少存在三个正解.

证明　令

$$f^*(t, u) = \begin{cases} f(t, u), & u \geqslant r_1\omega(t), \\[2mm] f(t, r_1\omega(t)), & 0 \leqslant u \leqslant r_1\omega(t). \end{cases}$$

记 $F_u^*(t) = f^*(t, u(t))$, 定义算子 T^* 为

$$(T^*u)(t) = \begin{cases} \dfrac{1}{\alpha}\left(\phi_q\left(\displaystyle\int_0^\sigma F_u^*(s)\mathrm{d}s\right) + \displaystyle\sum_{i=1}^{m-1}\alpha_i\int_{\xi_i}^t \phi_q\left(\int_s^\sigma F_u^*(\tau)\mathrm{d}\tau\right)\mathrm{d}s\right), & t \in [0, \sigma], \\[4mm] \dfrac{1}{\beta}\left(\phi_q\left(\displaystyle\int_\sigma^1 F_u^*(s)\mathrm{d}s\right) + \displaystyle\sum_{i=1}^{m-1}\beta_i\int_t^{\eta_i} \phi_q\left(\int_\sigma^s F_u^*(\tau)\mathrm{d}\tau\right)\mathrm{d}s\right), & t \in [\sigma, 1]. \end{cases}$$

易见, $f^*(t, u) \in C([0, 1] \times [0, +\infty), (0, +\infty))$, $T^* : P \to P$ 是全连续的.

考虑辅助边值问题

$$\begin{cases} (\phi_p(u'(t)))' + f^*(t, u(t)) = 0, & 0 < t < 1, \\[2mm] u'(0) - \displaystyle\sum_{i=1}^{m-1}\alpha_i u(\xi_i) = 0, \quad u'(1) + \displaystyle\sum_{i=1}^{m-1}\beta_i u(\eta_i) = 0. \end{cases}$$

$$(3.3.5)$$

易见, T^* 在 P 中的不动点即为边值问题 (3.3.5) 的解. 由 f^* 的定义知

$$f_{r_1\omega(t)}^{*r_1} < \phi_p(m), \quad f_{\gamma r_2}^{*r_2} > \phi_p(M\gamma), \quad f_{r_3\omega(t)}^{*r_3} \leqslant \phi_p(m).$$

下面应用定理 1.2.5 来证明 T^* 在 P 中至少存在三个不动点. 主要分三步证明.

第一步: 证明 $i_p(T^*, P^*_{r_1}) = 1$. $\forall u \in \partial P^*_{r_1}$, 有 $\|u\| = r_1$ 和

$$(T^*u)(t) \leqslant \|T^*u\| = |(T^*u)(\sigma)|$$

$$= \frac{1}{\alpha} \left(\phi_q \int_0^\sigma f^*(s, u(s)) \mathrm{d}s + \sum_{i=1}^{m-1} \alpha_i \int_{\xi_i}^\sigma \phi_q \left(\int_s^\sigma f^*(\tau, u(\tau)) \mathrm{d}\tau \right) \mathrm{d}s \right)$$

$$\leqslant \max \left\{ \frac{1}{\alpha} \left(\phi_q \left(\int_0^{\frac{1}{2}} f^*(s, u(s)) \mathrm{d}s \right) \right. \right.$$

$$\left. + \sum_{i=1}^{m-1} \alpha_i \int_{\xi_i}^{\frac{1}{2}} \phi_q \left(\int_s^{\frac{1}{2}} f^*(\tau, u(\tau)) \mathrm{d}\tau \right) \mathrm{d}s \right), \frac{1}{\beta} \left(\phi_q \left(\int_{\frac{1}{2}}^1 f^*(s, u(s)) \mathrm{d}s \right) \right.$$

$$\left. \left. + \sum_{i=1}^{m-1} \beta_i \int_{\frac{1}{2}}^{\eta_i} \phi_q \left(\int_{\frac{1}{2}}^s f^*(\tau, u(\tau)) \mathrm{d}\tau \right) \mathrm{d}s \right) \right\}$$

$$\leqslant m r_1 \max \left\{ \frac{1}{\alpha} \left(\left(\frac{1}{2} \right)^{q-1} + \sum_{i=1}^{m-1} \alpha_i \int_{\xi_i}^{\frac{1}{2}} \phi_q \left(\frac{1}{2} - s \right) \mathrm{d}s \right), \right.$$

$$\left. \frac{1}{\beta} \left(\left(\frac{1}{2} \right)^{q-1} + \sum_{i=1}^{m-1} \beta_i \int_{\frac{1}{2}}^{\eta_i} \phi_q \left(s - \frac{1}{2} \right) \mathrm{d}s \right) \right\} = r_1 = \|u\|,$$

即 $\forall u \in \partial P^*_{r_1}$, $\|T^*u\| \leqslant \|u\|$. 由定理 1.2.5 得 $i_p(T^*, P^*_{r_1}) = 1$.

第二步: 证明 $i_p(T^*, \Omega_{r_2}) = 0$.

令 $e(t) \equiv 1$, $t \in [0, 1]$, 则 $e \in \partial P_1$. 我们断定

$$u \neq T^*u + \lambda e, \quad u \in \partial \Omega_{r_2}, \quad \lambda \geqslant 0. \tag{3.3.6}$$

否则, 存在 $u_0 \in \partial \Omega_{r_2}$ 和 $\lambda_0 \geqslant 0$ 使得 $u_0 = T^*u_0 + \lambda_0 e$, 则有

$$\min_{\frac{1}{k} \leqslant t \leqslant 1-\frac{1}{k}} u_0(t) = \min_{\frac{1}{k} \leqslant t \leqslant 1-\frac{1}{k}} (T^*u_0(t) + \lambda_0 e(t)) \geqslant \frac{1}{k} \|T^*u_0\| + \lambda_0$$

$$= \frac{1}{k} \times \frac{1}{\alpha} \left(\phi_q \left(\int_0^\sigma f^*(s, u_0(s)) \mathrm{d}s \right) \right.$$

$$\left. + \sum_{i=1}^{m-1} \alpha_i \int_{\xi_i}^\sigma \phi_q \left(\int_s^\sigma f^*(\tau, u_0(\tau)) \mathrm{d}\tau \right) \mathrm{d}s \right) + \lambda_0$$

$$\geqslant \frac{1}{k} \min \left\{ \frac{1}{\alpha} \left(\phi_q \left(\int_{\frac{1}{k}}^{\frac{1}{2}} f^*(s, u_0(s)) \mathrm{d}s \right) \right. \right.$$

$$+ \sum_{i=1}^{m-1} \alpha_i \int_{\xi_i}^{\frac{1}{2}} \phi_q \left(\int_s^{\frac{1}{2}} f^*(\tau, u_0(\tau)) \mathrm{d}\tau \right) \mathrm{d}s \right),$$

$$\frac{1}{\beta} \left(\phi_q \left(\int_{\frac{1}{2}}^{1-\frac{1}{k}} f^*(s, u_0(s)) \mathrm{d}s \right) \right.$$

$$\left. + \sum_{i=1}^{m-1} \beta_i \int_{\frac{1}{2}}^{\eta_i} \phi_q \left(\int_{\frac{1}{2}}^s f^*(\tau, u_0(\tau)) \mathrm{d}\tau \right) \mathrm{d}s \right) \right\} + \lambda_0$$

$$\geqslant \frac{1}{k} \cdot M \gamma r_2 \min \left\{ \frac{1}{\alpha} \left(\left(\frac{1}{2} - \frac{1}{k} \right)^{q-1} + \sum_{i=1}^{m-1} \alpha_i \int_{\xi_i}^{\frac{1}{2}} \phi_q \left(\frac{1}{2} - s \right) \mathrm{d}s \right), \right.$$

$$\left. \frac{1}{\beta} \left(\left(\frac{1}{2} - \frac{1}{k} \right)^{q-1} + \sum_{i=1}^{m-1} \beta_i \int_{\frac{1}{2}}^{\eta_i} \phi_q \left(s - \frac{1}{2} \right) \mathrm{d}s \right) \right\} + \lambda_0$$

$$= \gamma r_2 + \lambda_0.$$

由引理 3.3.2 知, 上式意味着 $\gamma r_2 > \gamma r_2 + \lambda_0$, 矛盾. 因此, 由定理 1.2.5 得 $i_p(T^*, \Omega_{r_2}) = 0$.

第三步: 与第一步的类似讨论可得 $i_p(T^*, P_{r_3}^*) = 1$.

综上可得边值问题 (3.3.5) 在 P 中至少存在三个正解 u_1, u_2, u_3, 其中 $u_1 \in P_{r_1}^*$, $u_2 \in \Omega_{r_2} \setminus \overline{P_{r_1}^*}$, $u_3 \in P_{r_3}^*$. □

定理 3.3.4　假设 $(H_{3.3.1})$ 和下面的条件成立:

$(H_{3.3.3})$ 存在 $r_1, r_2, r_3 \in (0, +\infty)$, $r_1 < r_2 < \gamma r_3$ 使得

(1) $f(t, u) > 0, t \in [0, 1], u \in [\min\{\gamma r_1, r_2 \omega(t)\}, +\infty)$;

(2) $f_{\gamma r_1}^{r_1} > \phi_p(M\gamma)$, $f_{r_2 \omega(t)}^{r_2} < \phi_p(m)$, $f_{\gamma r_3}^{r_3} > \phi_p(M\gamma)$,

则边值问题 (3.3.1) 在 P 中至少存在两个正解.

证明　令

$$f^{**}(t, u) = \begin{cases} f(t, u), & u \geqslant \min\{\gamma r_1, r_2 \omega(t)\}, \\ f(t, \min\{\gamma r_1, r_2 \omega(t)\}), & 0 \leqslant u \leqslant \min\{\gamma r_1, r_2 \omega(t)\}. \end{cases}$$

记 $F_u^{**}(t) = f^{**}(t, u(t))$, 定义算子 T^{**} 为

$$(T^{**}u)(t) = \begin{cases} \dfrac{1}{\alpha} \left(\phi_q \left(\int_0^\sigma F_u^{**}(s) \mathrm{d}s \right) + \sum_{i=1}^{m-1} \alpha_i \int_{\xi_i}^t \phi_q \left(\int_s^\sigma F_u^{**}(\tau) \mathrm{d}\tau \right) \mathrm{d}s \right), & t \in [0, \sigma], \\ \dfrac{1}{\beta} \left(\phi_q \left(\int_\sigma^1 F_u^{**}(s) \mathrm{d}s \right) + \sum_{i=1}^{m-1} \beta_i \int_t^{\eta_i} \phi_q \left(\int_\sigma^s F_u^{**}(\tau) \mathrm{d}\tau \right) \mathrm{d}s \right), & t \in [\sigma, 1]. \end{cases}$$

易见, $f^{**}(t, u) \in C([0,1] \times [0, +\infty), (0, +\infty))$, $T^{**}: P \to P$ 是全连续的.

考虑辅助边值问题

$$
\begin{cases}
(\phi_p(u'(t)))' + f^{**}(t, u(t)) = 0, & 0 < t < 1, \\
u'(0) - \displaystyle\sum_{i=1}^{m-1} \alpha_i u(\xi_i) = 0, & u'(1) + \displaystyle\sum_{i=1}^{m-1} \beta_i u(\eta_i) = 0.
\end{cases} \tag{3.3.7}
$$

首先, 我们来证明 $i_p(T^{**}, \Omega_{r_1}) = 0$. 令 $e(t) \equiv 1$, $t \in [0,1]$, 则 $e \in P_1$. 我们称

$$
u \neq T^{**}u + \lambda e, \quad u \in \partial\Omega_{r_1}, \quad \lambda \geqslant 0. \tag{3.3.8}
$$

与 (3.3.6) 类似地讨论可得 (3.3.8). 同理有 $i_p(T^{**}, \Omega_{r_3}) = 0$.

其次, 由 $f_{r_2\omega(t)}^{r_2} < \phi_p(m)$ 知 $i_p(T^{**}, P_{r_2}^*) = 1$.

综上, 边值问题 (3.3.7) 至少存在两个正解 u_1, u_2, 其中 $u_1 \in P_{r_2}^* \setminus \overline{\Omega_{r_1}}$, $u_2 \in \Omega_{r_3} \setminus \overline{P_{r_2}^*}$, 即 $u_1, u_2 \in [\min\{\gamma r_1, r_2\omega(t)\}, +\infty)$. 从而, u_1, u_2 均为边值问题 (3.3.1) 的正解. □

定理 3.3.5　假设 $(H_{3.3.1})$ 及下面的条件成立:

$(H_{3.3.4})$ 存在 $r_1, r_2 \in (0, +\infty)$, $r_1 < \gamma r_2$ 使得

(1) $f(t, u) > 0, t \in [0,1], u \in [r_1\omega(t), +\infty]$;

(2) $f_{r_1\omega(t)}^{r_1} < \phi_p(m), f_{\gamma r_2}^{r_2} > \phi_p(M\gamma)$,

则边值问题 (3.3.1) 在 P 中至少存在一个正解.

定理 3.3.6　假设 $(H_{3.3.1})$ 和以下条件成立:

$(H_{3.3.5})$ 存在 $r_1, r_2 \in (0, +\infty)$, $r_1 < r_2$ 使得

(1) $f(t, u) > 0, t \in [0,1], u \in [\min\{\gamma r_1, r_2\omega(t)\}, +\infty)$;

(2) $f_{\gamma r_1}^{r_1} > \phi_p(M\gamma), f_{r_2\omega(t)}^{r_2} < \phi_p(m)$,

则边值问题 (3.3.1) 在 P 中至少存在一个正解.

推论 3.3.7　假设 $(H_{3.3.1})$ 及以下条件成立:

$(H_{3.3.6})$ 存在 $r_1, r_2 \in (0, +\infty)$, $r_1 < \gamma r_2$ 使得

(1) $f(t.u) > 0, t \in [0,1], u \in [r_1\omega(t), +\infty)$;

(2) $f_{r_1\omega(t)}^{r_1} < \phi_p(m), f_{\gamma r_2}^{r_2} > \phi_p(M\gamma), 0 \leqslant f^{\infty} < \phi_p(m)$,

则边值问题 (3.3.1) 在 P 中至少存在三个正解.

证明　只需证明 $(H_{3.3.6})$ 可推出 $(H_{3.3.2})$ 即可. 由 f^{∞} 的定义和 $(H_{3.3.6})(2)$ 知, 存在 $R > r_2$ 使得 $\max\limits_{t \in [0,1]} f(t, u) < R\phi_p(u)$, $u \in [R, +\infty)$. 记

$$
\delta = \max\left\{\max_{t \in [0,1]} f(t, u) : r_1\omega(t) \leqslant u \leqslant r_2\right\}, \quad r_3 > \max\left\{\phi_q\left(\frac{\delta}{\phi_p(m) - R}\right), r_2\right\}.
$$

因此有

$$f(t,u) \leqslant R\phi_p(u) + \delta \leqslant R\phi_p(r_3) + \delta < \phi_p(m)\phi_p(r_3), \quad u \in [r_3\omega(t), r_3],$$

即 $f_{r_3\omega(t)}^{r_3} \leqslant \phi_p(m)$, 从而 (H$_{3.3.2}$) 成立. 由定理 3.3.3 知, 边值问题 (3.3.1) 在 P 中至少存在三个正解. □

推论 3.3.8　假设 (H$_{3.3.1}$) 及以下条件成立:

(H$_{3.3.7}$) 存在 $r_1, r_2 \in (0, +\infty)$, 其中 $r_1 < r_2$ 使得

(1) $f(t,u) > 0, t \in [0,1], u \in [\min\{\gamma r_1, r_2\omega(t)\}, +\infty)$;

(2) $f_{\gamma r_1}^{r_1} > \phi_p(M\gamma), f_{r_2\omega(t)}^{r_2} < \phi_p(m), \phi_p(M) < f_\infty \leqslant \infty$,

则边值问题 (3.3.1) 在 P 中至少存在两个正解.

3.3.3　例子

例 3.3.1

$$\begin{cases} (\phi_{3/2}(u'(t)))' + f(t, u(t)) = 0, & 0 < t < 1, \\ u'(0) - 2u\left(\dfrac{1}{3}\right) - \dfrac{1}{2}u\left(\dfrac{2}{5}\right) = 0, \quad u'(1) + u\left(\dfrac{3}{5}\right) + \dfrac{1}{2}u\left(\dfrac{3}{4}\right) = 0, \end{cases} \quad (3.3.9)$$

其中

$$f(t, u(t)) = \begin{cases} \mathrm{e}^t \left(u(t) - \dfrac{1}{2}\omega(t) \right)^3, & 0 \leqslant u \leqslant 4.1, \\ \mathrm{e}^t \left(4.1 - \dfrac{1}{2}\omega(t) \right)^3, & u \geqslant 4.1, \end{cases}$$

$$p = \frac{3}{2}, \ \xi_1 = \frac{1}{3}, \ \xi_2 = \frac{2}{5}, \ \eta_1 = \frac{3}{5}, \ \eta_2 = \frac{3}{4}, \ \alpha_1 = 2, \ \alpha_2 = \frac{1}{2}, \ \beta_1 = 1, \ \beta_2 = \frac{1}{2}.$$

直接计算得 $q = 3, \dfrac{1}{\alpha} = \dfrac{2}{5}, \dfrac{1}{\beta} = \dfrac{2}{3}, M \approx 153, m \approx 5.93$. 取

$$k = 10, \quad r_1 = 1, \quad r_2 = 300, \quad r_3 = 5000, \quad \gamma = 0.01 < \frac{m}{M} \approx 0.038.$$

则 f 满足 (H$_{3.3.2}$). 进而有

(1) $f(t,u) > 0, t \in [0,1], u \in [r_1\omega(t), +\infty)$;

(2) $f_{r_1\omega(t)}^{r_1} = 2.1088 < \phi_p(m) \approx 2.4352, f_{\gamma r_2}^{r_2} = 1.6381 > \phi_p(M\gamma) \approx 1.2369$,

$f_{r_3\omega(t)}^{r_3} = 2.3107 < \phi_p(m) \approx 2.4352$.

定理 3.3.3 中的所有条件均满足, 则边值问题 (3.3.9) 至少存在三个正解.

第 4 章 非线性常微分方程边值问题正解存在的充要条件

4.1 节研究常微分方程

$$u''(t) + f(t, u(t)) = 0, \quad 0 < t < 1, \tag{4.0.1}$$

具边界条件

$$\delta u'(0) - u(\xi) = 0, \quad u(1) = 0 \tag{4.0.2}$$

的边值问题正解存在的充要条件.

4.2 节研究奇异边值问题

$$(\phi_p(u''(t)))'' = f(t, u(t), -u''(t)), \quad 0 < t < 1,$$

$$u'(0) = 0, \quad u(1) = \alpha_0 u(\eta),$$

$$u'''(0) = 0, \quad u''(1) = \phi_p^{-1}(\alpha_1) u''(\eta),$$

正解存在的充要条件. 这里的奇异是指允许非线性项 f 在 $t = 0$ 和/或 $t = 1$ 处无界.

4.1 一类奇异三点边值问题正解存在的充要条件

本节研究常微分方程

$$u''(t) + f(t, u(t)) = 0, \quad 0 < t < 1 \tag{4.1.1}$$

在边界条件

$$\delta u'(0) - u(\xi) = 0, \quad u(1) = 0 \tag{4.1.2}$$

下的边值问题. 其中奇异是指允许 (4.1.1) 中的非线性项 f 在 $t = 0$ 和/或 $t = 1$ 处无界. $\delta \geqslant \xi$, $0 < \xi < 1$. 通过构造上下解并利用最大值原理, 我们得到了该边值问题至少一个 $C[0,1]$ 和 $C^1[0,1]$ 正解存在的充要条件. 同时, 正解存在的唯一性、收敛速度也借助单调迭代等计算工具得到了研究.

本节中总假设

($H_{4.1.1}$) $f(t,u) \in C((0,1) \times [0,+\infty), [0,+\infty))$. 在 $(0,1)$ 的任意子区间上, $f \not\equiv 0$. 对于每个固定的 $t \in (0.1)$, f 关于 u 是非减的, 且存在 $\sigma \in (0,1)$ 使得 $f(t,\theta u) \geqslant \theta^{\sigma} f(t,u)$, $\forall \theta \in (0,1)$.

注 4.1.1　由 ($H_{4.1.1}$) 知 $\forall \theta \in [1,+\infty)$, 存在 $\sigma \in (0,1)$ 使得 $f(t,\theta u) \leqslant \theta^{\sigma} f(t,u)$ 成立.

注 4.1.2　函数 $u(t) \in C([0,1]) \cap C^2(0,1)$ 是边值问题 (4.1.1), (4.1.2) 的一个正解是指: $u(t)$ 满足边值问题 (4.1.1), (4.1.2) 且 $u(t) > 0$, $t \in [0,1]$(这意味着 $u'(0)$ 也存在). 如果 $u'(1)$ 也存在, 则 $C([0,1])$ 解称为 $C^1[0,1]$ 解.

4.1.1 预备工作

定义 4.1.1　$\alpha(t)$ 称为边值问题 (4.1.1), (4.1.2) 的**下解**, 如果 $\alpha(t) \in C([0,1]) \cap C^2(0,1)$ 满足

$$\begin{cases} \alpha''(t) + f(t,\alpha(t)) \geqslant 0, & 0 < t < 1, \\ \delta\alpha'(0) - \alpha(\xi) \leqslant 0, & \alpha(1) \leqslant 0. \end{cases}$$

$\beta(t)$ 称为边值问题 (4.1.1), (4.1.2) 的**上解**, 如果 $\beta(t) \in C([0,1]) \cap C^2(0,1)$ 满足

$$\begin{cases} \beta''(t) + f(t,\beta(t)) \leqslant 0, & 0 < t < 1, \\ \delta\beta'(0) - \beta(\xi) \geqslant 0, & \beta(1) \geqslant 0. \end{cases}$$

引理 4.1.1 (最大值原理)　假设 $0 < \xi < 1, \delta \geqslant \xi, v(t) \geqslant 0, v(t) \in L^1[0,1]$, 在 $[0,1]$ 的任意子区间上 $v(t) \not\equiv 0$, 则边值问题

$$\begin{cases} u''(t) + v(t) = 0, & 0 < t < 1, \\ \delta u'(0) - u(\xi) = a, & u(1) = b \end{cases} \tag{4.1.3}$$

的解可表示为

$$u(t) = \frac{(\delta - \xi)b - a}{1 + \delta - \xi} + \frac{b + a}{1 + \delta - \xi}t + \int_0^1 G(t,s)v(s)\mathrm{d}s + \frac{1-t}{1+\delta-\xi}\int_0^{\xi}(\xi-s)v(s)\mathrm{d}s,$$

其中

$$G(t,s) = \begin{cases} \dfrac{(1-s)(t+\delta-\xi)}{1+\delta-\xi}, & 0 \leqslant t \leqslant s \leqslant 1, \\ \dfrac{(1-t)(s+\delta-\xi)}{1+\delta-\xi}, & 0 \leqslant s \leqslant t \leqslant 1. \end{cases}$$

进而, 若 $(\delta - \xi)b \geqslant a \geqslant 0$, 则 $u(t) \geqslant 0$.

证明 首先, 对 $u''(t) = -v(t)$ 两端从 0 到 t 积分两次得

$$u(t) = u(0) + u'(0)t - \int_0^t (t-s)v(s)\mathrm{d}s. \tag{4.1.4}$$

从而

$$u(1) = u(0) + u'(0) - \int_0^1 (1-s)v(s)\mathrm{d}s, \tag{4.1.5}$$

$$u(\xi) = u(0) + u'(0)\xi - \int_0^\xi (\xi-s)v(s)\mathrm{d}s. \tag{4.1.6}$$

由边值问题 (4.1.3) 中的边界条件和 (4.1.5), (4.1.6) 得

$$\begin{cases} u(0) + u'(0) = \displaystyle\int_0^1 (1-s)v(s)\mathrm{d}s + b, \\[3mm] u(0) + (\xi-\delta)u'(0) = \displaystyle\int_0^\xi (\xi-s)v(s)\mathrm{d}s - a. \end{cases}$$

通过计算有

$$u'(0) = \frac{1}{1+\delta-\xi}\left(\int_0^1 (1-s)v(s)\mathrm{d}s - \int_0^\xi (\xi-s)v(s)\mathrm{d}s + b + a \right),$$

$$u(0) = \frac{1}{1+\delta-\xi}\left((\delta-\xi)\int_0^1 (1-s)v(s)\mathrm{d}s + \int_0^\xi (\xi-s)v(s)\mathrm{d}s + (\delta-\xi)b - a \right).$$

将上面两式代入 (4.1.4) 得

$$u(t) = \frac{(\delta-\xi)b - a + (b+a)t}{1+\delta-\xi}$$

$$+ \frac{1}{1+\delta-\xi}\left((\delta-\xi)\int_0^1 (1-s)v(s)\mathrm{d}s + \int_0^\xi (\xi-s)v(s)\mathrm{d}s \right)$$

$$+ \frac{t}{1+\delta-\xi}\int_0^1 (1-s)v(s)\mathrm{d}s - \frac{t}{1+\delta-\xi}\int_0^\xi (\xi-s)v(s)\mathrm{d}s - \int_0^t (t-s)v(s)\mathrm{d}s$$

$$= \frac{(\delta-\xi)b - a}{1+\delta-\xi} + \frac{b+a}{1+\delta-\xi}t + \int_0^1 G(t,s)v(s)\mathrm{d}s$$

$$+ \frac{1-t}{1+\delta-\xi}\int_0^\xi (\xi-s)v(s)\mathrm{d}s.$$

显然, 当 $(\delta-\xi)b \geqslant a \geqslant 0$ 时, $u(t) \geqslant 0$. □

记空间 $X = C[0,1]$, 其范数为 $\|u\| = \max\limits_{0 \leqslant t \leqslant 1} |u(t)|$. $K \subset X$ 定义为

$$K = \{u \in X \mid \text{存在非负常数 } l_u, L_u \text{ 使得 } l_u(1-t) \leqslant u(t) \leqslant L_u(1-t), t \in [0,1]\}.$$

显然, K 为 X 中的锥.

定义算子 $T : K \to X$ 为

$$(Tu)(t) = \int_0^1 G(t,s)f(s,u(s))\mathrm{d}s + \frac{1-t}{1+\delta-\xi}\int_0^\xi (\xi - s)f(s,u(s))\mathrm{d}s. \quad (4.1.7)$$

4.1.2　$C([0,1])$ 正解存在的一个充要条件

定理 4.1.2　边值问题 $(4.1.1), (4.1.2)$ 存在 $C([0,1])$ 正解的充要条件是

$$0 < \int_0^1 (1-t)f(t,1)\mathrm{d}t < +\infty. \quad (4.1.8)$$

证明　(I) **必要性**: 假设 $u(t)$ 为边值问题 $(4.1.1), (4.1.2)$ 的 $C[0,1]$ 正解. 我们首先证明 $(4.1.8)$ 的第一个不等式成立.

假设 $f(t,1) \equiv 0$. 由 $(\mathrm{H}_{4.1.1})$ 易知 $f(t,u(t)) \equiv 0$. 事实上, 若 $u(t) < 1, 0 \leqslant f(t,u(t)) \leqslant f(t,1) \equiv 0$; 否则, $0 \leqslant f(t,u(t)) \leqslant u(t)^\sigma f(t,1) \equiv 0$. 由边值问题 $(4.1.1), (4.1.2)$ 可得 $u(t) \equiv 0$, 矛盾. 因此, $f(t,1) \not\equiv 0$, 从而式 $(4.1.8)$ 的第一个不等式成立.

下证 $(4.1.8)$ 的第二个不等式也成立. 记 $\widetilde{M} = \max\limits_{0 \leqslant t \leqslant 1} u(t), \widetilde{m} = \min\{1, (\widetilde{M})^{-\sigma}\}$. 由 $(\mathrm{H}_{4.1.1})$ 得

$$f(t,u(t)) \geqslant \widetilde{m}(u(t))^\sigma f(t,1), \quad \forall t \in [0,1].$$

由边值问题 $(4.1.1), (4.1.2)$ 知, 存在 $t_0 \in (0,1)$ 使得 $u'(t_0) = 0$. 则有

$$\int_{t_0}^t f(s,u(s))\mathrm{d}s = -\int_{t_0}^t u''(s)\mathrm{d}s = -u'(t), \quad t \in (0,1);$$

$$\int_t^{t_0} f(s,u(s))\mathrm{d}s \geqslant \widetilde{m}(u(t))^\sigma \int_t^{t_0} f(s,1)\mathrm{d}s, \quad t \in (0,t_0];$$

$$\int_{t_0}^t f(s,u(s))\mathrm{d}s \geqslant \widetilde{m}(u(t))^\sigma \int_{t_0}^t f(s,1)\mathrm{d}s, \quad t \in [t_0,1).$$

从而有

$$\int_t^{t_0} f(s,1)\mathrm{d}s \leqslant \widetilde{m}^{-1}(u(t))^{-\sigma}\int_t^{t_0} f(s,u(s))\mathrm{d}s = \widetilde{m}^{-1}(u(t))^{-\sigma}(u'(t)), \quad t \in (0,t_0],$$

$$\int_{t_0}^{t} f(s,1)\mathrm{d}s \leqslant \tilde{m}^{-1}(u(t))^{-\sigma}\int_{t_0}^{t} f(s,u(s))\mathrm{d}s = \tilde{m}^{-1}(u(t))^{-\sigma}(-u'(t)), \quad t \in [t_0,1),$$

且有

$$\int_{0}^{t_0}(1-s)f(s,1)\mathrm{d}s \leqslant \int_{0}^{t_0} f(s,1)\mathrm{d}s \leqslant \tilde{m}^{-1}(u(0))^{-\sigma}(u'(0)) < +\infty,$$

$$\int_{t_0}^{1}(1-s)f(s,1)\mathrm{d}s \leqslant \int_{t_0}^{1}\int_{s}^{1} f(s,1)\mathrm{d}t\mathrm{d}s = \int_{t_0}^{1}\int_{t_0}^{t} f(s,1)\mathrm{d}s\mathrm{d}t$$

$$\leqslant \int_{t_0}^{1}\tilde{m}^{-1}(u(t))^{-\sigma}(-u'(t))\mathrm{d}t = \tilde{m}^{-1}\frac{(u(t_0))^{1-\sigma}}{1-\sigma} < +\infty.$$

因此, 我们可得式 (4.1.8).

(II) 充分性: 假设 (4.1.8) 成立, 由积分中值定理得

$$\int_{0}^{1} s(1-s)f(s,s(1-s))\mathrm{d}s \geqslant \int_{0}^{1}(s(1-s))^{\sigma}s(1-s)f(s,1)\mathrm{d}s$$

$$= (1-d)^{\sigma}d^{\sigma+1}\int_{0}^{1}(1-s)f(s,1)\mathrm{d}s > 0,$$

其中 $d \in (0,1)$. 从而有

$$t(1-t)\int_{0}^{1} s(1-s)f(s,s(1-s))\mathrm{d}s > 0, \quad t \in (0,1).$$

定义

$$W_1(t) = \int_{0}^{1} G(t,s)f(s,s(1-s))\mathrm{d}s + \frac{1-t}{1+\delta-\xi}\int_{0}^{\xi}(\xi-s)f(s,s(1-s))\mathrm{d}s,$$

$$W_2(t) = \int_{0}^{1} G(t,s)f(s,1)\mathrm{d}s + \frac{1-t}{1+\delta-\xi}\int_{0}^{\xi}(\xi-s)f(s,1)\mathrm{d}s,$$

$$(4.1.9)$$

由 $(\mathrm{H}_{4.1.1})$ 和 (4.1.8) 知 (4.1.9) 有意义. 事实上,

$$\frac{t(1-t)}{1+\delta-\xi}\int_{0}^{1} s(1-s)f(s,s(1-s))\mathrm{d}s \leqslant W_1(t)$$

$$\leqslant W_2(t) \leqslant \left(1+\frac{1}{1+\delta-\xi}\right)\int_{0}^{1}(1-s)f(s,1)\mathrm{d}s, \quad t \in [0,1]. \qquad (4.1.10)$$

显然,

$$W_i(t) \in C[0,1] \cap C^2(0,1), \quad \delta W_i'(0) - W_i(\xi) = 0, \quad W_i(1) = 0, \quad i = 1, 2. \quad (4.1.11)$$

$$W_1''(t) = -f(t, t(1-t)), \quad W_2''(t) = -f(t, 1), \quad t \in (0, 1). \quad (4.1.12)$$

记

$$\alpha(t) = \lambda W_1(t), \quad \beta(t) = \Lambda W_2(t), \quad t \in [0, 1], \quad (4.1.13)$$

其中

$$0 < \lambda < \min\left\{1, \left(\frac{1}{1+\delta-\xi}\int_0^1 s(1-s)f(s, s(1-s))\mathrm{d}s\right)^{\frac{\sigma}{1-\sigma}}\right\},$$

$$\Lambda > \max\left\{1, \left(\left(1 + \frac{1}{1+\delta-\xi}\right)\int_0^1 (1-s)f(s, 1)\mathrm{d}s\right)^{\frac{\sigma}{1-\sigma}}\right\},$$

由 (H$_{4.1.1}$) 和 (4.1.10)–(4.1.13) 得

$$\alpha''(t) + f(t, \alpha(t)) = -\lambda f(t, t(1-t)) + f(t, \alpha(t))$$
$$\geqslant -\lambda f(t, t(1-t)) + \lambda f(t, t(1-t)) = 0, \quad (4.1.14)$$

$$\beta''(t) + f(t, \beta(t)) = -\Lambda f(t, 1) + f(t, \beta(t)) \leqslant -\Lambda f(t, 1) + \Lambda f(t, 1) = 0. \quad (4.1.15)$$

事实上, 记 $\nu = \frac{1}{1+\delta-\xi}\int_0^1 s(1-s)f(s, s(1-s))\mathrm{d}s$, 当 $\nu < 1$ 时, 由 (4.1.10) 得

$$f(t, \alpha(t)) = f(t, \lambda W_1(t)) \geqslant \lambda^\sigma f(t, W_1(t)) \geqslant \lambda^\sigma \nu^\sigma f(t, t(1-t))$$
$$\geqslant \lambda^\sigma \lambda^{1-\sigma} f(t, t(1-t)) = \lambda f(t, t(1-t)).$$

当 $\nu \geqslant 1$ 时, 有

$$f(t, \alpha(t)) = f(t, \lambda W_1(t)) \geqslant \lambda^\sigma f(t, W_1(t)) \geqslant \lambda f(t, t(1-t)),$$

从而有 (4.1.14) 成立. 类似可证明 (4.1.15) 成立. 显然, 在 $(0,1)$ 上, $\alpha(t), \beta(t) \in C([0,1]) \cap C^2(0,1), 0 < \alpha(t) \leqslant \beta(t)$, 且 $\alpha(t), \beta(t)$ 满足边界条件 (4.1.2). 从而, $\alpha(t)$ 和 $\beta(t)$ 分别为边值问题 (4.1.1), (4.1.2) 的下解和上解.

下证边值问题 (4.1.1), (4.1.2) 存在位于 $\alpha(t)$ 和 $\beta(t)$ 之间的 $C[0,1]$ 正解. $\forall u(t) \in X$, 定义

$$f^*(t, u(t)) = \begin{cases} f(t, \alpha(t)), & u(t) < \alpha(t), \\ f(t, u(t)), & \alpha(t) \leqslant u(t) \leqslant \beta(t), \\ f(t, \beta(t)), & u(t) > \beta(t). \end{cases}$$

考虑奇异边值问题

$$\begin{cases} u''(t) + f^*(t, u(t)) = 0, & t \in (0, 1), \\ \delta u'(0) - \delta u(\xi) = 0, & u(1) = 0. \end{cases} \tag{4.1.16}$$

定义算子 T^* 为

$$(T^*u)(t) = \int_0^1 G(t, s)f^*(s, u(s))\mathrm{d}s + \frac{1-t}{1+\delta-\xi}\int_0^\xi (\xi-s)f^*(s, u(s))\mathrm{d}s.$$

易证 T^* 全连续. 记 $R = \Lambda\left(1 + \dfrac{1}{1+\delta-\xi}\right)\displaystyle\int_0^1 (1-s)f(s, 1)\mathrm{d}s,\ t \in [0, 1],\ D = \{u|\|u\| \leqslant R\}$. 由 $u \in D$, (4.1.10) 和 (4.1.15) 得

$$\begin{aligned}
|(T^*u)(t)| &= \left|\int_0^1 G(t, s)f^*(s, u(s))\mathrm{d}s + \frac{1-t}{1+\delta-\xi}\int_0^\xi (\xi-s)f^*(s, u(s))\mathrm{d}s\right| \\
&\leqslant \left|\int_0^1 G(t, s)f(s, \beta(s))\mathrm{d}s + \frac{1-t}{1+\delta-\xi}\int_0^\xi (\xi-s)f(s, \beta(s))\mathrm{d}s\right| \\
&\leqslant \Lambda\left|\int_0^1 G(t, s)f(s, 1)\mathrm{d}s + \frac{1-t}{1+\delta-\xi}\int_0^\xi (\xi-s)f(s, 1)\mathrm{d}s\right| \\
&= \Lambda W_2(t) \leqslant \Lambda\left(1 + \frac{1}{1+\delta-\xi}\right)\int_0^1 (1-s)f(s, 1)\mathrm{d}s = R.
\end{aligned}$$

从而, $\|T^*u\| \leqslant R$, 即 $T^*(D) \subset D$. 应用 Schäuder 不动点定理 (定理 1.2.1) 得, T^* 在 D 中至少存在一个不动点, 因此, 边值问题 (4.1.16) 至少存在一个 $C[0, 1]$ 正解 $u^*(t) \in D$.

记 $y(t) = u^*(t) - \alpha(t)$, 由 (4.1.14) 得

$$\begin{aligned}
-y''(t) &= -u^{*\prime\prime}(t) + \alpha''(t) = f^*(t, u^*(t)) - \lambda f(t, t(1-t)) \\
&\geqslant -\lambda f(t, t(1-t)) + f(t, \alpha(t)) = 0, \\
\delta y'(0) &- y(\xi) = 0, \quad y(1) = 0.
\end{aligned}$$

从而由引理 4.1.1 得 $y(t) \geqslant 0, t \in [0, 1]$. 由 (4.1.15), 同理可得 $u^*(t) \leqslant \beta(t)$, 这意味着边值问题 (4.1.16) 的解即为边值问题 (4.1.1), (4.1.2) 的解. $\qquad\square$

4.1.3 $C^1([0, 1])$ 正解存在的一个充要条件

引理 4.1.3 若 $u(t)$ 为边值问题 (4.1.1), (4.1.2) 的 $C^1[0, 1]$ 正解, 则 $u(t)$ 在 $[0, 1]$ 上是凹的且 $u(t) \geqslant t(1-t)\|u\|$. 并且存在正常数 λ_1, λ_2 使得 $\lambda_1(1-t) \leqslant u(t) \leqslant \lambda_2(1-t)$.

证明　因为 $u''(t) = -f(t, u(t)) \leqslant 0$, 故若 $u(t)$ 为边值问题 (4.1.1), (4.1.2) 的 $C^1[0,1]$ 正解, 则 $u(t)$ 在 $[0,1]$ 上必为凹的, 且易证 $u(t) \geqslant t(1-t)\|u\|$.

当 $t \in [\xi, 1]$ 时, 有

$$u(t) \geqslant \frac{1-t}{1-\xi} u(\xi) \geqslant \frac{1-t}{1-\xi} \xi(1-\xi)\|u\| = \xi\|u\|(1-t). \tag{4.1.17}$$

当 $t \in [0, \xi]$ 时, 有

$$u(t) \geqslant \min\{u(0), u(\xi)\} \geqslant \min\{u(0), u(\xi)\}(1-t) > 0.$$

由 $u \in C^1[0,1]$ 得

$$u(t) = \int_t^1 -u'(s)\mathrm{d}s \leqslant \max_{0 \leqslant t \leqslant 1} |u'(t)|(1-t) = \|u'\|(1-t), \quad t \in [0,1]. \tag{4.1.18}$$

记 $\lambda_1 = \min\{\xi\|u\|, u(0), u(\xi)\}$, $\lambda_2 = \|u'\|$. 由 (4.1.17) 和 (4.1.18) 知 $0 < \lambda_1 < \lambda_2$, 从而可得

$$\lambda_1(1-t) \leqslant u(t) \leqslant \lambda_2(1-t), \quad 0 \leqslant t \leqslant 1. \tag{4.1.19}$$

$\square$

定理 4.1.4　假设 $(\mathrm{H}_{4.1.1})$ 成立, 则边值问题 (4.1.1), (4.1.2) 存在一个 $C^1[0,1]$ 正解的充要条件是

$$0 < \int_0^1 f(t, 1-t)\mathrm{d}t < +\infty. \tag{4.1.20}$$

证明　(I) 必要性: 假设 $u(t)$ 为边值问题 (4.1.1), (4.1.2) 的一个 $C^1[0,1]$ 正解. 显然, $\int_0^1 f(t, 1-t)\mathrm{d}t \geqslant 0$. 若 $f(t, 1-t) \equiv 0$, $t \in (0, 1)$, 则由 $(\mathrm{H}_{4.1.1})$ 和 (4.1.19) 可得

$$0 \leqslant f(t, u(t)) \leqslant f(t, \lambda_2(1-t)) \leqslant \lambda_2^\sigma f(t, 1-t), \quad t \in (0, 1).$$

于是 $f(t, u(t)) \equiv 0$, 则 $u(t) \equiv 0$, 这与 $u(t)$ 为边值问题 (4.1.1), (4.1.2) 的正解产生矛盾. 因此 $f(t, 1-t) \not\equiv 0$, 从而 (4.1.20) 的第二个不等式成立.

下证 (4.1.20) 的第一个不等式也成立. 由引理 4.1.1 知, $u(t)$ 可表示为

$$u(t) = \int_0^1 G(t, s)f(s, u(s))\mathrm{d}s + \frac{1-t}{1+\delta-\xi} \int_0^\xi (\xi - s)f(s, u(s))\mathrm{d}s.$$

显然, $u(0) > 0$. 不失一般性, 假设 $0 < \lambda_1 < 1 < \lambda_2$. 由 $(H_{4.1.1})$ 和引理 4.1.3 得

$$\int_0^1 f(t, 1-t)\mathrm{d}t \leqslant \lambda_1^{-\sigma} \int_0^1 f(t, u(t))\mathrm{d}t = \lambda_1^{-\sigma}[u'(0) - u'(1)] < +\infty.$$

因此, (4.1.20) 的第二个不等式成立.

(II) 充分性: 由 (4.1.20) 的第一个不等式和条件 $(H_{4.1.1})$ 知, 必存在常数 $c_0 > 0$ 使得在 $[t_1, t_2] \subset (0, \xi)$ 上,

$$f(t, 1-t) \geqslant c_0, \quad t \in [t_1, t_2]. \tag{4.1.21}$$

$\forall u \in K, \exists m_u, M_u$ 使得 $m_u(1-t) \leqslant u(t) \leqslant M_u(1-t)$, 由 $(H_{4.1.1})$ 得

$$f(t, u(t)) \geqslant \begin{cases} f(t, 1-t), & m_u \geqslant 1, \\ f(t, 1-t)m_u^\sigma, & m_u < 1, \end{cases} \quad t \in [t_1, t_2], \tag{4.1.22}$$

$$f(t, u(t)) \leqslant \begin{cases} f(t, 1-t), & M_u \leqslant 1, \\ f(t, 1-t)M_u^\sigma, & M_u > 1, \end{cases} \quad t \in [0, 1]. \tag{4.1.23}$$

从而 (4.1.21)–(4.1.23) 意味着

$$\int_0^1 G(t, s)f(s, u(s))\mathrm{d}s + \frac{1-t}{1+\delta-\xi} \int_0^\xi (\xi-s)f(s, u(s))\mathrm{d}s \geqslant c_1(1-t), \tag{4.1.24}$$

$$\int_0^1 G(t, s)f(s, u(s))\mathrm{d}s + \frac{1-t}{1+\delta-\xi} \int_0^\xi (\xi-s)f(s, u(s))\mathrm{d}s \leqslant c_2(1-t), \tag{4.1.25}$$

其中 $c_1 = \dfrac{c_0 \min\{1, m_u^\sigma\}}{1+\delta-\xi} \displaystyle\int_{t_1}^{t_2}(\xi-s)\mathrm{d}s$, $c_2 = \dfrac{(1+\delta)\max\{1, M_u^\sigma\}}{1+\delta-\xi} \displaystyle\int_0^1 f(s, 1-s)\mathrm{d}s$.

由 (4.1.24), (4.1.25) 知, 存在正常数 l_u, L_u 使得

$$l_u(1-t) \leqslant \int_0^1 G(t, s)f(s, u(s))\mathrm{d}s + \frac{1-t}{1+\delta-\xi} \int_0^\xi (\xi-s)f(s, u(s))\mathrm{d}s$$

$$\leqslant L_u(1-t), \quad t \in [0, 1]. \tag{4.1.26}$$

所以有 $T : K \to K$, 其中 T 由 (4.1.7) 所定义. 由引理 4.1.1 可知边值问题 (4.1.1), (4.1.2) 的解等价于 T 在 K 中的不动点. 因此为了得到正解 $u(t) \in C^1[0,1] \cap C^2(0,1)$, 只需证明存在 $u \in K$ 满足方程 $u = Tu$ 且 $(Tu)(t) \in C^1[0,1] \cap C^2(0,1)$.

如果对于任意的 $t \in [0,1]$, 均有 $u_1(t) \leqslant u_2(t)$, 则 $u_1 \leqslant u_2$.

若 $u_1 \leqslant u_2$, 则显然有

$$Tu_1 \leqslant Tu_2, \quad 0 < t < 1, \quad u_1, u_2 \in K. \tag{4.1.27}$$

记

$$\bar{l} = \sup \left\{ l > 0 \, \middle| \, \int_0^1 G(t,s) f(s, 1-s) \mathrm{d}s \right.$$

$$\left. + \frac{1-t}{1+\delta-\xi} \int_0^\xi (\xi - s) f(s, 1-s) \mathrm{d}s \geqslant l(1-t), t \in [0,1] \right\}; \tag{4.1.28}$$

$$\bar{L} = \inf \left\{ L > 0 \, \middle| \, L(1-t) \geqslant \int_0^1 G(t,s) f(s, 1-s) \mathrm{d}s \right.$$

$$\left. + \frac{1-t}{1+\delta-\xi} \int_0^\xi (\xi - s) f(s, 1-s) \mathrm{d}s, t \in [0,1] \right\}. \tag{4.1.29}$$

由式 (4.1.26) 知, $\bar{l}, \bar{L}$ 是有意义的, 且 $\bar{L} \geqslant \bar{l} > 0$. 取

$$0 < m \leqslant \min\{1, \bar{l}^{\frac{1}{1-\sigma}}\}, \quad M \geqslant \max\{1, \bar{L}^{\frac{1}{1-\sigma}}\}. \tag{4.1.30}$$

$$\omega_0 = m(1-t), \quad \omega_n = T\omega_{n-1}, \quad v_0 = M(1-t), \quad v_n = Tv_{n-1}, \quad n = 1, 2, \cdots. \tag{4.1.31}$$

从而, 由 (4.1.27)–(4.1.31) 得

$$\omega_1(t) = (T\omega_0)(t) = T(m(1-t)) \geqslant m^\sigma T(1-t) \geqslant m^\sigma \bar{l}(1-t)$$

$$\geqslant m^\sigma m^{1-\sigma}(1-t) = m(1-t) = \omega_0(t).$$

同理可以证明 $v_1(t) = (Tv_0)(t) \leqslant v_0(t)$. 因此, 由归纳法

$$\omega_0 \leqslant \omega_1 \leqslant \cdots \leqslant \omega_n \leqslant \cdots \leqslant v_n \leqslant \cdots \leqslant v_1 \leqslant v_0. \tag{4.1.32}$$

进而得

$$m^{\sigma^n} T(1-t) \leqslant T^n(m(1-t)) = (T^n \omega_0)(t) = \omega_n(t), \tag{4.1.33}$$

$$M^{\sigma^n} T(1-t) \geqslant T^n(M(1-t)) = (T^n v_0)(t) = v_n(t). \tag{4.1.34}$$

记 $\mu = \dfrac{m}{M}$. 结合式 (4.1.32)–式 (4.1.34), 对于任意的自然数 n, p 有

$$0 \leqslant \omega_{n+p} - \omega_n \leqslant v_n - \omega_n \leqslant (1-\mu^{\sigma^n})M^{\sigma^n}T(1-t) \leqslant (1-\mu^{\sigma^n})MT(1-t). \quad (4.1.35)$$

显然

$$(1-\mu^{\sigma^n})MT(1-t) \to 0, \quad n \to \infty.$$

因此, 存在 $u^*(t) \in K$ 使得在 $[0,1]$ 上一致地有

$$\omega_n(t) \to u^*(t), \quad v_n(t) \to u^*(t), \qquad\qquad (4.1.36)$$

$u^*(t)$ 为 T 在 K 中的不动点.

显然 $(Tu)(t) \in C^2(0,1)$, 以下, 我们只需证明 $(Tu)'(1)$ 存在. 事实上,

$$|(Tu)'(1)| = \left| \int_0^1 \frac{\partial G(t,s)}{\partial t}\Big|_{t=1} f(s,u(s))\mathrm{d}s \right| = \left| \int_0^1 \frac{s+\delta-\xi}{1+\delta-\xi} f(s,u(s))\mathrm{d}s \right|$$

$$\leqslant \int_0^1 f(s,u(s))\mathrm{d}s \leqslant \int_0^1 \max\{1, M_u^\sigma\}f(s,1-s)\mathrm{d}s < +\infty,$$

即 $(Tu)'(1)$ 存在.

因此, $u^*(t)$ 为边值问题 (4.1.1), (4.1.2) 的一个 $C^1[0,1]$ 正解, 且有

$$\min\{1, \bar{l}^{\frac{1}{1-\sigma}}\}(1-t) \leqslant u^*(t) \leqslant \max\{1, \bar{L}^{\frac{1}{1-\sigma}}\}(1-t), \quad t \in [0,1]. \qquad \square$$

定理 4.1.5　对于任意的初始函数 $p_0(t) \in K$, 令

$$p_n(t) = \int_0^1 G(t,s)f(s,p_{n-1}(s))\mathrm{d}s$$

$$+ \frac{1-t}{1+\delta-\xi}\int_0^\xi (\xi-s)f(s,p_{n-1}(s))\mathrm{d}s, \quad n = 1, 2, \cdots,$$

则在 $[0,1]$ 上, $\{p_n(t)\}$ 一致收敛到边值问题 (4.1.1), (4.1.2) 的唯一解 $u^*(t)$, 且

$$\max|p_n(t) - u^*(t)| = o(1 - I^{\sigma^n}),$$

其中 $0 < I < 1$ 是由 $p_0(t)$ 确定的一个正常数.

证明　由式 (4.1.26) 知, 可以选取正常数 m_0, M_0 使得 $0 < m_0 \leqslant \min\{1, \bar{l}^{\frac{1}{1-\sigma}}\}$, $M_0 \geqslant \max\{1, \bar{L}^{\frac{1}{1-\sigma}}\}$, $m_0(1-t) \leqslant p_1(t) \leqslant M_0(1-t)$. 因此, 我们有

$$\omega_n \leqslant p_n \leqslant v_n, \quad n = 1, 2, \cdots, \qquad\qquad (4.1.37)$$

其中 $\omega_0 = m_0(1-t), v_0 = M_0(1-t), \omega_n = T\omega_{n-1}, v_n = T\omega_{n-1}, n = 1, 2, \cdots$.
(4.1.30)–(4.1.37) 意味着 $\{p_n(t)\}$ 一致收敛到边值问题 (4.1.1), (4.1.2) 的唯一解
$u^*(t)$, 即定理 4.1.5 成立. 　　　　　　　　　　　　　　　　　　　　　　□

例 4.1.1　　由文献 [52] 知, 满足条件 ($H_{4.1.1}$) 的函数是大量存在的. 考虑

$$u''(t) + p(t)u^\lambda = 0, \quad 0 < t < 1, \tag{4.1.38}$$

其边界条件为 (4.1.2). 其中 $0 < \lambda < 1$, $p(t) \in C((0,1),(0,+\infty))$ 可能在 $t = 0$
或/和 $t = 1$ 处有奇性. 注意到 f 满足条件 ($H_{4.1.1}$), 因此边值问题 (4.1.38), (4.1.2)
存在 $C[0,1]$ 正解的充要条件是

$$0 < \int_0^1 (1-t)p(t)\mathrm{d}t < +\infty.$$

边值问题 (4.1.38), (4.1.2) 存在 $C^1[0,1]$ 正解的充要条件是

$$0 < \int_0^1 (1-t)^\lambda p(t)\mathrm{d}t < +\infty.$$

4.2　四阶多点边值问题正解存在的充要条件

本节研究具 p-Laplace 算子的四阶奇异三点边值问题

$$(\phi_p(u''(t)))'' = f(t, u(t), -u''(t)), \quad 0 < t < 1, \tag{4.2.1}$$

$$\begin{cases} u'(0) = 0, \quad u(1) = \alpha_0 u(\eta), \\ u'''(0) = 0, \quad u''(1) = \phi_p^{-1}(\alpha_1)u''(\eta) \end{cases} \tag{4.2.2}$$

正解存在的充要条件. 其中 $f \in C((0,1) \times [0,+\infty) \times [0,+\infty), [0,+\infty))$,
$f\left(t, \dfrac{1-\alpha_i\eta}{1-\alpha_i} - t, 1\right) \not\equiv 0$, $0 < \alpha_i < 1$, $i = 0, 1$, $t \in (0,1)$ 且 $\eta \in (0,1)$.
$\phi_p(s) = |s|^{p-2}s, p > 1$, ϕ_p^{-1} 表示 ϕ_p 的逆.

注 4.2.1　　本节讨论的是三点边值问题, 但是它可以推广到下面的 m 点边值
问题:

$$\begin{cases} (\phi_p(u''(t)))'' = f(t, u(t), -u''(t)), \quad 0 < t < 1, \\ u'(0) = 0, \quad u(1) = \displaystyle\sum_{j=1}^{m-2} \alpha_{j0}u(\eta_j), \\ u'''(0) = 0, \quad \phi_p(u''(1)) = \displaystyle\sum_{j=1}^{m-2} \alpha_{j1}(\phi_p(u''(\eta_j))), \end{cases} \tag{4.2.3}$$

其中 $m \geqslant 3, \alpha_{ji} > 0, \sum\limits_{j=1}^{m-2} \alpha_{ji} < 1, i = 0, 1, j = 1, 2, \cdots, m-2,\ 0 < \eta_1 < \eta_2 <$
$\cdots < \eta_{m-2} < 1$. 由 u'' 的连续性可知 (4.2.3) 中的 m 点边界条件可以写为三点边界条件(4.2.1). 因此我们只研究三点的情况.

当 (4.2.1) 中的非线性项 f 不含 $-u''(t)$ 时, (4.2.1) 可化为

$$(\phi_p(u''(t)))'' = f(t, u(t)), \quad 0 < t < 1, \tag{4.2.4}$$

其中 $f \in C((0,1) \times [0, +\infty), [0, +\infty)), f\left(t, \dfrac{1-\alpha_i\eta}{1-\alpha_i} - t\right) \not\equiv 0, i = 1, 2, t \in (0, 1)$.

边值问题 (4.2.1), (4.2.2) 的 $C^2[0,1]$ 正解 (非负解) 是指 $u \in C^2[0,1]$ 满足 (4.2.1) 和 (4.2.2) (这意味着 $(\phi_p(u''))'(0)$ 存在), 且 $\phi_p(u'') \in C^2(0,1), u(t) > 0$ $(\geqslant 0), -u''(t) > 0\ (\geqslant 0), t \in (0,1)$. 进一步, 如果 $C^2[0,1]$ 的正解 $u(t)$ 满足 $\phi_p(u'') \in C^1[0,1]$(这意味着 $(\phi_p(u''))'(1)$ 也存在), $u(t)$ 则称为边值问题 (4.2.2)—(4.2.4) 的拟 $C^3[0,1]$ 正解. 另外, 如果 $p = 2$, 则 $u(t)$ 是 $C^3[0,1]$ 真正意义上的正解.

f 满足下面的条件:

($\mathrm{H}_{4.2.1}$) 存在常数 $\lambda_i, \mu_i, i = 1, 2$ 满足 $0 < \lambda_1 \leqslant \mu_1, 0 \leqslant \lambda_2 \leqslant \mu_2 < p-1, \lambda_1 + \lambda_2 > p-1$ 使得对于 $(t, x, y) \in (0,1) \times [0, +\infty) \times [0, +\infty)$, 有

$$c^{\mu_1} f(t, x, y) \leqslant f(t, cx, y) \leqslant c^{\lambda_1} f(t, x, y), \quad 0 < c \leqslant 1. \tag{4.2.5}$$
$$c^{\mu_2} f(t, x, y) \leqslant f(t, x, cy) \leqslant c^{\lambda_2} f(t, x, y), \quad 0 < c \leqslant 1. \tag{4.2.6}$$

注 4.2.2 容易看出, $f(t, x, y)$ 关于 x, y 是单调非减的, 且
(i) (4.2.5) 等价于

$$c^{\lambda_1} f(t, x, y) \leqslant f(t, cx, y) \leqslant c^{\mu_1} f(t, x, y), \quad c \geqslant 1. \tag{4.2.7}$$

(ii) (4.2.6) 等价于

$$c^{\lambda_2} f(t, x, y) \leqslant f(t, x, cy) \leqslant c^{\mu_2} f(t, x, y), \quad c \geqslant 1. \tag{4.2.8}$$

显然 $f(t, x, y) = \sum\limits_{k=1}^{m} \sum\limits_{j=1}^{n} p_{k,j}(t) x^{l_j} y^{r_k}$ 满足 ($\mathrm{H}_{4.2.1}$), 其中 $p_{k,j}(t) \in C(0,1)$, $p_{k,j}(t) > 0, t \in (0,1), 0 \leqslant r_k < p-1 < l_j + r_k, j = 1, \cdots, n, k = 1, \cdots, m$.

当 $t \in [0,1]$ 时, 记

$$\psi(t; \alpha_i) = \frac{1 - \alpha_i\eta}{1 - \alpha_i} - t, \quad i = 0, 1, \tag{4.2.9}$$

$$F_1(t) = f(t, \psi(t; \alpha_0), 1), \tag{4.2.10}$$

$$F_2(t) = f(t, \psi(t; \alpha_0)). \tag{4.2.11}$$

本节的主要结果包含下面的两个定理.

定理 4.2.1 假设 $(\mathrm{H}_{4.2.1})$ 成立. 则边值问题 (4.2.1), (4.2.2) 至少存在一个 $C^2[0,1]$ 正解的充要条件是

$$0 < \int_0^1 (1-s)F_1(s)\mathrm{d}s < \infty. \tag{4.2.12}$$

定理 4.2.2 假设 $(\mathrm{H}_{4.2.1})$ 成立, 则边值问题 (4.2.4), (4.2.2) 至少存在一个拟 $C^3[0,1]$ 正解的充要条件是

$$0 < \int_0^1 F_2(s)\mathrm{d}s < \infty. \tag{4.2.13}$$

4.2.1 预备工作

考虑空间 $X = C[0,1]$, 其范数为 $\|u\|_0 = \max\limits_{0 \leqslant t \leqslant 1} |u(t)|, \|u''\|_0 = \dfrac{1}{1-\alpha_0} \cdot \max\limits_{0 \leqslant t \leqslant 1} |u''(t)|$. 空间 $Y = \{u|u \in C^2[0,1] : u'(0) = 0\}$ 的范数为

$$\|u\| = \max\{\|u\|_0, \|u''\|_0\}. \tag{4.2.14}$$

引理 4.2.3 假设 $0 < \alpha < 1, v(t) \geqslant 0,\ t \in [0,1]$ 且 $\int_0^1 (1-s)v(s)\mathrm{d}s < \infty$. 那么边值问题

$$\begin{cases} u''(t) + v(t) = 0, & 0 < t < 1, \\ u'(0) = 0, & u(1) = \alpha u(\eta) \end{cases} \tag{4.2.15}$$

存在唯一解 u 可表示为

$$u(t) = \int_0^1 K(t, s; \alpha)v(s)\mathrm{d}s, \tag{4.2.16}$$

其中

$$K(t, s; \alpha) = G(t, s) + \frac{\alpha}{1-\alpha}G(\eta, s), \tag{4.2.17}$$

$$G(t, s) = \begin{cases} 1-s, & 0 \leqslant t \leqslant s \leqslant 1, \\ 1-t, & 0 \leqslant s \leqslant t \leqslant 1. \end{cases} \tag{4.2.18}$$

此外, 若 v 在 $(0,1)$ 上不恒为 0, 则 u 为单调递减的凹函数, $u(t) > 0$ 且 $u(t) \geqslant (1-t)\|u\|_0$, $t \in [0,1]$.

证明 设 $u(t)$ 为边值问题 (4.2.15) 的解, 则 $u(t)$ 可表示为

$$u(t) = \frac{1}{1-\alpha}\left[\int_0^1 (1-s)v(s)\mathrm{d}s - \int_0^\eta (\eta-s)v(s)\mathrm{d}s\right] - \int_0^t (t-s)v(s)\mathrm{d}s$$

$$= \frac{\alpha}{1-\alpha}\left[\int_0^1 (1-s)v(s)\mathrm{d}s - \int_0^\eta (\eta-s)v(s)\mathrm{d}s\right]$$

$$+ \int_0^1 (1-s)v(s)\mathrm{d}s - \int_0^t (t-s)v(s)\mathrm{d}s$$

$$= \int_0^1 G(t,s)v(s)\mathrm{d}s + \frac{\alpha}{1-\alpha}\int_0^1 G(\eta,s)v(s)\mathrm{d}s = \int_0^1 K(t,s)v(s).$$

由于 $v \geqslant 0$, u 为凹的, 故由 $u'(0) = 0$ 可知 u 是单调递减的.

对于 $t \in [0,1]$, $s \in (0,1)$, 有

$$K(t,s;\alpha) = G(t,s) + \frac{\alpha}{1-\alpha}G(\eta,s)$$

$$\geqslant \frac{\alpha}{1-\alpha}G(\eta,s) + (1-t)(1-s) > 0.$$

因此, 当 v 在 $(0,1)$ 上不恒为 0 时, $u(t) > 0$. 由 u 的凹性易得 $u(t) \geqslant (1-t)\|u\|_0$. $\quad\square$

引理 4.2.4 假设在 $[0,1]$ 上 $y(t) \geqslant 0$ 且 $\int_0^1 (1-s)y(s)\mathrm{d}s < \infty$, 则边值问题

$$(\phi_p(u''(t)))'' = y, \quad 0 < t < 1, \tag{4.2.19}$$

$$\begin{cases} u'(0) = 0, & u(1) = \alpha_0 u(\eta), \\ u'''(0) = 0, & u''(1) = \phi_p^{-1}(\alpha_1)u''(\eta) \end{cases} \tag{4.2.20}$$

有唯一解 u 可表示为

$$u(t) = \int_0^1 K(t,s;\alpha_0)\phi_p^{-1}\left(\int_0^1 K(s,\tau;\alpha_1)y\mathrm{d}\tau\right)\mathrm{d}s, \tag{4.2.21}$$

其中 $K(t,s;\alpha_i)$, $i = 0,1$ 由 (4.2.17) 给出, 只需将 α_i 替换 α.

此外, 若 y 在 $(0,1)$ 上不恒为 0, 则 u 为单调递减的凹函数, $u(t) > 0$ 且在 $t \in [0,1]$ 上, $u(t) \geqslant (1-t)\|u\|_0$.

证明　记 $-\phi_p(u''(t)) := x$，则边值问题 (4.2.19)，(4.2.20) 等价于

$$\begin{cases} -x'' = y, & 0 < t < 1, \\ x'(0) = 0, & x(1) = \alpha_1 x(\eta), \end{cases} \qquad \begin{cases} -u'' = \phi_p^{-1}(x), & 0 < t < 1, \\ u'(0) = 0, & u(1) = \alpha_0 u(\eta). \end{cases} \tag{4.2.22}$$

由引理 4.2.3 知 (4.2.21) 成立. 与引理 4.2.3 类似地讨论可得引理 4.2.4.　　□

注 4.2.3　由 (4.2.16) 和 (4.2.21) 可以看出，若引理 4.2.3 和引理 4.2.4 中的条件均成立，则边值问题 (4.2.19)，(4.2.20) 的解是 $C^2[0,1]$ 的且 $x(t) \geqslant (1-t)\|x\|_0$.

引理 4.2.5　对于 $t, s \in [0,1]$，$i = 0, 1$，有

$$K(t, s; \alpha_i) \leqslant \frac{1}{1-\alpha_i}(1-s), \tag{4.2.23}$$

$$K(t, s; \alpha_i) \leqslant \psi(t; \alpha_i), \tag{4.2.24}$$

其中 $\psi(t; \alpha_i)$ 如 (4.2.9) 定义.

证明　显然 $G(t,s) \leqslant 1-s$，$t, s \in [0,1]$，则对于 $i = 0, 1$，

$$K(t, s; \alpha_i) \leqslant 1 - s + \frac{\alpha_i}{1-\alpha_i}(1-s) = \frac{1}{1-\alpha_i}(1-s),$$

即 (4.2.23) 成立.

由于 $G(t,s) \leqslant 1-t$，$t, s \in [0,1]$，则对于 $i = 0, 1$，

$$K(t, s; \alpha_i) \leqslant 1 - t + \frac{\alpha_i}{1-\alpha_i}(1-\eta) = \psi(t; \alpha_i),$$

即 (4.2.24) 成立.　　□

引理 4.2.6　令 $u(t)$ 为边值问题 (4.2.1)，(4.2.2) 的 $C^2[0,1]$ 正解. 则存在常数 I_1 和 I_2，$0 < I_1 < 1 < I_2$，使得

$$I_1\psi(t; \alpha_0) \leqslant u(t) \leqslant I_2\psi(t; \alpha_0), \quad t \in [0,1]. \tag{4.2.25}$$

证明　由 $u(t) > 0$，$-u''(t) > 0$，$t \in (0,1)$ 得

$$u(t) = u(1) - \int_t^1 u'(s)\mathrm{d}s \leqslant u(1) - u'(1)(1-t), \quad t \in [0,1].$$

从而有

$$u(\eta) \leqslant u(1) - u'(1)(1-\eta).$$

由 (4.2.2) 得

$$\frac{1}{\alpha_0}u(1) \leqslant u(1) - u'(1)(1-\eta),$$

$$u(1) \leqslant \frac{\alpha_0}{1-\alpha_0}[-u'(1)(1-\eta)].$$

因此

$$u(t) \leqslant -u'(1)\left[\frac{\alpha_0}{1-\alpha_0}(1-\eta) + (1-t)\right] = -u'(1)\left(\frac{1-\alpha_0\eta}{1-\alpha_0} - t\right), \quad t \in [0,1].$$

取 $I_2 > \max\{-u'(1), 1\}$, 则由上式得

$$u(t) \leqslant I_2\psi(t;\alpha_0), \quad t \in [0,1]. \tag{4.2.26}$$

记 $k = u(1) - u(0)$, $k < 0$, 则有

$$u(t) \geqslant u(1) - k(1-t), \quad t \in [0,1]. \tag{4.2.27}$$

所以

$$u(\eta) \geqslant u(1) - k(1-\eta). \tag{4.2.28}$$

结合 (4.2.2), (4.2.27) 和 (4.2.28) 得

$$\frac{1}{\alpha_0}u(1) \geqslant u(1) - k(1-\eta),$$

即

$$u(1) \geqslant \frac{\alpha_0}{1-\alpha_0}[-k(1-\eta)].$$

此时, 由 (4.2.27) 得

$$u(t) \geqslant -k\left[\frac{\alpha_0}{1-\alpha_0}(1-\eta) + (1-t)\right] = -k\left(\frac{1-\alpha_0\eta}{1-\alpha_0} - t\right), \quad t \in [0,1].$$

取 I_1 使得 $I_1 < \min\{-k, 1\}$. 则由上式得

$$u(t) \geqslant I_1\psi(t;\alpha_0), \quad t \in [0,1]. \tag{4.2.29}$$

由 (4.2.26) 和 (4.2.29) 可得 (4.2.25). □

4.2.2 主要结论的证明

定理 4.2.1 的证明 (I) *必要性*: 令 $u(t) \in C^2[0,1]$ 为边值问题 (4.2.1), (4.2.2) 的正解. 由引理 4.2.6, 存在常数 I_1 和 I_2, $0 < I_1 < 1 < I_2$ 使得 (4.2.25) 成立. 取 $\sigma > 0$ 使得

$$\sigma^{-1} > 1, \quad \sigma \max_{t \in [0,1]} |u''(t)| < 1.$$

则由注 4.2.2, (4.2.5), (4.2.6) 和 (4.2.10) 得

$$
\begin{aligned}
f(t, u(t), -u''(t)) &\geqslant f(t, I_1\psi(t;\alpha_0), \sigma^{-1}(-\sigma u''(t))) \\
&\geqslant I_1^{\mu_1}\sigma^{-\lambda_2}f(t, \psi(t;\alpha_0), -\sigma u''(t)) \\
&\geqslant I_1^{\mu_1}\sigma^{-\lambda_2}(-\sigma u''(t))^{\mu_2}f(t, \psi(t;\alpha_0), 1) \\
&= I_1^{\mu_1}\sigma^{\mu_2-\lambda_2}(-u''(t))^{\mu_2}F_1(t) \\
&:= \omega_1(-u''(t))^{\mu_2}F_1(t)
\end{aligned} \tag{4.2.30}
$$

和

$$
\begin{aligned}
f(t, u(t), -u''(t)) &\leqslant f(t, I_2\psi(t;\alpha_0), \sigma^{-1}(-\sigma u''(t))) \\
&\leqslant I_2^{\mu_1}\sigma^{-\mu_2}f(t, \psi(t;\alpha_0), -\sigma u''(t)) \\
&\leqslant I_2^{\mu_1}\sigma^{-\mu_2}(-\sigma u''(t))^{\lambda_2}f(t, \psi(t;\alpha_0), 1) \\
&= I_2^{\mu_1}\sigma^{\lambda_2-\mu_2}(-u''(t))^{\lambda_2}F_1(t) \\
&:= \omega_2(-u''(t))^{\lambda_2}F_1(t),
\end{aligned}
$$

$t \in (0,1)$, 其中

$$
\omega_1 = I_1^{\mu_1}\sigma^{\mu_2-\lambda_2} > 0, \quad \omega_2 = I_2^{\mu_1}\sigma^{\lambda_2-\mu_2} > 0.
$$

由 (4.2.1) 和 (4.2.30) 得

$$
\omega_1(-u''(t))^{\mu_2}F_1(t) \leqslant (\phi_p(u''(t)))'', \quad t \in (0,1). \tag{4.2.31}
$$

由 $(\phi_p(u''(t)))'' \geqslant 0$, $t \in (0,1)$ 和 $u'''(0) = 0$, $(\phi_p(u''(t)))' \geqslant 0$, $t \in [0,1]$ 得 $-u''(t)$ 在 $t \in [0,1]$ 上是单调非增的. 由 (4.2.31) 得, 在 $t \in (0,1)$ 上有

$$
\begin{aligned}
\omega_1(-u''(t))^{\mu_2}\int_0^t F_1(s)\mathrm{d}s &\leqslant \int_0^t \omega_1(-u''(s))^{\mu_2}F_1(s)\mathrm{d}s \\
&\leqslant \int_0^t (\phi_p(u''(s)))''\mathrm{d}s \\
&= (\phi_p(u''(t)))' = (p-1)(-u''(t))^{p-2}u'''(t).
\end{aligned}
$$

由 $C^2[0,1]$ 解的定义可知, $-u''(t) > 0$. 因此

$$
\int_0^t F_1(s)\mathrm{d}s \leqslant \frac{p-1}{\omega_1}(-u''(t))^{p-2-\mu_2}u'''(t).
$$

对上式两端从 0 到 1 积分可得

$$\int_0^1 (1-s)F_1(s)\mathrm{d}s = \int_0^1 \int_0^t F_1(s)\mathrm{d}s\mathrm{d}t$$

$$\leqslant \frac{p-1}{\omega_1} \int_0^1 (-u''(t))^{p-2-\mu_2} u'''(t)\mathrm{d}t$$

$$= \frac{p-1}{\omega_1(p-1-\mu_2)}((-u''(0))^{p-1-\mu_2} - (-u''(1))^{p-1-\mu_2}) < \infty.$$

$$(4.2.32)$$

$F_1(t) = f(t, \psi(t; \alpha_0), 1) \not\equiv 0$, $t \in (0,1)$ 意味着 $\int_0^1 (1-s)F_1(s)\mathrm{d}s > 0$. 故

$$0 < \int_0^1 (1-s)F_1(s)\mathrm{d}s. \tag{4.2.33}$$

此时, 由 (4.2.32) 和 (4.2.33) 可得 (4.2.12).

(II) **充分性**: 假设 (4.2.12) 成立, 我们要证明边值问题 (4.2.1), (4.2.2) 至少存在一个 $C^2[0,1]$ 正解. 令 X 为空间 $C^2[0,1]$, 其范数如 (4.2.14) 所定义, 锥 P 定义为

$$P = \left\{ u \in Y \subset X \ \middle| \ \begin{array}{l} \phi_p(u''(t)) \in C^2(0,1), -\phi_p(u''(t)) \text{ 在 } t \in (0,1) \text{ 上是} \\ \text{凹的}, u(t) \geqslant 0, \ -u''(t) \geqslant 0, \ t \in [0,1], \ u \text{ 满足}(4.2.2) \end{array} \right\}.$$

如果 $u \in P$, 则由引理 4.2.3、引理 4.2.5 和 $(\mathrm{H}_{4.2.1})$ 可得

$$u(t) = \int_0^1 K(t, s; \alpha_0)(-u''(s))\mathrm{d}s$$

$$\leqslant \frac{1}{1-\alpha_0} \max_{0 \leqslant t \leqslant 1} |u''(t)| \int_0^1 (1-s)\mathrm{d}s = \frac{1}{2}\|u''\|_0.$$

因此, 易见

$$\|u\| = \|u''\|_0, \quad u \in P. \tag{4.2.34}$$

由 (4.2.24) 得

$$u(t) = \int_0^1 K(t, s; \alpha_0)(-u''(s))\mathrm{d}s \leqslant \psi(t; \alpha_0) \max_{0 \leqslant t \leqslant 1} |u''(t)|$$

$$= \psi(t; \alpha_0)(1-\alpha_0)\|u''\|_0 \leqslant \psi(t; \alpha_0)\|u''\|_0, \quad t \in [0,1]. \tag{4.2.35}$$

此外由注 4.2.3 有

$$(-u''(t))^{p-1} \geqslant \max_{s\in[0,1]}(-u''(s))^{p-1}(1-t)$$

$$= (1-\alpha_0)^{p-1}\|u''\|_0^{p-1}(1-t), \quad t\in[0,1]. \tag{4.2.36}$$

由 (4.2.12) 知, 存在区间 $[\delta, 1-\delta] \subset (0,1)$ 使得

$$0 < \int_\delta^{1-\delta}(1-s)F_1(s)\mathrm{d}s < \infty, \quad \text{其中} \quad \delta \in \left(0, \frac{1}{2}\right). \tag{4.2.37}$$

由 (4.2.17) 和 (4.2.18) 得

$$K(t,s;\alpha_0) \geqslant G(t,s) \geqslant \delta, \quad t,s\in[\delta, 1-\delta]. \tag{4.2.38}$$

则由 (4.2.36) 和 (4.2.38) 可得

$$u(t) = \int_0^1 K(t,s;\alpha_0)(-u''(s))\mathrm{d}s$$

$$\geqslant \delta(1-\alpha_0)\|u''\|_0\int_\delta^{1-\delta}(1-s)^{1/(p-1)}\mathrm{d}s$$

$$\geqslant (1-\alpha_0)\delta^{p/(p-1)}(1-2\delta)\|u''\|_0$$

$$:= m\|u''\|_0, \quad t\in[\delta, 1-\delta], \tag{4.2.39}$$

其中

$$m = (1-\alpha_0)\delta^{p/(p-1)}(1-2\delta) \in (0,1). \tag{4.2.40}$$

对于每个固定的 $u \in P$, 取正数 $\beta = \dfrac{1}{\|u\|+1}$, 则 (4.2.35) 意味着

$$\frac{\beta u(t)}{\psi(t;\alpha_0)} \leqslant \beta\|u''\|_0 = \beta\|u\| < 1, \quad t\in(0,1).$$

因此, 由 (4.2.5)–(4.2.7) 得

$$f(t,u(t),-u''(t)) = f\left(t, \frac{\beta u(t)}{\beta\psi(t;\alpha_0)}\psi(t;\alpha_0), \beta^{-1}\beta(-u''(t))\right)$$

$$\leqslant \beta^{-\mu_1}\left(\frac{\beta u(t)}{\psi(t;\alpha_0)}\right)^{\lambda_1}\beta^{-\mu_2}(\beta(-u''(t)))^{\lambda_2}f(t,\psi(t;\alpha_0),1)$$

$$\leqslant \beta^{-(\mu_1+\mu_2)}f(t,\psi(t;\alpha_0),1) = \beta^{-(\mu_1+\mu_2)}F_1(t), \quad t\in(0,1). \tag{4.2.41}$$

从而, 由 (4.2.23) 得

$$0 \leqslant \int_0^1 K(t,s;\alpha_1)f(s,u(s),-u''(s))\mathrm{d}s \leqslant \beta^{-(\mu_1+\mu_2)} \int_0^1 K(t,s;\alpha_1)F_1(s)\mathrm{d}s$$

$$\leqslant \frac{1}{1-\alpha_1}\beta^{-(\mu_1+\mu_2)} \int_0^1 (1-s)F_1(s)\mathrm{d}s < \infty. \tag{4.2.42}$$

$\forall u \in P$, 记 $(Fu)(t) = f(t,u(t),-u''(t))$, $t \in (0,1)$. 定义算子 $T: P \to X$ 为

$$(Tu)(t) = \int_0^1 K(t,s;\alpha_0)\phi_p^{-1}\left(\int_0^1 K(s,\tau;\alpha_1)(Fu)(\tau)\mathrm{d}\tau\right)\mathrm{d}s. \tag{4.2.43}$$

由引理 4.2.3 和引理 4.2.4 知 $u \in P$ 为边值问题 (4.2.1), (4.2.2) 的 $C^2[0,1]$ 非负解当且仅当 u 为 T 在 P 中的不动点. 易见,

$$-(Tu)''(t) = \phi_p^{-1}\left(\int_0^1 K(t,s;\alpha_1)(Fu)(s)\mathrm{d}s\right), \quad t \in [0,1]. \tag{4.2.44}$$

接下来, 我们分三步来证明 $T: P \to P$ 及 T 在 P 中不动点的存在性.

第一步: 算子 $T: P \to P$ 为全连续的.

(A) 验证 $T: P \to P$. $\forall u \in P$, 易见 $Tu \in X$,

$$(\phi_p(Tu)''(t))'' \geqslant 0, \ t \in (0,1); \quad (Tu)(t) \geqslant 0, \ (Tu)''(t) \leqslant 0, \ t \in [0,1];$$
$$(Tu)'(0) = 0, \quad (Tu)(1) = \alpha_0(Tu)(\eta);$$
$$(Tu)'''(0) = 0, \quad (Tu)''(1) = \phi_p^{-1}(\alpha_1)(Tu)''(\eta), \quad \text{即} \quad T: P \to P.$$

(B) 验证 T 在 P 中是紧的. 令 Ω 为 P 的有界集. 则对于所有的 $u \in \Omega$, 存在 $\rho > 0$ 使得 $\|u\| \leqslant \rho$. 下证 $T\Omega$ 为 P 中的相对紧集. 记 $\beta_\rho = \dfrac{1}{\rho+1}$, $\forall u \in \Omega$,

$$|(Tu)(t)| = \left|\int_0^1 K(t,s;\alpha_0)\phi_p^{-1}\left(\int_0^1 K(s,\tau;\alpha_1)(Fu)(\tau)\mathrm{d}\tau\right)\mathrm{d}s\right| \leqslant \frac{A_\rho}{2} < \infty,$$

其中

$$A_\rho = \frac{\beta_\rho^{-(\mu_1+\mu_2)/(p-1)}}{(1-\alpha_0)(1-\alpha_1)^{1/(p-1)}}\phi_p^{-1}\left(\int_0^1 (1-\tau)F_1(\tau)\mathrm{d}\tau\right). \tag{4.2.45}$$

$$|(Tu)''(t)| = \left|\phi_p^{-1}\left(\int_0^1 K(t,s;\alpha_1)(Fu)(s)\mathrm{d}s\right)\right|$$

$$\leqslant \frac{\beta_\rho^{-(\mu_1+\mu_2)/(p-1)}}{(1-\alpha_1)^{1/(p-1)}}\phi_p^{-1}\left(\int_0^1 (1-s)F_1(s)\mathrm{d}s\right) = A_\rho(1-\alpha_0) < \infty,$$

即 Tu 在 X 中是一致有界的. $\forall u \in \Omega, t_1, t_2 \in [0,1]$,

$$|(Tu)(t_1) - (Tu)(t_2)|$$

$$= \left| \int_0^1 (K(t_2, s; \alpha_0) - K(t_1, s; \alpha_0)) \phi_p^{-1} \left(\int_0^1 K(s, \tau; \alpha_1)(Fu)(\tau)\mathrm{d}\tau \right) \mathrm{d}s \right|$$

$$\leqslant \int_0^1 |K(t_2, s; \alpha_0) - K(t_1, s; \alpha_0)| \frac{\beta_\rho^{-(\mu_1 + \mu_2)/(p-1)}}{(1 - \alpha_1)^{1/(p-1)}} \phi_p^{-1} \left(\int_0^1 (1 - \tau)F_1(\tau)\mathrm{d}\tau \right) \mathrm{d}s$$

$$\leqslant (1 - \alpha_0) A_\rho |t_2 - t_1|.$$

$\forall \varepsilon > 0$, 令 $\delta_1 = \dfrac{\varepsilon}{(1 - \alpha_0)A_\rho}$, 则 $|t_2 - t_1| < \delta_1$ $|(Tu)(t_2) - (Tu)(t_1)| < \varepsilon$. 同时有

$$|(\phi_p(Tu)'')(t)| = \left| \int_0^1 K(t, s; \alpha_1)(Fu)(s)\mathrm{d}s \right| \leqslant \frac{\beta_\rho^{-(\mu_1 + \mu_2)}}{1 - \alpha_1} \left(\int_0^1 (1 - s)F_1(s)\mathrm{d}s \right) < \infty,$$

$\forall \varepsilon > 0$, 存在 $\delta_2 > 0$ 使得 $\forall u \in \Omega, t \in [0,1]$, $\displaystyle\int_{1-\delta_2}^1 K(t, s; \alpha_1)(Fu)(s)\mathrm{d}s < \dfrac{\varepsilon}{3}$. 另一方面, $\forall u \in \Omega, t \in [0, 1 - \delta_2]$, (4.2.12) 和 (4.2.41) 意味着

$$|(\phi_p(Tu''))'(t)| \leqslant \left| \int_0^t f(s, u(s), -u''(s))\mathrm{d}s \right| = \left| \int_0^t (Fu)(s)\mathrm{d}s \right|$$

$$\leqslant \beta_\rho^{-(\mu_1 + \mu_2)} \int_0^t F_1(s)\mathrm{d}s \leqslant \beta_\rho^{-(\mu_1 + \mu_2)} \int_0^{1-\delta_2} F_1(s)\mathrm{d}s := M.$$

记 $\delta = \min\left\{ \delta_1, \dfrac{\delta_2}{2}, \dfrac{\varepsilon}{3M} \right\}$. 则对于 $u \in \Omega, t_1, t_2 \in [0,1]$, $0 \leqslant t_2 - t_1 \leqslant \delta$. 当 $t_1 \in [0, 1 - \delta_2]$ 时,

$$|(\phi_p(Tu)'')(t_2) - (\phi_p(Tu))''(t_1)| \leqslant \int_{t_1}^{t_2} |(\phi_p(Tu)'')'(s)|\mathrm{d}s \leqslant M|t_2 - t_1| < \frac{\varepsilon}{3} < \varepsilon.$$

当 $t_1 \in [1 - \delta_2, 1)$ 时,

$$|(\phi_p(Tu)'')(t_2) - (\phi_p(Tu)'')(t_1)|$$

$$\leqslant \int_0^1 |K(t_2, s; \alpha_1)(Fu)(s) - K(t_1, s; \alpha_1)(Fu)(s)|\mathrm{d}s$$

$$\leqslant \int_0^{1-\delta_2} |t_2 - t_1|(Fu)(s)\mathrm{d}s + \int_{1-\delta_2}^1 K(t_2, s; \alpha_1)(Fu)(s)\mathrm{d}s$$

$$+ \int_{1-\delta_2}^1 K(t_1, s; \alpha_1)(Fu)(s)\mathrm{d}s \leqslant \frac{\varepsilon}{3} + \frac{\varepsilon}{3} + \frac{\varepsilon}{3} = \varepsilon.$$

因此 $\phi_p((Tu)'')$ 在 $[0,1]$ 上是等度连续的. 由于 ϕ_p^{-1} 在 $\mathbb{R}$ 的任意闭子区间上是一致连续的, 故 $(Tu)''$ 在 $[0,1]$ 上也是一致连续的.

(C) 验证 T 在 P 上连续. 在 P 中, 令 $u_n \to u$, $n \to \infty$. 则存在 $\bar{\rho} > 0$ 使得 $\sup_{n \in \mathbb{N}^+} \|u_n\| \leqslant \bar{\rho}$. 令 $\beta_{\bar{\rho}} = \dfrac{1}{\bar{\rho} + 1}$. 则由 (4.2.41) 和 (4.2.42) 得

$$\left| K(t, s; \alpha_0)\phi_p^{-1}\left(\int_0^1 K(s, \tau; \alpha_1)(Fu_n)(\tau)\mathrm{d}\tau \right) \right|$$

$$\leqslant \left| \frac{1-s}{1-\alpha_0}\phi_p^{-1}\left(\int_0^1 \frac{1-\tau}{1-\alpha_1}\beta_{\bar{\rho}}^{-(\mu_1 + \mu_2)}F_1(\tau)\mathrm{d}\tau \right) \right|$$

$$= \frac{(1-s)\beta_{\bar{\rho}}^{-(\mu_1 + \mu_2)/(p-1)}}{(1-\alpha_0)(1-\alpha_1)^{1/(p-1)}}\phi_p^{-1}\left(\int_0^1 (1-\tau)F_1(\tau)\mathrm{d}\tau \right)$$

$$= A_{\bar{\rho}}(1-s),$$

其中 $A_{\bar{\rho}}$ 由 (4.2.45) 给出, 只需将 $\bar{\rho}$ 代替 ρ. 且

$$\int_0^1 A_{\bar{\rho}}(1-s)\mathrm{d}s = \frac{1}{2}A_{\bar{\rho}} < \infty.$$

由 Lebesgue 控制收敛定理得

$$(Tu_n)(t) = \int_0^1 K(t, s; \alpha_0)\phi_p^{-1}\left(\int_0^1 K(s, \tau; \alpha_1)(Fu_n)(\tau)\mathrm{d}\tau \right)\mathrm{d}s$$

$$\to \int_0^1 K(t, s; \alpha_0)\phi_p^{-1}\left(\int_0^1 K(s, \tau; \alpha_1)(Fu)(\tau)\mathrm{d}\tau \right)\mathrm{d}s$$

$$= (Tu)(t), \quad n \to \infty, \quad t \in [0, 1],$$

于是 $Tu_n \to Tu$. 类似有当 $n \to \infty$ 时, $(Tu_n)'' \to (Tu)''$. 从而, 由 Arzelà-Ascoli 定理, $T: P \to P$ 是全连续的.

第二步: 欲证, 若 $\Omega_1 = \{u \in X : \|u\| < r\}$, 则

$$\|Tu\| \leqslant \|u\|, \quad u \in P \cap \partial\Omega_1, \tag{4.2.46}$$

其中 $r > 0$ 满足

$$r < \min\left\{ 1, \ \left(\frac{(1-\alpha_0)^{p-1}(1-\alpha_1)}{\int_0^1 (1-s)F_1(s)\mathrm{d}s} \right)^{\frac{1}{\lambda_1 + \lambda_2 + 1 - p}} \right\}. \tag{4.2.47}$$

如果 $u \in P \cap \partial\Omega_1$, 则由注 4.2.2 和 (4.2.35) 得

$$
\begin{aligned}
(Fu)(t) &= f(t, u(t), -u''(t)) \leqslant f(t, \|u''\|_0 \psi(t; \alpha_0), \|u''\|_0) \\
&\leqslant \|u''\|_0^{\lambda_1 + \lambda_2} f(t, \psi(t; \alpha_0), 1) = \|u\|^{\lambda_1 + \lambda_2} F_1(t) \\
&= r^{\lambda_1 + \lambda_2} F_1(t), \quad t \in (0, 1),
\end{aligned}
\tag{4.2.48}
$$

由 (4.2.23), (4.2.43), (4.2.44), (4.2.47) 和 (4.2.48) 得: 当 $t \in [0, 1]$ 时,

$$
\begin{aligned}
(Tu)(t) &\leqslant r^{\frac{\lambda_1 + \lambda_2}{p-1}} \frac{1}{1-\alpha_0} \left(\frac{1}{1-\alpha_1}\right)^{\frac{1}{p-1}} \int_0^1 (1-s)\mathrm{d}s \, \phi_p^{-1}\left(\int_0^1 (1-\tau) F_1(\tau)\mathrm{d}\tau\right) \\
&\leqslant r^{\frac{\lambda_1 + \lambda_2}{p-1}} \frac{1}{1-\alpha_0} \left(\frac{1}{1-\alpha_1}\right)^{\frac{1}{p-1}} \phi_p^{-1}\left(\int_0^1 (1-s) F_1(s)\mathrm{d}s\right) \leqslant r = \|u\|,
\end{aligned}
$$

$$
\begin{aligned}
\frac{1}{1-\alpha_0}|(Tu)''(t)| &= \frac{1}{1-\alpha_0} \phi_p^{-1}\left(\int_0^1 K(t, s; \alpha_1)(Fu)(s)\mathrm{d}s\right) \\
&\leqslant r^{\frac{\lambda_1 + \lambda_2}{p-1}} \frac{1}{1-\alpha_0} \left(\frac{1}{1-\alpha_1}\right)^{\frac{1}{p-1}} \phi_p^{-1}\left(\int_0^1 (1-s) F_1(s)\mathrm{d}s\right) \\
&\leqslant r = \|u\|,
\end{aligned}
$$

从而 $(Tu)(t)$ 满足 (4.2.46).

第三步: 欲证, 若 $\Omega_2 = \{u \in X : \|u\| < R\}$, 则

$$
\|Tu\| \geqslant \|u\|, \quad u \in P \cap \partial\Omega_2,
\tag{4.2.49}
$$

其中 $R > 0$ 满足

$$
R > \max\left\{\frac{1}{\varepsilon m}, \ \frac{1}{d}, \ \frac{1}{(1-\alpha_0)\delta^{1/(p-1)}}\right\},
\tag{4.2.50}
$$

m 如 (4.2.40) 中所定义, $\varepsilon \in (0, 1)$ 是一个固定的足够小的数, 满足

$$
1 - t \geqslant \varepsilon \psi(t; \alpha_0), \quad t \in [\delta, 1-\delta],
\tag{4.2.51}
$$

$$
d = \left((1-\alpha_0)^{\lambda_2}(1-2\delta)^{p-1} \delta^{\frac{p^2 - p + \lambda_2}{p-1}} (\varepsilon m)^{\lambda_1} \int_\delta^{1-\delta} (1-s) F_1(s)\mathrm{d}s\right)^{\frac{1}{\lambda_1 + \lambda_2 + 1 - p}}.
\tag{4.2.52}
$$

令 $u \in P \cap \partial\Omega_2$, 由 (4.2.34), (4.2.36) 和 (4.2.50) 得

$$
-u''(t) \geqslant (1-\alpha_0)\|u''\|_0 (1-t)^{\frac{1}{p-1}} \geqslant (1-\alpha_0)\|u''\|_0 \delta^{\frac{1}{p-1}}
$$

$$= (1 - \alpha_0)\|u\|\delta^{\frac{1}{p-1}} > 1, \quad t \in [\delta, 1 - \delta]. \tag{4.2.53}$$

类似地, 由 (4.2.39) 和 (4.2.50) 得

$$\varepsilon u(t) \geqslant \varepsilon m\|u''\|_0 = \varepsilon m\|u\| > 1, \quad t \in [\delta, 1 - \delta]. \tag{4.2.54}$$

由引理 4.2.3 和 (4.2.51) 得

$$u(t) \geqslant \max_{s \in [0,1]} u(s)(1 - t) = \|u\|_0(1 - t) \geqslant \varepsilon\|u\|_0\psi(t, \alpha_0), \quad t \in [\delta, 1 - \delta]. \tag{4.2.55}$$

因此, 对于 $t \in [\delta, 1 - \delta]$, 注 4.2.2, (4.2.10), (4.2.53)~(4.2.55) 意味着

$$
\begin{aligned}
(Fu)(t) &= f(t, u(t), -u''(t)) \geqslant f(t, \varepsilon\|u\|_0\psi(t, \alpha_0), \|u\|(1 - \alpha_0)\delta^{\frac{1}{p-1}}) \\
&\geqslant (\varepsilon\|u\|_0)^{\lambda_1}(\|u\|(1 - \alpha_0)\delta^{\frac{1}{p-1}})^{\lambda_2}f(t, \psi(t; \alpha_0), 1) \\
&\geqslant (\varepsilon m)^{\lambda_1}\|u\|^{\lambda_1 + \lambda_2}(1 - \alpha_0)^{\lambda_2}\delta^{\frac{\lambda_2}{p-1}}F_1(t) \\
&= (\varepsilon m)^{\lambda_1}R^{\lambda_1 + \lambda_2}(1 - \alpha_0)^{\lambda_2}\delta^{\frac{\lambda_2}{p-1}}F_1(t). \tag{4.2.56}
\end{aligned}
$$

当 $t \in [\delta, 1 - \delta]$ 时, $K(t, s; \alpha_i) \geqslant \delta \geqslant \delta(1 - s)$, $i = 0, 1$, 由 (4.2.43), (4.2.50) 和 (4.2.56) 得

$$
\begin{aligned}
(Tu)(t) &\geqslant \int_\delta^{1-\delta} K(t, s; \alpha_0)\phi_p^{-1}\left(\int_0^1 K(s, \tau; \alpha_1)(Fu)(\tau)\mathrm{d}\tau\right)\mathrm{d}s \\
&\geqslant \delta\int_\delta^{1-\delta} \phi_p^{-1}\left(\int_\delta^{1-\delta} K(s, \tau; \alpha_1)(Fu)(\tau)\mathrm{d}\tau\right)\mathrm{d}s \\
&\geqslant (1 - 2\delta)\delta^{p/(p-1)}\left(\int_\delta^{1-\delta} (1 - s)(Fu)(s)\mathrm{d}s\right)^{\frac{1}{p-1}} \\
&\geqslant (1 - 2\delta)(1 - \alpha_0)^{\frac{\lambda_2}{p-1}}\delta^{\frac{p}{p-1}}(\varepsilon m)^{\frac{\lambda_1}{p-1}}\delta^{\frac{\lambda_2}{(p-1)^2}}R^{\frac{\lambda_1 + \lambda_2}{p-1}}\left(\int_\delta^{1-\delta} (1 - s)F_1(s)\mathrm{d}s\right)^{\frac{1}{p-1}} \\
&= (1 - 2\delta)(1 - \alpha_0)^{\frac{\lambda_2}{p-1}}\delta^{\frac{p^2-p+\lambda_2}{(p-1)^2}}(\varepsilon m)^{\frac{\lambda_1}{p-1}}R^{\frac{\lambda_1 + \lambda_2}{p-1}}\left(\int_\delta^{1-\delta} (1 - s)F_1(s)\mathrm{d}s\right)^{\frac{1}{p-1}} \\
&\geqslant R = \|u\|. \tag{4.2.57}
\end{aligned}
$$

因此

$$\|Tu\|_0 \geqslant \|u\|. \tag{4.2.58}$$

由 (4.2.44), (4.2.50), (4.2.52) 和 (4.2.56) 得

$$|(Tu)''(t)| = \left(\int_0^1 K(t,s;\alpha_1)(Fu)(s)\mathrm{d}s\right)^{\frac{1}{p-1}}$$

$$\geqslant \delta^{\frac{1}{p-1}}\left(\int_\delta^{1-\delta}(1-s)(Fu)(s)\mathrm{d}s\right)^{\frac{1}{p-1}}$$

$$\geqslant (1-\alpha_0)^{\frac{\lambda_2}{p-1}}\delta^{\frac{1}{p-1}}(\varepsilon m)^{\frac{\lambda_1}{p-1}}\delta^{\frac{\lambda_2}{(p-1)^2}}R^{\frac{\lambda_1+\lambda_2}{p-1}}\left(\int_\delta^{1-\delta}(1-s)F_1(s)\mathrm{d}s\right)^{\frac{1}{p-1}}$$

$$= (1-\alpha_0)^{\frac{\lambda_2}{p-1}}\delta^{\frac{p-1+\lambda_2}{(p-1)^2}}(\varepsilon m)^{\frac{\lambda_1}{p-1}}R^{\frac{\lambda_1+\lambda_2}{p-1}}\left(\int_\delta^{1-\delta}(1-s)F_1(s)\mathrm{d}s\right)^{\frac{1}{p-1}}$$

$$\geqslant R = \|u\|.$$

因此

$$\|(Tu)''\|_0 = \frac{1}{1-\alpha_0}\max|(Tu)''(t)| \geqslant \|u\|. \tag{4.2.59}$$

由 (4.2.58) 和 (4.2.59) 知 (4.2.49) 成立.

综上, 由定理 1.2.4 可得 T 至少有一个不动点 $u \in P \cap (\overline{\Omega}_2 \setminus \Omega_1)$. 可以验证对于 $u \in P$, $u(t) \geqslant (1-t)\|u\|_0$ 成立. 因此, $u(t)$ 为边值问题 (4.2.1), (4.2.2) 的正解. □

定理 4.2.2 的证明　(i) 必要性: 令 u 为边值问题 (4.2.4), (4.2.2) 的拟 $C^3[0,1]$ 正解. 为证明 (4.2.13), 首先注意到引理 4.2.6 对此时的 u 仍然成立. 由 $(\mathrm{H}_{4.2.1})$, (4.2.7) 和引理 4.2.6 得

$$f(t,u(t)) \geqslant f(t,I_1\psi(t;\alpha_0)) \geqslant I_1^{\mu_1}f(t,\psi(t;\alpha_0))$$

$$= I_1^{\mu_1}F_2(t), \quad t \in (0,1), \tag{4.2.60}$$

$$f(t,u(t)) \leqslant f(t,I_2\psi(t;\alpha_0)) \leqslant I_2^{\mu_1}f(t,\psi(t;\alpha_0))$$

$$= I_2^{\mu_1}F_2(t), \quad t \in (0,1), \tag{4.2.61}$$

由于在 $t \in (0,1)$ 上 $\phi_p(u'') \in C^1[0,1]$, $\phi_p(u'')(t) < 0$, $(\phi_p(u''))''(t) \geqslant 0$, 且 $u'''(0) = 0$, 则有 $(\phi_p(u''))'(1) > 0$. 从而, 由 (4.2.60) 和 (4.2.61) 有

$$\int_0^1 F_2(s)\mathrm{d}s \leqslant \frac{1}{I_1^{\mu_1}}\int_0^1 f(s,u(s))\mathrm{d}s = \frac{1}{I_1^{\mu_1}}\int_0^1(\phi_p(u''))''(s)\mathrm{d}s$$

$$= \frac{1}{I_1^{\mu_1}} (\phi_p(u''))'(t)\Big|_{t=1} < \infty,$$

$$\int_0^1 F_2(s)\mathrm{d}s \geqslant \frac{1}{I_2^{\mu_1}} \int_0^1 f(s,u(s))\mathrm{d}s = \frac{1}{I_2^{\mu_1}} \int_0^1 (\phi_p(u''))''(s)\mathrm{d}s$$

$$= \frac{1}{I_2^{\mu_1}} (\phi_p(u''))'(t)\Big|_{t=1} > 0.$$

因此, (4.2.13) 成立.

(ii) 充分性: 假设 (4.2.13) 成立, 我们需证边值问题 (4.2.4), (4.2.2) 存在至少一个拟 $C^3[0,1]$ 正解. 此时, 如果 f 不依赖于 $-u''(t)$, 不等式 (4.2.6) 和 (4.2.8) 显然成立, 其中 $\lambda_2 = \mu_2 = 0$. 同时, 以 F_2 代替 F_1, (4.2.13) 意味着 (4.2.12) 成立. 由定理 4.2.1, 边值问题 (4.2.4), (4.2.2) 至少存在一个 $C^2[0,1]$ 正解 $u(t)$. 可以看到 (4.2.6) 对此时的 $u(t)$ 仍然成立, 故 (4.2.4), 注 4.2.2 意味着

$$|(\phi_p(u''))''(t)| = f(t,u(t)) \leqslant f(t,I_2\psi(t;\alpha_0)) \leqslant I_2^{\mu_1} F_2(t).$$

从而由 (4.2.13) 得

$$\int_0^1 |(\phi_p(u''))''(t)|\mathrm{d}t < \infty,$$

即 $(\phi_p(u''))''$ 是绝对可积的. 因此, $\phi_p(u'') \in C^1[0,1]$, 这意味着 u 为边值问题 (4.2.4), (4.2.2) 的拟 $C^3[0,1]$ 正解.

由充分性的证明部分可以清楚地看出, 若 $p = 2$, 则 $u'' \in C^1[0,1]$, 即 $u \in C^3[0,1]$. 此时, $u(t)$ 为边值问题 (4.2.4), (4.2.2) 的 $C^3[0,1]$ 正解. $\qquad\square$

注 4.2.4 考虑下面的三点奇异边值问题:

$$(\phi_p(u''(t)))'' = f(t,u(t),-u''(t)), \quad 0 < t < 1, \tag{4.2.62}$$

$$\begin{cases} u(0) = a_0 u(\eta), \quad u'(1) = 0, \\ u''(0) = \phi_p^{-1}(a_1)(u''(\eta)), \quad u'''(1) = 0, \end{cases} \tag{4.2.63}$$

其中 $0 < a_i < 1, i = 0,1$.

通过变量替换 $\tau = 1 - t$, 前面的结果可应用到边界条件 (4.2.63). 边界条件 (4.2.63) 的一般形式为

$$\begin{cases} u(0) = \sum_{j=1}^{m-2} a_{j0} u(\eta_j), \quad u'(1) = 0, \\ \phi_p(u''(0)) = \sum_{j=1}^{m-2} a_{j1}(\phi_p(u''(\eta_j))), \quad u'''(1) = 0, \end{cases}$$

4.2.3　例子

例 4.2.1　考虑边值问题

$$
\begin{cases}
(\phi_p(u''(t)))'' = (1-t)^m t^n u^\lambda(t)[-u''(t)]^\mu, & 0 < t < 1, \\
u'(0) = 0, \quad u(1) = \dfrac{1}{2} u\left(\dfrac{1}{2}\right), & \\
u'''(0) = 0, \quad \phi_p(u''(1)) = \phi_p^{-1}\left(\dfrac{1}{3}\right) u''\left(\dfrac{1}{2}\right), &
\end{cases}
\tag{4.2.64}
$$

其中 $p > 1, m, n \in \mathbb{R},\ \mu, \lambda > 0, \mu + \lambda > p - 1, \alpha_0 = \dfrac{1}{2}, \alpha_1 = \dfrac{1}{3}, \eta = \dfrac{1}{2}, f(t,x,y) = (1-t)^m t^n x^\lambda y^\mu$，显然 ($\mathrm{H}_{4.2.1}$) 成立. 由定理 4.2.1 和定理 4.2.2 得如下结论.

结论 4.2.1　(4.2.64) 至少存在一个 $C^2[0,1]$ 正解的充要条件是 $n > -1$, $m > -2$.

当 (4.2.64) 中的 f 不依赖于 $-u''(t)$, 即 $f(t,x) = t^n(1-t)^m x^\lambda$, $\lambda > p-1$ 时, 有下面的结论.

结论 4.2.2　(4.2.64) 存在拟 $C^3[0,1]$ 正解的充要条件是 $n > -1, m > -1$.

例 4.2.2　考虑边值问题

$$
\begin{cases}
(\phi_p(u''(t)))'' = (1-t)^m t^n u^\lambda(t)[-u''(t)]^\mu, & 0 < t < 1, \\
u(0) = \dfrac{1}{2} u\left(\dfrac{1}{2}\right), \quad u'(1) = 0, & \\
u''(0) = \phi_p^{-1}\left(\dfrac{1}{3}\right)\left(u''\left(\dfrac{1}{2}\right)\right), \quad (\phi_p(u''))'(1) = 0, &
\end{cases}
\tag{4.2.65}
$$

其中 $p > 1, m, n \in \mathbb{R},\ \mu, \lambda > 0, \mu + \lambda > p - 1, \alpha_0 = \dfrac{1}{2}, \alpha_1 = \dfrac{1}{3}, \eta = \dfrac{1}{2}, f(t,x,y) = (1-t)^m t^n x^\lambda y^\mu$，显然 ($\mathrm{H}_{4.2.1}$) 成立. 由定理 4.2.1 和定理 4.2.2 得

结论 4.2.3　(4.2.65) 存在 $C^2[0,1]$ 正解的充要条件是 $n > -2, m > -1$.

当 (4.2.65) 中的 f 不依赖于 $-u''(t)$, 即 $f(t,x) = t^n(1-t)^m x^\lambda$, $\lambda > p-1$ 时, 有下面的结论.

结论 4.2.4　(4.2.65) 存在拟 $C^3[0,1]$ 正解的充要条件是 $n > -1, m > -1$.

第 5 章 非线性时标动力方程多点边值问题解的存在性研究

5.1 节研究一类时标上的 m 点边值问题正解的存在性. 5.2 节运用 Mawhin 迭合度理论研究一类时标上的二阶共振边值问题. 5.3 节运用葛渭高、任景莉推广的 Mawhin 连续性定理[10,109], 得到时标上具 p-Laplace 算子的多点共振边值问题解的存在性.

5.1 时标上非线性 m 点边值问题正解的存在性研究

本节中, 我们研究时标上的 m 点边值问题

$$\begin{cases} (\phi_p(u^\Delta(t)))^\nabla + h(t)f(t, u(t)) = 0, & t \in (0, T)_\mathbb{T}, \\ u(0) - \delta u^\Delta(0) = \sum_{i=1}^{m-2} \beta_i u^\Delta(\xi_i), & u^\Delta(T) = 0, \end{cases} \tag{5.1.1}$$

其中 $\mathbb{T}$ 表示时标, $\phi_p(s) = |s|^{p-2}s$, $p > 1$, 0, $T \in \mathbb{T}^k$, δ, $\beta_i > 0, i = 1, \cdots, m-2$. 令 $0 < \xi_1 < \xi_2 < \cdots < \xi_{m-2} < T \in \mathbb{T}^k$. 通过运用几个著名的锥上不动点定理, 我们得到了至少一个、两个及三个正解的存在性结论. 同时, 本节也给出了例子.

我们总假设

$(H_{5.1.1})$ $h \in C_{\mathrm{ld}}((0,T),[0,\infty))$ 使得 $\int_0^T h(s)\nabla s < \infty$.

$(H_{5.1.2})$ 在 $[0,T]_\mathbb{T}$ 上, $f \in C_{\mathrm{ld}}([0,T]_\mathbb{T} \times [0,\infty),(0,\infty))$, 且 $\forall u \in \mathbb{R}_+, f(t,u)$ 在 $[0,T]_\mathbb{T}$ 上的任意子区间上不恒为零.

$(H_{5.1.3})$ ϕ_q 表示 ϕ_p 的逆, 其中 $\dfrac{1}{p} + \dfrac{1}{q} = 1$.

$(H_{5.1.4})$ $t \in [a,b]_\mathbb{T}$ 意思为: $t \in [a,b] \cap \mathbb{T}$, 其中 $0 \leqslant a \leqslant b \leqslant T$.

5.1.1 预备工作

由文献 [78] 的定理 1.30 有下面的引理, 其证明略去.

引理 5.1.1 令 $a, b \in \mathbb{T}$ 和 $f \in C_{\mathrm{ld}}$.

(i) 如果 $\mathbb{T} = \mathbb{R}$, 则

$$\int_a^b f(t)\nabla t = \int_a^b f(t)\mathrm{d}t,$$

其中等式右面的积分是通常的 Riemann 积分.

(ii) 如果 $[a, b]$ 只含有几个孤立的点, 则

$$\int_a^b f(t)\nabla t = \begin{cases} \displaystyle\sum_{t\in(a,b]} \nu(t)f(t), & a < b, \\ 0, & a = b, \\ \displaystyle-\sum_{t\in(b,a]} \nu(t)f(t), & a > b. \end{cases}$$

(iii) 如果 $\mathbb{T} = h\mathbb{Z} = \{hk : k \in \mathbb{Z}\}$, 其中 $h > 0$, 则

$$\int_a^b f(t)\nabla t = \begin{cases} \displaystyle\sum_{k=\frac{a}{h}+1}^{\frac{b}{h}} f(kh)h, & a < b, \\ 0, & a = b, \\ \displaystyle-\sum_{k=\frac{b}{h}+1}^{\frac{a}{h}} f(kh)h, & a > b. \end{cases}$$

(iv) 如果 $\mathbb{T} = \mathbb{Z}$, 则

$$\int_a^b f(t)\nabla t = \begin{cases} \displaystyle\sum_{t=a+1}^{b} f(t), & a < b, \\ 0, & a = b, \\ \displaystyle-\sum_{t=b+1}^{a} f(t), & a > b. \end{cases}$$

定义空间 $X = C_{\mathrm{ld}}[0, T]$, 其范数为 $\|u\| = \sup\limits_{t\in[0,T]} u(t)$, 锥 $P \subset X$ 定义为

$$P = \{u \in X \mid u(t) \geqslant 0, t \in [0, T], u^{\Delta\nabla}(t) \leqslant 0, t \in (0, T), u^{\Delta}(T) = 0\}.$$

显然 $\forall u \in P, \|u\| = u(T)$. 记 $F_u(t) = h(t)f(t, u(t))$, 定义算子 $T : P \to X$ 为

$$(Tu)(t) = \int_0^t \phi_q\Big(\int_s^T F_u(\tau)\nabla\tau \Big)\Delta s + \delta\phi_q\Big(\int_0^T F_u(s)\nabla s \Big)$$

$$+ \sum_{i=1}^{m-2} \beta_i \phi_q \Big(\int_{\xi_i}^{T} F_u(s) \nabla s \Big).$$

引理 5.1.2 $T : P \to P$ 是全连续算子.

证明   首先验证 $T : P \to P$. $(Tu)^{\Delta}(t) = \phi_q \Big(\int_{t}^{T} h(s) f(s, u(s)) \Delta s \Big)$, 则 $(Tu)^{\Delta}(T) = 0$. 又由引理 5.1.1 知 $(\phi_p(Tu)^{\Delta})^{\nabla}(t) = -h(t) f(t, u(t)) \leqslant 0$, $t \in (0, T)_{\mathbb{T}}$, 从而有 $(Tu)^{\Delta\nabla}(t) \leqslant 0$. $(Tu)(t) \geqslant 0$ 显然成立. 从而有 $T : P \to P$.

下面验证 T 在 P 上是连续的. 在 P 中任取收敛列 u_n 满足当 $n \to +\infty$ 时, $u_n \to u_0 \in P$, 那么存在 $R > 0$ 使得 $\sup_{n \in \mathbb{N}} \|u_n\| \leqslant R$. 由于 $f(t, u)$ 关于 u 连续, 则存在 $S_R > 0$ 使得 $S_R = \sup\{f(t, u) \mid t \in [0, T]_{\mathbb{T}} \times [0, R]\}$. 又由 $(H_{5.1.1})$ 知

$$\int_{0}^{t} \phi_q \Big(\int_{s}^{T} F_{u_n}(\tau) \nabla \tau \Big) \Delta s + \delta \phi_q \Big(\int_{0}^{T} F_u(s) \nabla s \Big) + \sum_{i=1}^{m-2} \beta_i \phi_q \Big(\int_{\xi_i}^{T} F_u(s) \nabla s \Big)$$

$$\leqslant S_R \int_{0}^{t} \phi_q \Big(\int_{s}^{T} h(\tau) \nabla \tau \Big) \Delta s + \delta \phi_q \Big(\int_{0}^{T} h(s) \nabla s \Big)$$

$$+ \sum_{i=1}^{m-2} \beta_i \phi_q \Big(\int_{\xi_i}^{T} h(s) \nabla s \Big) < +\infty.$$

由 Lebesgue 控制收敛定理得

$$(Tu_n)(t) = \int_{0}^{t} \phi_q \Big(\int_{s}^{T} F_{u_n}(\tau) \nabla \tau \Big) \Delta s + \delta \phi_q \Big(\int_{0}^{T} F_{u_n}(s) \nabla s \Big)$$

$$+ \sum_{i=1}^{m-2} \beta_i \phi_q \Big(\int_{\xi_i}^{T} F_{u_n}(s) \nabla s \Big)$$

$$= (Tu)(t), \quad n \to \infty, \quad t \in [0, T]_{\mathbb{T}},$$

于是 $Tu_n \to Tu$, 即 T 在 P 上是连续的.

最后验证 T 是紧算子. 设 Ω 是 P 中的任意有界集, 那么对于任意的 $u \in \Omega$, 存在 R_{Ω} 使得 $\|u\| \leqslant R_{\Omega}$. 若记

$$b = \int_{0}^{t} \phi_q \Big(\int_{s}^{T} h(\tau) \nabla \tau \Big) \Delta s + \delta \phi_q \Big(\int_{0}^{T} h(s) \nabla s \Big) + \sum_{i=1}^{m-2} \beta_i \phi_q \Big(\int_{\xi_i}^{T} h(s) \nabla s \Big),$$

则

$$\|Tu\| \leqslant \sup_{t \in \mathbb{T}} \left| \int_{0}^{t} \phi_q \Big(\int_{s}^{T} F_{u_n}(\tau) \nabla \tau \Big) \Delta s + \delta \phi_q \Big(\int_{0}^{T} F_{u_n}(s) \nabla s \Big) \right.$$

$$+ \sum_{i=1}^{m-2} \beta_i \phi_q \left(\int_{\xi_i}^T F_{u_n}(s) \nabla s \right) \Bigg|$$

$$\leqslant S_{R_\Omega} b < \infty,$$

即 $T\Omega$ 是一致有界的. 对任意的 $t_1, t_2 \in [0,T]_{\mathbb{T}}$, 不妨设 $t_1 < t_2$, 当 $t_1 \to t_2$ 时, t_1 必定是右稠点, 而 t_2 必定是左稠点, 则此时有

$$\|(Tu)(t_1) - (Tu)(t_2)\| = \left| \int_{t_1}^{t_2} \phi_q \left(\int_s^T F_u(\tau) \nabla \tau \right) \Delta s \right| \to 0,$$

这样得到 $T\Omega$ 是等度连续的. 由时标上的 Arzelà-Ascoli 定理 (定理 1.2.3) 可知 T 是一个紧算子.

综上所述, $T : P \to P$ 是一个全连续算子. □

注 5.1.1 可以断定 $\forall u \in P, t \in \mathbb{T}^k$,

$$(\phi_p(u^\Delta(t)))^\nabla \leqslant 0 \Leftrightarrow u^{\Delta\nabla}(t) \leqslant 0. \tag{5.1.2}$$

事实上,

(I) 当 t 为左散时, 有

$$u^{\Delta\nabla}(t) = \frac{u^\Delta(t) - u^\Delta(\rho(t))}{\nu(t)} \leqslant 0$$

$$\Rightarrow u^\Delta(t) \leqslant u^\Delta(\rho(t)),$$

由 ϕ_p 的单调递增性可得 $\phi_p(u^\Delta(t)) \leqslant \phi_p(u^\Delta(\rho(t)))$, 那么有

$$(\phi_p(u^\Delta(t)))^\nabla = \frac{\phi_p(u^\Delta(t)) - \phi_p(u^\Delta(\rho(t)))}{\nu(t)} \leqslant 0,$$

即 $u^{\Delta\nabla}(t) \leqslant 0 \Rightarrow \phi_p(u^\Delta(t)) \leqslant 0$. 同时由上述运算的可逆性可得 $\phi_p(u^\Delta(t)) \leqslant 0 \Rightarrow u^{\Delta\nabla}(t) \leqslant 0$, 即此时 (5.1.2) 成立.

(II) 当 t 为左稠时, 有

$$u^{\Delta\nabla}(t) = \lim_{s \in t^-} \frac{u^\Delta(t) - u^\Delta(s)}{t - s} \leqslant 0$$

$$\Rightarrow u^\Delta(t) \leqslant u^\Delta(s),$$

同样由 ϕ_p 的单调递增性可得 $\phi_p(u^\Delta(t)) \leqslant \phi_p(u^\Delta(s))$. 那么有

$$(\phi_p(u^\Delta(t)))^\nabla = \lim_{s \in t^-} \frac{\phi_p(u^\Delta(t)) - \phi_p(u^\Delta(s))}{t - s} \leqslant 0,$$

即 $u^{\Delta\nabla}(t) \Rightarrow \phi_p(u^{\Delta}(t)) \leqslant 0.$ 同时由上述运算的可逆性可得 $\phi_p(u^{\Delta}(t)) \leqslant 0 \Rightarrow$ $u^{\Delta\nabla}(t) \leqslant 0$, 即此时(5.1.2)也成立.

综上所述, (5.1.2)成立.

引理 5.1.3　$\forall u \in P$, 有 $u(t) \geqslant \dfrac{t}{T}\|u\|, \ t \in [0, T].$

证明　$\forall u \in P$, 有 $u^{\Delta\nabla}(t) \leqslant 0$, 则 $u^{\Delta}(t)$ 是单调非增的. 从而, 当 $0 < t < T$ 时, 有

$$u(t) - u(0) = \int_0^t u^{\Delta}(s)\Delta s \geqslant tu^{\Delta}(t), \tag{5.1.3}$$

$$u(T) - u(t) = \int_t^T u^{\Delta}(s)\Delta s \leqslant (T-t)u^{\Delta}(t),$$

则

$$u(T) - u(0) \leqslant Tu^{\Delta}(t). \tag{5.1.4}$$

结合 (5.1.3) 和 (5.1.4) 有

$$T(u(t) - u(0)) \geqslant Ttu^{\Delta}(t) \geqslant t(u(T) - u(0)),$$

由 $u(0) \geqslant 0$ 可得

$$u(t) \geqslant \frac{tu(T) + (T-t)u(0)}{T} \geqslant \frac{t}{T}u(T) = \frac{t}{T}\|u\|. \qquad \square$$

5.1.2　至少一个正解的存在性

记

$$A = \left(\delta + \sum_{i=1}^{m-2} \beta_i + T\right) \phi_q\left(\int_0^T h(s)\nabla s\right),$$

$$B = \frac{\xi_1}{T}\left(\delta\phi_q\left(\int_0^T h(s)\nabla s\right) + \sum_{i=1}^{m-2} \beta_i \phi_q\left(\int_{\xi_i}^T h(s)\nabla s\right)\right.$$

$$\left. + \int_0^T \phi_q\left(\int_s^T h(\tau)\nabla\tau\right)\Delta s\right).$$

定理　5.1.4　假设 $(H_{5.1.1})$, $(H_{5.1.2})$ 成立, 且存在常数 r, ρ 满足 $0 < r < \dfrac{\xi_1\rho}{T} < \rho < \infty$ 使得

$(H_{5.1.5})$ $f(t, u) \leqslant \phi_p\left(\dfrac{u}{A}\right)$, $t \in [0, T]$, $u \in [0, r]$.

$(H_{5.1.6})$ $f(t, u) \geqslant \phi_p\left(\dfrac{u}{B}\right)$, $t \in [\xi_1, T]$, $u \in \left[\dfrac{\xi_1\rho}{T}, \rho\right]$.

则边值问题 (5.1.1) 至少存在一个正解.

证明　锥 P 定义如上, 由引理 5.1.2 知 $T: P \to P$ 是全连续的. 令 $\Omega_r = \{u \in X \mid \|u\| < r\}$. 由 $(\mathrm{H}_{5.1.5})$, 对于 $u \in \partial\Omega_r \cap P$, 有

$$
\begin{aligned}
\|Tu\| &= (Tu)(T) \\
&= \delta\phi_q\left(\int_0^T h(s)f(s,u(s))\nabla s\right) + \sum_{i=1}^{m-2}\beta_i\phi_q\left(\int_{\xi_i}^T h(s)f(s,u(s))\nabla s\right) \\
&\quad + \int_0^T \phi_q\left(\int_s^T h(\tau)f(\tau,u(\tau))\nabla\tau\right)\Delta s \\
&\leqslant \left(\delta + \sum_{i=1}^{m-2}\beta_i + T\right)\phi_q\left(\int_0^T \phi_p\left(\frac{u(s)}{A}\right)h(s)\nabla s\right) \leqslant \|u\|,
\end{aligned}
$$

即 $\forall u \in \partial\Omega_r \cap P, \|Tu\| \leqslant \|u\|$.

另一方面, 对于 $u \in P$, 由引理 5.1.3 知, 当 $t \in [\xi_1, T]$ 时, $u(t) \geqslant \dfrac{\xi_1}{T}\|u\|$. 记 $\Omega_\rho = \{u \in X \mid \|u\| < \rho\}$. 则对于 $u \in \partial\Omega_\rho \cap P$, 由 $(\mathrm{H}_{5.1.6})$ 得

$$
\begin{aligned}
\|Tu\| &= (Tu)(T) \\
&= \delta\phi_q\left(\int_0^T h(s)f(s,u(s))\nabla s\right) + \sum_{i=1}^{m-2}\beta_i\phi_q\left(\int_{\xi_i}^T h(s)f(s,u(s))\nabla s\right) \\
&\quad + \int_0^T \phi_q\left(\int_s^T h(\tau)f(\tau,u(\tau))\nabla\tau\right)\Delta s \\
&\geqslant \delta\phi_q\left(\int_0^T \phi_p\left(\frac{u(s)}{B}\right)h(s)\nabla s\right) + \sum_{i=1}^{m-2}\beta_i\phi_q\left(\int_{\xi_i}^T \phi_p\left(\frac{u(s)}{B}\right)h(s)\nabla s\right) \\
&\quad + \int_0^T \phi_q\left(\int_s^T \phi_p\left(\frac{u(\tau)}{B}\right)h(\tau)\nabla\tau\right)\Delta s \\
&\geqslant \frac{\xi_1\|u\|}{TB}\left(\delta\phi_q\left(\int_0^T h(s)\nabla s\right) + \sum_{i=1}^{m-2}\beta_i\phi_q\left(\int_{\xi_i}^T h(s)\nabla s\right)\right) \\
&\quad + \int_0^T \phi_q\left(\int_s^T h(\tau)\nabla\tau\right)\Delta s \\
&= \|u\|,
\end{aligned}
$$

即 $\forall u \in \partial\Omega_\rho \cap P, \|Tu\| \geqslant \|u\|$. 因此, 由定理 1.2.4 得 T 至少存在一个不动点 $u \in (\Omega_\rho \setminus \Omega_r) \cap P$, 即边值问题 (5.1.1) 至少存在一个正解, 其范数位于 r 和 ρ 之间.　□

5.1.3 至少两个正解的存在性

本小节将应用定理 1.2.7 来证明非线性边值问题 (5.1.1) 至少两个正解的存在性.

固定 $\eta \in \mathbb{T}$ 使得 $0 < \xi_{m-2} \leqslant \eta < T$. 定义锥 P 上的非负连续单调递增泛函 γ, θ, α 为

$$\gamma(u) = \min_{t \in [\xi_1, \eta]} u(t) = u(\xi_1),$$
$$\theta(u) = \max_{t \in [0, \xi_{m-2}]} u(t) = u(\xi_{m-2}),$$
$$\alpha(u) = \min_{t \in [\eta, T]} u(t) = u(\eta).$$

可以看出, 对于 $u \in P$, 有 $\gamma(u) \leqslant \theta(u) \leqslant \alpha(u)$. 此外, 由引理 5.1.3 得 $\gamma(u) = u(\xi_1) \geqslant \frac{\xi_1}{T}\|u\|$, 即 $\|u\| \leqslant \frac{T}{\xi_1}\gamma(u)$. 同时有 $\theta(\lambda u) = \lambda\theta(u), \lambda \in [0, 1], u \in \partial P(\theta, b)$.

记

$$K = \Big(\delta + \sum_{i=1}^{m-2} \beta_i + \xi_{m-2}\Big)\phi_q\Big(\int_0^T h(s)\nabla s\Big),$$

$$M = \delta\phi_q\Big(\int_0^T h(s)\nabla s\Big) + \sum_{i=1}^{m-2} \beta_i \phi_q\Big(\int_{\xi_i}^T h(s)\nabla s\Big) + \int_0^{\xi_1} \phi_q\Big(\int_s^T h(\tau)\nabla\tau\Big)\Delta s,$$

$$L = \delta\phi_q\Big(\int_0^T h(s)\nabla s\Big) + \sum_{i=1}^{m-2} \beta_i \phi_q\Big(\int_{\xi_i}^T h(s)\nabla s\Big) + \int_0^{\eta} \phi_q\Big(\int_s^T h(\tau)\nabla\tau\Big)\Delta s.$$

定理 5.1.5 假设 $(H_{5.1.1})$, $(H_{5.1.2})$ 成立, 且存在常数 a, b, c 满足 $0 < a < \frac{T}{\eta}a < b < \frac{T}{\xi_{m-2}}b < c$ 使得

$(H_{5.1.7})$ $f(t, u) > \phi_p\Big(\dfrac{c}{M}\Big)$, $t \in [\xi_1, T]$, $u \in \Big[c, \dfrac{Tc}{\xi_1}\Big]$.

$(H_{5.1.8})$ $f(t, u) < \phi_p\Big(\dfrac{b}{K}\Big)$, $t \in [0, \xi_{m-2}]$, $u \in \Big[b, \dfrac{Tb}{\xi_{m-2}}\Big]$.

$(H_{5.1.9})$ $f(t, u) > \phi_p\Big(\dfrac{a}{L}\Big)$, $t \in [\eta, T]$, $u \in \Big[a, \dfrac{Ta}{\eta}\Big]$.

则边值问题 (5.1.1) 至少存在两个正解 u_1 和 u_2 满足

$$\alpha(u_1) > a, \quad \theta(u_1) < b, \quad b < \theta(u_2), \quad \gamma(u_2) < c. \tag{5.1.5}$$

证明 由引理 5.1.2 知 $T : P(\gamma, c) \to P$ 是全连续算子. 下面分三步来证明主要结论.

第一步: 验证定理 1.2.7 的 (1) 成立.

取 $u \in \partial P(\gamma, c)$, 则 $\gamma(u) = \min\limits_{t \in [\xi_1, T]} u(t) = u(\xi_1) := c$. 则 $u(t) \geqslant c,\ t \in [\xi_1, T]$.

由 $\|u\| \leqslant \dfrac{T}{\xi_1}\gamma(u) = \dfrac{T}{\xi_1}c$ 得当 $t \in [\xi_1, T]$ 时, $c \leqslant u(t) \leqslant \dfrac{T}{\xi_1}c$. 由 ($\mathrm{H_{5.1.7}}$) 知此时 $f(t, u(t)) > \phi_p\left(\dfrac{c}{M}\right),\ t \in [\xi_1, T]$. 由 $Tu \in P$ 得

$$\gamma(Tu) = (Tu)(\xi_1)$$

$$= \delta\phi_q\left(\int_0^T h(s)f(s, u(s))\nabla s\right) + \sum_{i=1}^{m-2}\beta_i\phi_q\left(\int_{\xi_i}^T h(s)f(s, u(s))\nabla s\right)$$

$$+ \int_0^{\xi_1}\phi_q\left(\int_s^T h(\tau)f(\tau, u(\tau))\nabla\tau\right)\Delta s$$

$$> \frac{c}{M}\left(\delta\phi_q\left(\int_0^T h(s)\nabla s\right) + \sum_{i=1}^{m-2}\beta_i\phi_q\left(\int_{\xi_i}^T h(s)\nabla s\right)\right.$$

$$\left. + \int_0^{\xi_1}\phi_q\left(\int_s^T h(\tau)\nabla\tau\right)\Delta s\right)$$

$$= c.$$

因此, 定理 1.2.7 的 (1) 成立.

第二步: 验证定理 1.2.7 的 (2) 成立.

令 $u \in \partial P(\theta, b)$, 则 $\theta(u) = \max\limits_{t \in [0,\ \xi_{m-2}]} = u(\xi_{m-2}) = b$, 即对于 $u \in P,\ t \in [0, \xi_{m-2}]$, $0 \leqslant u(t) \leqslant b$. 由 $\|u\| \leqslant \dfrac{T}{\xi_{m-2}}u(\xi_{m-2}) = \dfrac{T}{\xi_{m-2}}\theta(u) = \dfrac{T}{\xi_{m-2}}b$ 得 $0 \leqslant u(t) \leqslant \dfrac{T}{\xi_{m-2}}b,\ t \in [0, T]$. 则由 ($\mathrm{H_{5.1.8}}$) 知 $f(t, u(t)) < \phi_q\left(\dfrac{b}{K}\right)$, 从而有

$$\theta(Tu) = (Tu)(\xi_{m-2})$$

$$= \delta\phi_q\left(\int_0^T h(s)f(s, u(s))\nabla s\right) + \sum_{i=1}^{m-2}\beta_i\phi_q\left(\int_{\xi_i}^T h(s)f(s, u(s))\nabla s\right)$$

$$+ \int_0^{\xi_{m-2}}\phi_q\left(\int_s^T h(\tau)f(\tau, u(\tau))\nabla\tau\right)\Delta s$$

$$< \frac{b}{K}\left(\delta\phi_q\left(\int_0^T h(s)\nabla s\right) + \sum_{i=1}^{m-2}\beta_i\phi_q\left(\int_{\xi_i}^T h(s)\nabla s\right)\right.$$

$$\left. + \int_0^{\xi_{m-2}}\phi_q\left(\int_s^T h(\tau)\nabla\tau\right)\Delta s\right)$$

$$< \frac{b}{K} \left(\delta + \sum_{i=1}^{m-2} \beta_i + \xi_{m-2} \right) \phi_q \left(\int_0^T h(s) \nabla s \right) = b.$$

从而, 定理 1.2.7 的 (2) 成立.

第三步: 验证定理 1.2.7 的 (3) 成立.

取 $u_0(t) = \dfrac{a}{2}, t \in [0, T]$, 显然, $u_0(t) \in P(\alpha, a)$, $\alpha(u_0) = \dfrac{a}{2} < a$, 因而有 $P(\alpha, a) \neq \varnothing$. 此时, 令 $u \in \partial P(\alpha, a)$, 则有 $\alpha(u) = \min\limits_{t \in [\eta, T]} u(t) = u(\eta) = a$. 由 $\|u\| \leqslant \dfrac{T}{\eta} u(\eta) = \dfrac{T}{\eta} \alpha(u) = \dfrac{T}{\eta} a$ 得当 $t \in [\eta, T]$ 时, $a \leqslant u(t) \leqslant \dfrac{T}{\eta} a$. 由 $(H_{5.1.9})$ 知 $f(t, u(t)) > \phi_p \left(\dfrac{a}{L} \right)$, 从而有

$$\alpha(Tu) = (Tu)(\eta)$$
$$= \delta \phi_q \left(\int_0^T h(s) f(s, u(s)) \nabla s \right) + \sum_{i=1}^{m-2} \beta_i \phi_q \left(\int_{\xi_i}^T h(s) f(s, u(s)) \nabla s \right)$$
$$+ \int_0^\eta \phi_q \left(\int_s^T h(\tau) f(\tau, u(\tau)) \nabla \tau \right) \Delta s$$
$$> \frac{a}{L} \left(\delta \phi_q \left(\int_0^T h(s) \nabla s \right) + \sum_{i=1}^{m-2} \beta_i \phi_q \left(\int_{\xi_i}^T h(s) \nabla s \right) \right.$$
$$+ \left. \int_0^\eta \phi_q \left(\int_s^T h(\tau) \nabla \tau \right) \Delta s \right)$$
$$= a.$$

因此, 定理 1.2.7 中的所有条件均成立, 则 T 在 $P(\gamma, c)$ 中至少存在两个不动点, 即边值问题 (5.1.1) 至少存在两个正解 u_1, u_2 满足 (5.1.5). □

5.1.4 至少三个正解的存在性

本小节将利用定理 1.2.8 来得到非线性边值问题 (5.1.1) 至少三个正解的存在性. 令 $\psi(u) = \min\limits_{t \in [\xi_1, T]} u(t)$, 则 $0 < \psi(u) \leqslant \|u\|$.

定理 5.1.6 假设 $(H_{5.1.1})$, $(H_{5.1.2})$ 成立, 存在常数 d, e, l 满足 $0 < d < e < \mu l < l$ 使得

$(H_{5.1.10})$ $f(t, u) < \phi_p \left(\dfrac{d}{A} \right)$, $t \in [0, T], u \in [0, d]$.

$(H_{5.1.11})$ $f(t, u) > \phi_p \left(\dfrac{e}{M} \right)$, $t \in [\xi_1, T], u \in \left[e, \dfrac{Te}{\xi_1} \right]$.

$(\mathrm{H}_{5.1.12})\ f(t,u)\leqslant \phi_p\left(\dfrac{l}{A}\right),\ t\in[0,T],u\in[0,l],$

其中 $\mu=\min\left\{\dfrac{\xi_1}{T},\dfrac{M}{A}\right\}$, 则边值问题 (5.1.1) 至少存在三个正解 u_1,u_2,u_3 满足

$$\|u_1\|<d,\quad \psi(u_2)>e,\quad \|u_3\|>d,\quad \psi(u_3)<e. \tag{5.1.6}$$

证明　由引理 5.1.3 知 $T:P\to P$ 是全连续的, 此时我们只需证明定理 1.2.8 中的条件均成立. 对于 $u\in\overline{P}_l,\|u\|\leqslant l$. 由 $(\mathrm{H}_{5.1.12})$ 得

$\|Tu\|=(Tu)(T)$

$\quad=\delta\phi_q\left(\displaystyle\int_0^T h(s)f(s,u(s))\nabla s\right)+\sum_{i=1}^{m-2}\beta_i\phi_q\left(\int_{\xi_i}^T h(s)f(s,u(s))\nabla s\right)$

$\quad\quad+\displaystyle\int_0^T\phi_q\left(\int_s^T h(\tau)f(\tau,u(\tau))\nabla\tau\right)\Delta s$

$\quad\leqslant\dfrac{l}{A}\left(\delta+\displaystyle\sum_{i=1}^{m-2}\beta_i+T\right)\phi_q\left(\int_0^T h(s)\nabla s\right)=l.$

则 $T:\overline{P}_l\to\overline{P}_l$. 类似可由 $(\mathrm{H}_{5.1.10})$ 证明定理 1.2.8 的 (ii) 成立.

取 $u_1(t)=\dfrac{T}{\xi_1}e,t\in[0,T]$, 显然, $\psi(u_1)>e$, 则 $\{u\in P(\psi,e,Te/\xi_1):\psi(u)>e\}\neq\varnothing.\ \forall u\in P(\psi,e,Te/\xi_1)$, 有

$\psi(Tu)=(Tu)(\xi_1)$

$\quad=\delta\phi_q\left(\displaystyle\int_0^T h(s)f(s,u(s))\nabla s\right)+\sum_{i=1}^{m-2}\beta_i\phi_q\left(\int_{\xi_i}^T h(s)f(s,u(s))\nabla s\right)$

$\quad\quad+\displaystyle\int_0^{\xi_1}\phi_q\left(\int_s^T h(\tau)f(\tau,u(\tau))\nabla\tau\right)\Delta s$

$\quad>\dfrac{e}{M}\left(\delta\phi_q\left(\displaystyle\int_0^T h(s)\nabla s\right)+\sum_{i=1}^{m-2}\beta_i\phi_q\left(\int_{\xi_i}^T h(s)\nabla s\right)\right.$

$\quad\quad\left.+\displaystyle\int_0^{\xi_1}\phi_q\left(\int_s^T h(\tau)\nabla\tau\right)\Delta s\right)$

$\quad=e.$

$\forall u \in P(\psi, e, Te/\xi_1), \|Tu\| > \dfrac{Te}{\xi_1}$, 由引理 5.1.3 知, $\psi(Tu) = (Tu)(\xi_1) \geqslant \dfrac{\xi_1}{T}\|Tu\| > e$, 即定理 1.2.8 的 (iii) 成立.

从而, 定理 1.2.8 的所有条件均满足, 则边值问题 (5.1.1) 至少存在三个正解满足 (5.1.6). □

5.1.5 例子

例 5.1.1 令 $\mathbb{T} = P_{1,1} = \bigcup_{k=0}^{\infty}[2k, 2k+1]$. 考虑下面的时标上的四点边值问题

$$\begin{cases} x^{\Delta\nabla}(t) + f(t, u(t)) = 0, & t \in [0,4]_{\mathbb{T}}, \\ x(0) - 2x^{\Delta}(0) = x^{\Delta}(2) + x^{\Delta}(3), & x^{\Delta}(4) = 0, \end{cases} \tag{5.1.7}$$

其中

$$f(t, u) = \begin{cases} \dfrac{tu}{128}, & 0 \leqslant u \leqslant 100, \\ \dfrac{39t}{512}(u - 100) + \dfrac{25t}{32}, & 100 < u < 500, \\ \dfrac{tu}{16}, & u \geqslant 500, \end{cases}$$

$h(t) = 1, T = 4, \xi_1 = 2, \xi_2 = 3, \delta = 2, \beta_1 = \beta_2 = 1, p = q = 2$. 下面来计算 A, B.

$$A = \left(\delta + \sum_{i=1}^{m-2}\beta_i + T\right)\phi_q\left(\int_0^T h(s)\nabla s\right) = (2 + 1 + 1 + 4)\int_0^4 \nabla s$$

$$= 8 \times \left(\int_0^1 \mathrm{d}s + \int_2^3 \mathrm{d}s + \int_1^2 \nabla s + \int_3^4 \nabla s\right)$$

$$= 8 \times \left(\int_0^1 \mathrm{d}s + \int_2^3 \mathrm{d}s + \nu(2) \times 1 + \nu(4) \times 1\right)$$

$$= 8 \times (1 + 1 + 1 + 1) = 32,$$

$$B = \frac{\xi_1}{T}\left(\delta\phi_q\left(\int_0^T h(s)\nabla s\right) + \sum_{i=1}^{m-2}\beta_i\phi_q\left(\int_{\xi_i}^T h(s)\nabla s\right) + \int_0^T \phi_q\left(\int_s^T h(\tau)\nabla\tau\right)\Delta s\right)$$

$$= \frac{2}{4}\left(2\int_0^4 \nabla s + \int_2^4 \nabla s + \int_3^4 \nabla s + \int_0^4 \int_s^4 \nabla\tau\Delta s\right)$$

$$= \frac{1}{2}\left(8 + 2 + 1 + \int_0^1 \int_s^4 \nabla\tau\Delta s + \int_1^2 \int_s^4 \nabla\tau\Delta s + \int_2^3 \int_s^4 \nabla\tau\Delta s + \int_3^4 \int_s^4 \nabla\tau\Delta s\right)$$

$$= \frac{1}{2}\left(11 + \int_0^1 \int_s^4 \nabla\tau\Delta s + \int_1^2 \int_s^4 \nabla\tau\Delta s + \int_2^3 \int_s^4 \nabla\tau\Delta s + \int_3^4 \int_s^4 \nabla\tau\Delta s\right),$$

其中

$$\int_0^1 \int_s^4 \nabla\tau\Delta s = \int_0^1 \left(\int_s^1 \nabla\tau + \int_1^4 \nabla\tau\right)\Delta s$$

$$= \int_0^1 \int_s^1 \mathrm{d}\tau\mathrm{d}s + \int_0^1 \left(\int_1^2 \nabla\tau + \int_2^3 \nabla\tau + \int_3^4 \nabla\tau\right)\Delta s$$

$$= \int_0^1 \left(\int_s^1 \mathrm{d}\tau + \int_2^3 \mathrm{d}\tau\right)\mathrm{d}s + \int_0^1 \left(\int_1^2 \nabla\tau + \int_3^4 \nabla\tau\right)\Delta s$$

$$= \frac{1}{2} + 1 + 1 + 1 = \frac{7}{2},$$

$$\int_2^3 \int_s^4 \nabla\tau\Delta s = \int_2^3 \left(\int_s^3 \nabla\tau + \int_3^4 \nabla\tau\right)\Delta s$$

$$= \int_2^3 \int_s^3 \mathrm{d}\tau\mathrm{d}s + \int_2^3 \int_3^4 \nabla\tau\Delta s = \frac{1}{2} + 1 = \frac{3}{2},$$

$$\int_1^2 \int_s^4 \nabla\tau\Delta s = \sigma(1) \times \int_1^4 \nabla\tau = 3, \quad \int_3^4 \int_s^4 \nabla\tau\Delta s = \sigma(3) \times \int_3^4 \nabla\tau = 1.$$

则 $B = \dfrac{1}{2}\left(11 + \dfrac{7}{2} + \dfrac{3}{2} + 3 + 1\right) = 10.$ 令 $r = 100 < \dfrac{2}{4}\rho < \rho = 1000.$ 则有

(1) $f(t,u) \leqslant \dfrac{4u}{128} = \dfrac{u}{32} = \phi_p\left(\dfrac{u}{A}\right),$ $t \in [0,4],$ $u \in [0,100].$

(2) $f(t,u) \geqslant \dfrac{2u}{16} = \dfrac{u}{8} > \phi_p\left(\dfrac{u}{B}\right),$ $t \in [2,4],$ $u \in [500,1000].$

故定理 1.2.4 的所有条件均成立, 从而边值问题 (5.1.7) 至少存在一个范数位于 100 和 1000 之间的正解.

例 5.1.2　令 $\mathbb{T} = \{2^n, n \in \mathbb{Z}\} \cup \{0\}.$ 考虑下面的时标 $\mathbb{T}$ 上的四点边值问题:

$$\begin{cases} (\phi_p(x^\Delta))^\nabla(t) + tf(t,u(t)) = 0, & t \in [0,8]_{\mathbb{T}}, \\ x(0) - x^\Delta(0) = x^\Delta(1) + 2x^\Delta(2), & x^\Delta(8) = 0, \end{cases} \tag{5.1.8}$$

其中

$$f(t,u) = \begin{cases} |\sin t| + \dfrac{u}{10^5}, & 0 \leqslant u \leqslant 9.3 \times 10^6, \\ |\sin t| + 93, & 9.3 \times 10^6 \leqslant u \leqslant 4 \times 10^8, \\ |\sin t| + \dfrac{247u}{6 \times 10^8} - \dfrac{215}{3}, & u \geqslant 4 \times 10^8, \end{cases}$$

$h(t) = t, T = 8, \xi_1 = 1, \xi_2 = 2, \delta = 1, \beta_1 = 1, \beta_2 = 2, p = \dfrac{3}{2}, q = 3.$ 接下来, 我们来计算 K, M, L.

$$K = \Big(\delta + \sum_{i=1}^{m-2} \beta_i + \xi_{m-2}\Big) \phi_q \Big(\int_0^T h(s)\nabla s\Big)$$

$$= (1+1+2+2) \phi_q \Big(\int_0^8 s\nabla s\Big)$$

$$= 6 \times \Big(\int_0^1 s\nabla s + \int_1^2 s\nabla s + \int_2^4 s\nabla s + \int_4^8 s\nabla s\Big)^2$$

$$= 6 \times (\nu(1) \times 1 + \nu(2) \times 2 + \nu(4) \times 4 + \nu(8) \times 8)^2$$

$$= 6 \times (1+2+8+32)^2 = 6 \times 1849 = 11094,$$

$$M = \delta\phi_q\Big(\int_0^T h(s)\nabla s\Big) + \sum_{i=1}^{m-2} \beta_i \phi_q\Big(\int_{\xi_i}^T h(s)\nabla s\Big) + \int_0^{\xi_1} \phi_q\Big(\int_s^T h(\tau)\nabla\tau\Big)\Delta s$$

$$= \Big(\int_0^8 s\nabla s\Big)^2 + \Big(\int_1^8 s\nabla s\Big)^2 + 2\Big(\int_2^8 s\nabla s\Big)^2 + \int_0^1 \phi_q\Big(\int_s^8 \tau\nabla\tau\Big)\Delta s$$

$$= (1+2+8+32)^2 + (2+8+32)^2 + 2 \times (8+32)^2 + \Big(\int_0^8 s\nabla s\Big)^2$$

$$= 2 \times (1+2+8+32)^2 + (2+8+32)^2 + 2 \times (8+32)^2 = 8662,$$

$$L = \delta\phi_q\Big(\int_0^T h(s)\nabla s\Big) + \sum_{i=1}^{m-2} \beta_i \phi_q\Big(\int_{\xi_i}^T h(s)\nabla s\Big) + \int_0^{\eta} \phi_q\Big(\int_s^T h(\tau)\nabla\tau\Big)\Delta s$$

$$= \Big(\int_0^8 s\nabla s\Big)^2 + \Big(\int_1^8 s\nabla s\Big)^2 + 2\Big(\int_2^8 s\nabla s\Big)^2 + \int_0^4 \Big(\int_s^8 h(\tau)\nabla\tau\Big)^2 \Delta s$$

$$= (1+2+8+32)^2 + (2+8+32)^2 + 2 \times (8+32)^2$$

$$+ \int_0^1 \Big(\int_s^8 h(\tau)\nabla\tau\Big)^2 \Delta s + \int_1^2 \Big(\int_s^8 h(\tau)\nabla\tau\Big)^2 \Delta s + \int_2^4 \Big(\int_s^8 h(\tau)\nabla\tau\Big)^2 \Delta s$$

$$= 6813 + \mu(0) \times \Big(\int_0^8 s\nabla s\Big)^2 + \mu(1) \times \Big(\int_1^8 s\nabla s\Big)^2 + \mu(2) \times \Big(\int_2^8 s\nabla s\Big)^2$$

$$= 6813 + (1+2+8+32)^2 + (2+8+32)^2 + 2 \times (8+32)^2 = 13626.$$

令 $a = 10^6, b = 10^8, c = 10^9$. 则有

(1) $f(t,u) \geqslant 340 > \left(\dfrac{10^9}{8662}\right)^{1/2} = \phi_p\left(\dfrac{c}{M}\right)$, $t \in [1,8]$, $u \in [10^9, 8 \times 10^9]$.

(2) $f(t,u) \leqslant 94 < \left(\dfrac{10^8}{11094}\right)^{1/2} = \phi_p\left(\dfrac{b}{K}\right)$, $t \in [0,2]$, $u \in [10^8, 4 \times 10^8]$.

(3) $f(t,u) > 9 > \left(\dfrac{10^6}{13326}\right)^{1/2} = \phi_p\left(\dfrac{a}{L}\right)$, $t \in [4,8]$, $u \in [10^6, 2 \times 10^6]$.

从而, 定理 1.2.7 的所有条件均满足, 那么边值问题 (5.1.8) 至少存在两个正解满足 (5.1.5).

例 5.1.3　令 $\mathbb{T} = [0,1] \cup \mathbb{N}$. 考虑下面的时标 $\mathbb{T}$ 上的四点边值问题

$$\begin{cases} (\phi_p(x^\Delta))^\nabla(t) + \mathrm{e}^t f(t,u(t)) = 0, & t \in [0,2]_{\mathbb{T}}, \\ x(0) - 3x^\Delta(0) = 2x^\Delta(1/2) + 3x^\Delta(1), & x^\Delta(2) = 0, \end{cases} \tag{5.1.9}$$

其中

$$f(t,u) = \begin{cases} \dfrac{t}{20} + \left(\dfrac{u^2}{840}\right)^3, & 0 \leqslant u \leqslant 126, \\[3mm] \dfrac{t}{20} + 18.9^3, & u \geqslant 126, \end{cases}$$

$h(t) = \mathrm{e}^t, T = 2, \xi_1 = 1/2, \xi_2 = 1, \delta = 3, \beta_1 = 2, \beta_2 = 3, p = 4, q = 4/3.$ 接下来, 我们来计算 M, A.

$$\begin{aligned} M &= \delta\phi_q\left(\int_0^T h(s)\nabla s\right) + \sum_{i=1}^{m-2}\beta_i\phi_q\left(\int_{\xi_i}^T h(s)\nabla s\right) + \int_0^{\xi_1}\phi_q\left(\int_s^T h(\tau)\nabla\tau\right)\Delta s \\ &= 3\left(\int_0^2 \mathrm{e}^s\nabla s\right)^{1/3} + 2\left(\int_{1/2}^2 \mathrm{e}^s\nabla s\right)^{1/3} + 3\left(\int_1^2 \mathrm{e}^s\nabla s\right)^{1/3} \\ &\quad + \int_0^{1/2}\left(\int_s^2 \mathrm{e}^\tau\nabla\tau\right)^{1/3}\Delta s \\ &= 3\left(\int_0^1 \mathrm{e}^s\mathrm{d}s + \int_1^2 \mathrm{e}^s\nabla s\right)^{1/3} + 2\left(\int_{1/2}^1 \mathrm{e}^s\mathrm{d}s + \int_1^2 \mathrm{e}^s\nabla s\right)^{1/3} + 3\left(\int_1^2 \mathrm{e}^s\nabla s\right)^{1/3} \\ &\quad + \int_0^{1/2}\left(\int_s^1 \mathrm{e}^\tau\mathrm{d}\tau + \int_1^2 \mathrm{e}^\tau\nabla\tau\right)^{1/3}\Delta s \\ &= 3(\mathrm{e} + \mathrm{e}^2 - 1)^{1/3} + 2(\mathrm{e} + \mathrm{e}^2 - \mathrm{e}^{1/2})^{1/3} + 3\mathrm{e}^{2/3} + \frac{3}{4}(\mathrm{e} + \mathrm{e}^2 - 1)^{4/3} \\ &\quad - \frac{3}{4}(\mathrm{e} + \mathrm{e}^2 - \mathrm{e}^{1/2})^{4/3} \\ &\approx 17.5216, \end{aligned}$$

$$A = \left(\delta + \sum_{i=1}^{m-2} \beta_i + T\right) \phi_q \left(\int_0^T h(s)\nabla s\right) = (3 + 2 + 3 + 2)\left(\int_0^2 \mathrm{e}^s \nabla s\right)^{1/3}$$

$$= 10(\mathrm{e} + \mathrm{e}^2 - 1)^{1/3} \approx 20.8832.$$

令 $d = 40, e = 50, l = 400.$ 则有

(1) $f(t, u) < 7.027 = (40/20.8832)^3 = \phi_p(d/A),\ t \in [0, 2],\ u \in [0, 40].$

(2) $f(t, u) > 23.238 = (50/17.5216)^3 = \phi_p(e/M),\ t \in [1/2, 2],\ u \in [50, 200].$

(3) $f(t, u) < 7027.305 = (400/20.8832)^3 = \phi_p(l/A),\ t \in [0, 2],\ u \in [0, 400].$

从而定理 1.2.8 所有条件均满足, 那么边值问题 (5.1.9) 至少存在三个正解满足 (5.1.6).

5.2   时标上多点共振边值问题

本节应用 Mawhin 迭合度理论给出了下面的时标上的非线性二阶方程:

$$u^{\Delta\nabla}(t) = f(t, u(t), u^{\Delta}(t)),\quad t \in [0, 1]_{\mathbb{T}}, \tag{5.2.1}$$

在边界条件

$$u(0) = \sum_{i=1}^{m} \alpha_i u(\xi_i),\quad u^{\Delta}(1) = 0, \tag{5.2.2}$$

或

$$u(0) = \sum_{i=1}^{m} \alpha_i u(\xi_i),\quad u(1) = 0 \tag{5.2.3}$$

下解的存在性. 其中 $\mathbb{T}$ 为时标, $0 \in \mathbb{T}, 1 \in \mathbb{T}^k, \xi_i \in (0, 1) \cap \mathbb{T}, i = 1, 2, \cdots, m.$

当研究 (5.2.1), (5.2.2) 时, $\sum\limits_{i=1}^{m} \alpha_i = 1$. 而当研究 (5.2.1), (5.2.3) 时, $\sum\limits_{i=1}^{m} \alpha_i(1 - \xi_i) = 1$. $f : [0, 1]_{\mathbb{T}} \times \mathbb{R}^2 \to \mathbb{R}$ 连续, 且满足 Carathéodory-型增长性条件, 当时标为 $\mathbb{R}$ 时, f 也可以有其他类型的增长性条件, 可参考 [110, 111] 及其中的参考文献. 文献 [85] 研究了一个与本节不同的时标上的共振边值问题.

我们总假设

(1) $[0, 1]_{\mathbb{T}}$ 意味着 $[0, 1] \cap \mathbb{T}$, 其中 $(0, 1)_{\mathbb{T}}$ 可类似定义.

(2) $u \in L^1[0, 1]$ 意味着 $\int_0^1 |u| \nabla t < \infty.$

5.2.1   预备工作

令 $X = \{u \mid [0, 1]_{\mathbb{T}} \to \mathbb{R}, u^{\Delta} \in AC[0, 1], u^{\Delta\nabla} \in L^1[0, 1]\}, \|u\| = \max\{\|u\|_0, \|u^{\Delta}\|_0\}$ 为其范数, 其中 $\|u\|_0 = \sup\limits_{t \in [0, 1]_{\mathbb{T}}} |u(t)|$. 令 $Y = L^1[0, 1]$, 其范数为 $\|u\|_1 = $

$$\int_0^1 |u(t)| \nabla t.$$

定义线性算子 $L_1 : \mathrm{dom}L_1 \cap X \to Y$ 为 $L_1 u = u^{\Delta\nabla}$, $\mathrm{dom}L_1 = \{u \in X \mid u$ 满足 (5.2.2)\}, 线性算子 $L_2 : \mathrm{dom}L_2 \cap X \to Y$ 为 $L_2 u = u^{\Delta\nabla}$, $\mathrm{dom}L_2 = \{u \in X \mid u$ 满足 (5.2.3)\}.

对任意的有界开集 $\Omega \subset X$, 定义 $N : \bar{\Omega} \to Y$ 为

$$(Nu)(t) = f(t, u(t), u^{\Delta}(t)), \quad t \in [0,1]_{\mathbb{T}}, \tag{5.2.4}$$

则有 (5.2.1), (5.2.2) (或 (5.2.1), (5.2.3)) 可以写为 $L_1 u = Nu$ (或 $L_2 u = Nu$).

引理 5.2.1　$L_1 : \mathrm{dom}L_1 \subset X \to Y$ 和 $L_2 : \mathrm{dom}L_2 \subset X \to Y$ 是指标为 0 的 Fredholm 算子.

证明　首先证明 L_1 是指标为 0 的 Fredholm 算子. 下面将该证明分为两步.

第一步: 确定 L_1 的像.

令 $y \in Y$, 对于 $t \in [0,1]_{\mathbb{T}}$, 定义

$$u(t) = \int_t^1 (s-t)y(s)\nabla s + c,$$

则

$$
\begin{aligned}
u^{\Delta}(t) &= \left(\int_t^1 (s-t)y(s)\nabla s + c \right)^{\Delta} = \left(\int_1^t (t-s)y(s)\nabla s \right)^{\Delta} \\
&= (\sigma(t) - \sigma(t))y(\sigma(t)) + \int_1^t (t-s)^{\Delta} y(s)\nabla s \\
&= \int_1^t y(s)\nabla s,
\end{aligned}
$$

则有 $u^{\Delta}(1) = 0$ 和 $u^{\Delta\nabla}(t) = y(t)$. 另外, 如果 $y(s)$ 满足

$$\int_0^1 sy(s)\nabla s = \sum_{i=1}^m \alpha_i \int_{\xi_i}^1 (s-\xi_i)y(s)\nabla s, \tag{5.2.5}$$

则 $u(t)$ 满足 (5.2.2) 中的多点边界条件, 即 $u \in \mathrm{dom}L_1$, 从而有

$$\{y \in Y, y \text{ 满足 } (5.2.5)\} \subseteq \mathrm{Im}L_1.$$

令 $u \in X$, 则

$$\int_t^1 (s-t)u^{\Delta\nabla}(s)\nabla s = \int_1^t (t-s)u^{\Delta\nabla}(s)\nabla s$$

$$= (t-s)u^\Delta(s)\big|_1^t + \int_1^t u^\Delta(\rho(s))\nabla s$$

$$= -(t-1)u^\Delta(1) + \int_1^t u^\nabla(s)\nabla s$$

$$= (1-t)u^\Delta(1) + u(t) - u(1), \tag{5.2.6}$$

即 $u(t) = u(1) - (1-t)u^\Delta(1) + \int_t^1 (s-t)u^{\Delta\nabla}(s)\nabla s.$

若 $y \in \mathrm{Im}L_1$, 存在 $u \in \mathrm{dom}L_1 \subset X$ 使得 $u^{\Delta\nabla}(t) = y(t)$, 又 (5.2.2) 成立, 则上面的表达式变为 $u(t) = u(1) + \int_t^1 (s-t)y(s)\nabla s.$ 由 $\sum_{i=1}^m \alpha_i = 1$ 和 $u(0) = \sum_{i=1}^m \alpha_i u(\xi_i)$ 知 (5.2.5) 成立. 于是有

$$\mathrm{Im}L_1 = \{y \in Y \mid y \text{ 满足 (5.2.5)}\}.$$

第二步: 确定 L_1 的指标.

定义连续线性算子 $Q_1 : Y \to Y$ 为

$$Q_1 y = \frac{1}{C_1}\left(\int_0^1 sy(s)\nabla s - \sum_{i=1}^m \alpha_i \int_{\xi_i}^1 (s-\xi_i)y(s)\nabla s \right), \tag{5.2.7}$$

其中 $C_1 = \int_0^1 s\nabla s - \sum_{i=1}^m \alpha_i \int_{\xi_i}^1 (s-\xi_i)\nabla s \neq 0.$

易证 $Q_1^2 y = Q_1 y$, 即 $Q_1 : Y \to Y$ 为投影算子. 进而, $\mathrm{Im}L_1 = \mathrm{Ker}Q_1$. 令 $y = (y - Q_1 y) + Q_1 y \in Y$. 易知 $Q_1(y - Q_1 y) = 0$, 则 $y - Q_1 y \in \mathrm{Ker}Q_1 = \mathrm{Im}L_1$ 且 $Q_1 y \in \mathrm{Im}Q_1$, 从而 $Y = \mathrm{Im}L_1 + \mathrm{Im}Q_1$. 若 $y \in \mathrm{Im}L_1 \cap \mathrm{Im}Q_1$, 则 $y(t) \equiv 0$, 因此有 $Y = \mathrm{Im}L_1 \oplus \mathrm{Im}Q_1$. 显然, $\mathrm{Ker}L_1 = \{u = a, a \in \mathbb{R}\}$. 此时, $\mathrm{Ind}L_1 = \dim \mathrm{Ker}L_1 - \mathrm{co}\dim \mathrm{Im}L_1 = \dim \mathrm{Ker}L_1 - \dim \mathrm{Im}Q_1 = 0$, 因此 L_1 是指标为 0 的 Fredholm 算子.

下证 L_2 也是指标为 0 的 Fredholm 算子. 仍将此证明过程分为两步.

第一步: 确定 L_2 的像.

令 $y \in Y$, 对于 $t \in [0,1]_{\mathbb{T}}$, 记 $u(t) = \int_t^1 (s-t)y(s)\nabla s + c(1-t).$ 显然 $u(1) = 0$ 且

$$u^\Delta(t) = \left(\int_t^1 (s-t)y(s)\nabla s + c(1-t) \right)^\Delta = \left(\int_1^t (t-s)y(s)\nabla s \right)^\Delta - c$$

$$= (\sigma(t) - \sigma(t))y(\sigma(t)) + \int_1^t (t-s)^\Delta y(s)\nabla s - c$$

$$= \int_1^t y(s)\nabla s - c,$$

从而, $u^{\Delta\nabla}(t) = y(t)$. 进而, 若 $y(s)$ 满足 (5.2.5), 则 $u(t)$ 满足多点边界条件 (5.2.3). 即 $u \in \mathrm{dom}L_2$, 从而有

$$\{y \in Y, y \ \text{满足} \ (5.2.5)\} \subseteq \mathrm{Im}L_2.$$

令 $u \in X$, 由 (5.2.6) 知 $u(t) = u(1) - (1-t)u^{\Delta}(1) + \int_t^1 (s-t)u^{\Delta\nabla}(s)\nabla s$. 若 $y \in \mathrm{Im}L_2$, 则存在 $u \in \mathrm{dom}L_2 \subset X$ 使得 $u^{\Delta\nabla}(t) = y(t)$ 及 (5.2.3) 成立, 则上面的表达式变为

$$u(t) = \int_t^1 (s-t)y(s)\nabla s - (1-t)u^{\Delta}(1).$$

由 $\sum_{i=1}^m \alpha_i(1-\xi_i) = 1$ 和 $u(0) = \sum_{i=1}^m \alpha_i u(\xi_i)$ 知 (5.2.5) 成立. 因此有

$$\mathrm{Im}L_2 = \{y \in Y \mid y \ \text{满足} \ (5.2.5)\}.$$

第二步: 确定 L_2 的指标.

定义连续线性算子 $Q_2 : Y \to Y$ 为

$$Q_2 y = \frac{1}{C_2}\left(\int_0^1 sy(s)\nabla s - \sum_{i=1}^m \alpha_i \int_{\xi_i}^1 (s-\xi_i)y(s)\nabla s\right)(t-1), \tag{5.2.8}$$

其中 $C_2 = \int_0^1 s(s-1)\nabla s - \sum_{i=1}^m \alpha_i \int_{\xi_i}^1 (s-\xi_i)(s-1)\nabla s \neq 0$.

易证 $Q_2^2 y = Q_2 y$, 即 $Q_2 : Y \to Y$ 为投影算子. 进而, $\mathrm{Im}L_2 = \mathrm{Ker}Q_2$. 接下来的讨论与 L_1 部分类似, 略去. □

引理 5.2.2 N 是 L_1-紧和 L_2-紧的.

证明   当 $t \in [0,1]_{\mathbb{T}}$ 时, 分别定义线性算子 $P_1 : X \to X$ 和 $P_2 : X \to X$ 为 $P_1 u(t) = u(1)$, $P_2 u(t) = -u^{\Delta}(1)(1-t)$.

取 $u \in X$, 令 $u(t) = u(1) + (u(t) - u(1))$, 显然, $X = \mathrm{Ker}L_1 \oplus \mathrm{Ker}P_1$. 令 $u(t) = -u^{\Delta}(1)(1-t) + (u(t) + u^{\Delta}(1)(1-t))$, 显然 $X = \mathrm{Ker}L_2 \oplus \mathrm{Ker}P_2$. 此时, P_1, Q_1 和 P_2, Q_2 满足了定理 1.2.9 中的要求.

定义 $K_{p_1} : \mathrm{Im}L_1 \to \mathrm{dom}L_1 \cap \mathrm{Ker}P_1$ 为

$$K_{p_1} y(t) = \int_t^1 (s-t)y(s)\nabla s.$$

定义 $K_{p_2}: \mathrm{Im}L_2 \to \mathrm{dom}L_2 \cap \mathrm{Ker}P_2$ 为

$$K_{p_2}y(t) = \int_t^1 (s-t)y(s)\nabla s.$$

则

$$\sup_{t\in[0,1]_{\mathbb{T}}} |K_{p_1}y(t)| = \sup_{t\in[0,1]_{\mathbb{T}}} \left| \int_t^1 (s-t)y(s)\nabla s \right|$$

$$\leqslant \sup_{t\in[0,1]_{\mathbb{T}}} \int_t^1 |(s-t)y(s)|\nabla s \leqslant \|y\|_1,$$

$$\sup_{t\in[0,1]_{\mathbb{T}}} |(K_{p_1}y(t))^\Delta| = \sup_{t\in[0,1]_{\mathbb{T}}} \left| \int_t^1 y(s)\nabla s \right| \leqslant \sup_{t\in[0,1]_{\mathbb{T}}} \int_t^1 |y(s)|\nabla s \leqslant \|y\|_1.$$

因此

$$\|K_{p_1}u\| \leqslant \|y\|_1. \tag{5.2.9}$$

类似有

$$\|K_{p_2}u\| \leqslant \|y\|_1. \tag{5.2.10}$$

显然 $K_{p_1} = (L_1|_{\mathrm{dom}L_1\cap\mathrm{Ker}P_1})^{-1}$, $K_{p_2} = (L_2|_{\mathrm{dom}L_2\cap\mathrm{Ker}P_2})^{-1}$.

此时, 由 (5.2.7) 和 (5.2.8) 得

$$Q_1 Nu = \frac{1}{C_1}\left(\int_0^1 sf(s,u(s),u^\Delta(s))\nabla s - \sum_{i=1}^m \alpha_i \int_{\xi_i}^1 (s-\xi_i)f(s,u(s),u^\Delta(s))\nabla s \right),$$

$$Q_2 Nu = \frac{1}{C_2}\left(\int_0^1 sf(s,u(s),u^\Delta(s))\nabla s \right.$$

$$\left. - \sum_{i=1}^m \alpha_i \int_{\xi_i}^1 (s-\xi_i)f(s,u(s),u^\Delta(s))\nabla s \right)(t-1).$$

从而有

$$K_{p_1}(I-Q_1)Nu(t) = \int_t^1 (s-t)(N-Q_1 N)u(s)\nabla s,$$

$$K_{p_2}(I-Q_2)Nu(t) = \int_t^1 (s-t)(N-Q_2 N)u(s)\nabla s.$$

显然, $Q_i N$ 和 $K_{p_i}(I-Q)N(i=1,2)$ 均为紧算子, 即 N 是 L_1-紧的和 L_2-紧的. □

5.2.2 边值问题 (5.2.1), (5.2.2) 解的存在性

关于边值问题 (5.2.1), (5.2.2) 的存在性结果, 我们有如下的假设.

($\mathrm{H}_{5.2.1}$) 存在常数 $A>0$ 使得对于任意的 $u \in \mathrm{dom}L_1 \setminus \mathrm{Ker}L_1$, 当 $|u(t)|>A$, $t\in[0,1]_{\mathbb{T}}$ 时, $Q_1 Nu \neq 0$.

($H_{5.2.2}$) 存在函数 $p, q, r, \delta \in L^1[0, 1]$ 和常数 $\varepsilon \in (0, 1)$ 使得对于 $(u, v) \in \mathbb{R}^2$, $t \in [0, 1]_{\mathbb{T}}$, 有

$$|f(t, u, v)| \leqslant \delta(t) + p(t)|u| + q(t)|v| + r(t)|v|^\varepsilon, \tag{5.2.11a}$$

或

$$|f(t, u, v)| \leqslant \delta(t) + p(t)|u| + q(t)|v| + r(t)|u|^\varepsilon. \tag{5.2.11b}$$

($H_{5.2.3}$) 存在常数 $B > 0$ 使得对于任意的 $b \in \mathbb{R}, |b| > B$, 有

$$b\left(\int_0^1 sf(s, b, 0)\nabla s - \sum_{i=1}^m \alpha_i \int_{\xi_i}^1 (s - \xi_i)f(s, b, 0)\nabla s\right) < 0, \tag{5.2.12a}$$

或

$$b\left(\int_0^1 sf(s, b, 0)\nabla s - \sum_{i=1}^m \alpha_i \int_{\xi_i}^1 (s - \xi_i)f(s, b, 0)\nabla s\right) > 0. \tag{5.2.12b}$$

定理 5.2.3　假设 ($H_{5.2.1}$) $\sim$ ($H_{5.2.3}$) 成立, 则边值问题 (5.2.1), (5.2.2) 至少存在一个解, 如果

$$\|p\|_1 + \|q\|_1 < \frac{1}{2}.$$

证明　首先, 定义 X 中的有界开集 Ω. 基于以下四步可得到 Ω.

第一步: 定义 $\Omega_1 = \{u \in \mathrm{dom}L_1 \setminus \mathrm{Ker}L_1 \mid L_1 u = \lambda Nu, \ \lambda \in (0, 1)\}$, 即对于 $u \in \Omega_1, L_1 u = \lambda Nu$. 因此有 $Nu \in \mathrm{Im}L_1 = \mathrm{Ker}Q_1$, 则

$$\int_0^1 sf(s, u(s), u^\Delta(s))\nabla s - \sum_{i=1}^m \alpha_i \int_{\xi_i}^1 (s - \xi_i)f(s, u(s), u^\Delta(s))\nabla s = 0.$$

由 ($H_{5.2.1}$) 知存在 $t_0 \in [0, 1]_{\mathbb{T}}$ 使得 $|u(t_0)| \leqslant A$.

$$|u(1)| = \left|u(t_0) + \int_{t_0}^1 u^\nabla(s)\nabla s\right| = \left|u(t_0) + \int_{t_0}^1 u^\Delta(\rho(s))\nabla s\right| \leqslant A + \|u^\Delta\|_0. \tag{5.2.13}$$

由 $u^\Delta(t) = -\int_t^1 u^{\Delta\nabla}(s)\nabla s$ 得

$$\|u^\Delta\|_0 \leqslant \|u^{\Delta\nabla}\|_1 = \|L_1 u\|_1 < \|Nu\|_1. \tag{5.2.14}$$

结合 (5.2.13), (5.2.14) 得

$$|u(1)| \leqslant A + \|Nu\|_1. \tag{5.2.15}$$

当 $u \in \Omega_1$ 时, $(I - P_1)u \in \mathrm{Im} K_{p_1} = \mathrm{dom} L_1 \cap \mathrm{Ker} P_1$, 则由(5.2.9)得

$$\|(I-P_1)u\| = \|K_{p_1} L_1 (I-P_1)u\| \leqslant \|L_1(I-P_1)u\|_1 = \|L_1 u\|_1 < \|Nu\|_1. \quad (5.2.16)$$

由 (5.2.15), (5.2.16) 知

$$\|u\| = \|P_1 u + (I - P_1)u\| \leqslant \|P_1 u\| + \|(I - P_1)u\|$$

$$< |u(1)| + \|Nu\|_1 < A + 2\|Nu\|_1,$$

即对于所有的 $u \in \Omega_1$, 有

$$\|u\| < A + 2\|Nu\|_1.$$

若 (5.2.11a) 成立, 则

$$\|u\|_0, \|u^\Delta\|_0 \leqslant \|u\| \leqslant A + 2(\|\delta\|_1 + \|p\|_1 \|u\|_0 + \|q\|_1 \|u^\Delta\|_0 + \|r\|_1 \|u^\Delta\|_0^\varepsilon), \quad (5.2.17)$$

从而

$$\|u\|_0 \leqslant \frac{2}{1 - 2\|p\|_1} \left(\|\delta\|_1 + \|q\|_1 \|u^\Delta\|_0 + \|r\|_1 \|u^\Delta\|_0^\varepsilon + \frac{A}{2} \right). \quad (5.2.18)$$

进而, 由 (5.2.17) 和 (5.2.18) 得

$$\|u^\Delta\|_0 \leqslant 2\|p\|_1 \|u\|_0 + 2 \left(\|\delta\|_1 + \|q\|_1 \|u^\Delta\|_0 + \|r\|_1 \|u^\Delta\|_0^\varepsilon + \frac{A}{2} \right)$$

$$\leqslant 2 \left(\|\delta\|_1 + \|q\|_1 \|u^\Delta\|_0 + \|r\|_1 \|u^\Delta\|_0^\varepsilon + \frac{A}{2} \right) \left(\frac{2\|p\|_1}{1 - 2\|p\|_1} + 1 \right)$$

$$= \frac{2\|q\|_1}{1 - 2\|p\|_1} \|u^\Delta\|_0 + \frac{2\|r\|_1}{1 - 2\|p\|_1} \|u^\Delta\|_0^\varepsilon + \frac{2\|\delta\|_1 + A}{1 - 2\|p\|_1},$$

即

$$\|u^\Delta\|_0 \leqslant \frac{2\|r\|_1}{1 - 2(\|p\|_1 + \|q\|_1)} \|u^\Delta\|_0^\varepsilon + \frac{2\|\delta\|_1 + A}{1 - 2(\|p\|_1 + \|q\|_1)}. \quad (5.2.19)$$

由 $\varepsilon \in (0, 1)$ 和 (5.2.19) 知, 存在 $R_1 > 0$ 使得对于所有的 $u \in \Omega_1$, $\|u^\Delta\|_0 \leqslant R_1$. 由 (5.2.18) 知存在常数 $R_2 > 0$ 使得对于所有的 $u \in \Omega_1$, $\|u\|_0 \leqslant R_2$. 因此, 此时 Ω_1 是有界的. 否则, 若 (5.2.11b) 成立, 上面的讨论经过一定的调整, 即可得出同样的结论.

第二步: 定义

$$\Omega_2 = \{u \in \mathrm{Ker} L_1 \mid Nu \in \mathrm{Im} L_1\}.$$

则由 $u = b \in \mathbb{R}$ 和 $Nu \in \text{Im}L_1 = \text{Ker}Q_1$ 得

$$\frac{1}{C_1}\left(\int_0^1 sf(s,b,0)\nabla s - \sum_{i=1}^m \alpha_i \int_{\xi_i}^1 (s-\xi_i)f(s,b,0)\nabla s\right) = 0.$$

因此, 由 $(\text{H}_{5.2.3})$ 得 $\|u\| = b \leqslant B$, 则 Ω_2 是有界的.

第三步: 定义

$$\Omega_3 = \{u \in \text{Ker}L_1 \mid H(u,\lambda) = 0\},$$

其中

$$H(u,\lambda) = \begin{cases} -\lambda Iu + (1-\lambda)JQ_1Nu, & (5.2.12\text{a}) \text{ 成立}, \\ \lambda Iu + (1-\lambda)JQ_1Nu, & (5.2.12\text{b}) \text{ 成立}, \end{cases}$$

且 $J: \text{Im}Q_1 \to \text{Ker}L_1$ 是同构映射使得对于所有的 $b \in \mathbb{R}$, $J(b) = b$.

不失一般性, 假设 $(5.2.12\text{a})$ 成立, 则对于任意的 $b \in \Omega_3$,

$$\lambda b = (1-\lambda)\frac{1}{C_1}\left(\int_0^1 sf(s,b,0)\nabla s - \sum_{i=1}^m \alpha_i \int_{\xi_i}^1 (s-\xi_i)f(s,b,0)\nabla s\right).$$

当 $\lambda = 1$ 时, $b = 0$. 当 $\lambda \in [0,1)$ 时, 如果 $|b| > B$, 则由 $(5.2.12\text{a})$ 得

$$0 \leqslant \lambda b^2 = b(1-\lambda)\frac{1}{C_1}\left(\int_0^1 sf(s,b,0)\nabla s - \sum_{i=1}^m \alpha_i \int_{\xi_i}^1 (s-\xi_i)f(s,b,0)\nabla s\right) < 0,$$

矛盾.

当 $(5.2.12\text{b})$ 成立时, 同理可得出矛盾. 因此, 对于任意的 $u \in \Omega_3, \|u\| \leqslant B$, 即 Ω_3 有界.

第四步: 验证定理 1.2.9 中的所有条件均满足. 令 Ω 是 X 中的有界开集使得 $\bigcup_{i=1}^3 \overline{\Omega}_i \subset \Omega$, 显然有

$$Lu \neq \lambda Nx, \quad \lambda \in (0,1), \quad u \in \partial\Omega,$$

$$Nu \neq \text{Im}L_1, \quad \forall\, u \in \partial\Omega \cap \text{Ker}L_1.$$

易见

$$H(u,\lambda) \neq 0, \quad \lambda \in [0,1], \quad u \in \partial\Omega \cap \text{Ker}L_1.$$

则定理 1.2.9 的 (i) 和 (ii) 均满足, 只需证明定理 1.2.9 的 (iii) 也成立即可.

定义同伦算子

$$H(u,\lambda) = \mp\lambda Iu + (1-\lambda)JQ_1Nu.$$

若 $u \in \Omega \cap \mathrm{Ker} L_1$, 则

$$
\begin{aligned}
\deg\{JQ_1N, \Omega \cap \mathrm{Ker}L_1, 0\} &= \deg\{H(\cdot, 0), \Omega \cap \mathrm{Ker}L_1, 0\} \\
&= \deg\{H(\cdot, 1), \Omega \cap \mathrm{Ker}L_1, 0\} \\
&= \deg\{\mp I, \Omega \cap \mathrm{Ker}L_1, 0\} \neq 0.
\end{aligned}
$$

从而, 定理 1.2.9 的 (iii) 也成立.

因此, 根据定理 1.2.9, 边值问题 (5.2.1), (5.2.2) 至少存在一个解. □

5.2.3 边值问题 (5.2.1), (5.2.3) 解的存在性

本小节将给出边值问题 (5.2.1), (5.2.3) 的解的存在性结果. 首先给出下面的假设:

$(\mathrm{H}_{5.2.4})$ 存在常数 $C > 0$ 使得对任意的 $u \in \mathrm{dom}L_2 \setminus \mathrm{Ker}L_2$, 当 $|u^{\Delta}(t)| > C$, $t \in [0,1]_{\mathbb{T}}$ 时, $Q_2Nu \neq 0$.

$(\mathrm{H}_{5.2.5})$ 存在常数 $D > 0$ 使得对于任意的 $d \in \mathbb{R}$, $|d| > D$, 有

$$
d\left(\int_0^1 sf(s, d(s-1), d)\nabla s - \sum_{i=1}^m \alpha_i \int_{\xi_i}^1 (s - \xi_i)f(s, d(s-1), d)\nabla s\right) < 0,
\tag{5.2.20a}
$$

或

$$
d\left(\int_0^1 sf(s, d(s-1), d)\nabla s - \sum_{i=1}^m \alpha_i \int_{\xi_i}^1 (s - \xi_i)f(s, d(s-1), d)\nabla s\right) > 0.
\tag{5.2.20b}
$$

定理 5.2.4 假设 $(\mathrm{H}_{5.2.2})$, $(\mathrm{H}_{5.2.4})$ 和 $(\mathrm{H}_{5.2.5})$ 成立, 则边值问题 (5.2.1), (5.2.3) 存在至少一个解, 如果

$$
\|p\|_1 + \|q\|_1 < \frac{1}{2}.
$$

证明 我们分四步来证明, 第一步: 定义

$$
\Omega_1^2 = \{u \in \mathrm{dom}L_2 \setminus \mathrm{Ker}L_2 \mid L_2u = \lambda Nu, \ \lambda \in (0,1)\},
$$

那么对于 $u \in \Omega_1^2$, $L_2u = \lambda Nu$. 因此 $Nu \in \mathrm{Im}L_2 = \mathrm{Ker}Q_2$, 则

$$
\int_0^1 sf(s, u(s), u^{\Delta}(s))\nabla s - \sum_{i=1}^m \alpha_i \int_{\xi_i}^1 (s - \xi_i)f(s, u(s), u^{\Delta}(s))\nabla s = 0.
$$

由 $(H_{5.2.4})$ 知存在 $t_0 \in [0,1]_{\mathbb{T}}$ 使得 $|u^{\Delta}(t_0)| \leqslant C$. 因此

$$|u^{\Delta}(1)| = |u^{\Delta}(t_0) + \int_{t_0}^{1} u^{\Delta\nabla}(s)\nabla s| \leqslant A + \|Nu\|_1. \qquad (5.2.21)$$

当 $u \in \Omega_1^2$ 时, $(I - P_2)u \in \mathrm{Im}K_{p_2} = \mathrm{dom}L_2 \cap \mathrm{Ker}P_2$, 则由 (5.2.10) 得

$$\|(I - P_2)u\| = \|K_{p_2}L_2(I - P_2)u\| \leqslant \|L_2(I - P_2)u\|_1 = \|L_2u\|_1 < \|Nu\|_1. \quad (5.2.22)$$

由 (5.2.21), (5.2.22) 得

$$\|u\| = \|P_2u + (I - P_2)u\| \leqslant \|P_2u\| + \|(I - P_2)u\| < |u^{\Delta}(1)| + \|Nu\|_1 < C + 2\|Nu\|_1,$$

即对于 $u \in \Omega_1^2$,

$$\|u\| < C + 2\|Nu\|_1.$$

与定理 5.2.3 类似地证明可得 Ω_1^2 是有界的.

第二步: 定义

$$\Omega_2^2 = \{u \in \mathrm{Ker}L_2 \mid Nu \in \mathrm{Im}L_2\}.$$

则 $u = d(t-1)$, 由 $d \in \mathbb{R}$ 和 $Nu \in \mathrm{Im}L_2 = \mathrm{Ker}Q_2$ 得

$$\frac{1}{C_2}\left(\int_0^1 sf(s, d(s-1), s)\Delta s - \sum_{i=1}^m \alpha_i \int_{\xi_i}^1 (s - \xi_i)f(s, d(s-1), s)\Delta s\right) = 0.$$

因此由 $(H_{5.2.4})$ 得 $\|u\| = d \leqslant D$, 即 Ω_2^2 是有界的.

第三步: 定义

$$\Omega_3^2 = \{u \in \mathrm{Ker}L_2 \mid H(u, \lambda)\} = 0,$$

其中

$$\hat{H}(u, \lambda) = \begin{cases} -\lambda Iu + (1 - \lambda)JQ_2Nu, & (5.2.20a) \text{ 成立}, \\ \lambda Iu + (1 - \lambda)JQ_2Nu, & (5.2.20b) \text{ 成立}, \end{cases}$$

$J : \mathrm{Im}Q_2 \to \mathrm{Ker}L_2$ 为同胚映射使得 $J(d(t-1)) = d(t-1)$ 对于所有的 $d \in \mathbb{R}$.

不失一般性, 假设 (5.2.20a) 成立, 则对于 $d \in \Omega_3^2$,

$$\lambda d = (1 - \lambda)\frac{1}{C_2}\left(\int_0^1 sf(s, d(s-1), d)\nabla s - \sum_{i=1}^m \alpha_i \int_{\xi_i}^1 (s - \xi_i)f(s, d(s-1), d)\nabla s\right).$$

当 $\lambda = 1$ 时, $d = 0$. 当 $\lambda \in [0, 1)$ 时, 若 $|d| > D$, 则由 (5.2.20a) 得

$$0 \leqslant \lambda d^2 = d(1 - \lambda)\frac{1}{C_2}\left(\int_0^1 sf(s, d(s-1), d)\nabla s\right.$$

$$-\sum_{i=1}^{m}\alpha_i\int_{\xi_i}^{1}(s-\xi_i)f(s,d(s-1),d)\nabla s\Bigg)<0,$$

矛盾.

当 (5.2.20b) 成立时, 类似地讨论可得出矛盾. 因此, 对于任意的 $u\in\Omega_3^2$, $\|u\|\leqslant D$, Ω_3^2 是有界的.

第四步的证明和定理 5.2.3 第四步的证明类似, 此处略去. 由定理 1.2.9 知, 边值问题 (5.2.1), (5.2.3) 至少存在一个解. □

5.2.4 例子

例 5.2.1 令 $\mathbb{T}=\left[\dfrac{k}{2},\dfrac{2k+1}{4}\right]$, 其中 $k\in\mathbb{Z}$. 考虑时标 $\mathbb{T}$ 上的边值问题

$$\begin{cases} u^{\Delta\nabla}(t)=\dfrac{1}{6}\big(50+2t^2+u\sin t+20t^2(u^{\Delta}(t))^{1/3}+u^{\Delta}(t)\big), & t\in[0,1]_{\mathbb{T}}, \\ u(0)=\dfrac{1}{3}u\left(\dfrac{1}{4}\right)+\dfrac{2}{3}u\left(\dfrac{1}{2}\right), & u^{\Delta}(1)=0. \end{cases}$$
$$(5.2.23)$$

易见 $f(t,u,v)=\dfrac{1}{6}\big(50+2t^2+u\sin t+20t^2v^{1/3}+v\big),0\in\mathbb{T},1\in\mathbb{T}^k,\xi_1=\dfrac{1}{4},\xi_2=\dfrac{1}{2}\in\mathbb{T},\alpha_1=\dfrac{1}{3},\alpha_2=\dfrac{2}{3},\alpha_1+\alpha_2=1$, 从而 (5.2.23) 是共振边值问题. 下证定理 5.2.3 的所有条件均满足.

令 $\delta(t)=\dfrac{t^2+25}{3}$, $p(t)=\dfrac{|t|}{6}$, $q(t)=\dfrac{1}{6}$, $r(t)=\dfrac{10t^2}{3}$, $\varepsilon=\dfrac{1}{3}$. 易见

$$|f(t,u,v)|\leqslant\delta(t)+p(t)|u|+q(t)|v|+r(t)|v|^{\varepsilon},$$

即 ($\mathrm{H}_{5.2.2}$) 成立.

经计算算得

$$\begin{aligned} C_1 &= \int_0^1 s\nabla s-\sum_{i=1}^{m}\alpha_i\int_{\xi_i}^{1}(s-\xi_i)\nabla s \\ &= \left(\int_0^{1/4}+\int_{1/2}^{3/4}\right)s\mathrm{d}s+\left(\int_{1/4}^{1/2}+\int_{3/4}^{1}\right)s\nabla s \\ &\quad -\frac{1}{3}\left(\left(\int_{1/4}^{1/2}+\int_{3/4}^{1}\right)\left(s-\frac{1}{4}\right)\nabla s+\int_{1/2}^{3/4}\left(s-\frac{1}{4}\right)\mathrm{d}s\right) \\ &\quad -\frac{2}{3}\left(\int_{1/2}^{3/4}\left(s-\frac{1}{2}\right)\mathrm{d}s+\int_{3/4}^{1}\left(s-\frac{1}{2}\right)\nabla s\right)=\frac{11}{32}\neq 0. \end{aligned}$$

对于 $u \in \mathrm{dom}L_1 \setminus \mathrm{Ker}L_1$, $u(t) = at$, $u^\Delta(t) = a$, 有

$$6C_1Q_1Nu = \int_0^1 sf(s,as,a)\nabla s - \sum_{i=1}^m \alpha_i \int_{\xi_i}^1 (s-\xi_i)f(s,as,a)\nabla s$$

$$= \frac{80789}{4608} + \frac{44313960092071337}{36028797018963968}a + \frac{23915}{2304}a^{1/3}$$

$$\approx 17.5323 + 1.23a + 10.3798a^{1/3}.$$

令 $A = 3$, 则当 $|u(t)| = |a| > 3$ 时, $Q_1Nu \neq 0$, 即 (H$_{5.2.1}$) 成立.

$$b\left(\int_0^1 sf(s,b,0)\nabla s - \sum_{i=1}^m \alpha_i \int_{\xi_i}^1 (s-\xi_i)f(s,b,0)\nabla s\right)$$

$$= \frac{1}{6}\left(\frac{47545}{2304}b + \frac{38324624432429689}{72057594037927936}b^2\right)$$

$$\approx \frac{1}{6}(20.6359b + 0.5319b^2).$$

令 $B = 39$, 则当 $|b| > B$ 时, (5.2.12a) 或 (5.2.12b) 成立, 即 (H$_{5.2.3}$) 成立.

显然有 $\|p\|_1 + \|q\|_1 < \dfrac{1}{2}$. 从而, 定理 5.2.3 的所有条件均满足, 则边值问题 (5.2.23) 至少存在一个解.

例 5.2.2　令 $\mathbb{T} = \left[0, \dfrac{2}{3}\right] \cup \{1\}$. 考虑时标 $\mathbb{T}$ 上的边值问题

$$\begin{cases} u^{\Delta\nabla}(t) = 100 + t + \dfrac{t^2u}{4} + t^2u^{1/5} + \dfrac{tu^\Delta(t)}{8}, & t \in [0,1]_\mathbb{T}, \\ u(0) = u\left(\dfrac{1}{2}\right), & u(1) = 0. \end{cases} \quad (5.2.24)$$

显然 $f(t,u,v) = 100 + t + \dfrac{t^2u}{4} + t^2u^{1/5} + \dfrac{tu^\Delta(t)}{8}$, $0 \in \mathbb{T}$, $1 \in \mathbb{T}^k$, $\xi_1 = \dfrac{1}{2} \in \mathbb{T}$, $\alpha_1 = 1$, 则 (5.2.24) 是共振边值问题. 下证定理 5.2.4 的所有条件均满足.

令 $\delta(t) = 100 + t$, $p(t) = \dfrac{t^2}{4}$, $q(t) = \dfrac{t}{8}$, $r(t) = t^2$, $\varepsilon = \dfrac{1}{5}$. 可以看出

$$|f(t,u,v)| \leqslant \delta(t) + p(t)|u| + q(t)|v| + r(t)|u|^\varepsilon,$$

即 (H$_{5.2.2}$) 成立.

经计算得

$$C_2 = \int_0^1 s(s-1)\nabla s - \int_{1/2}^1 \left(s - \frac{1}{2}\right)(s-1)\nabla s$$

$$= \int_0^{2/3} s(s-1)\mathrm{d}s + \int_{2/3}^1 s(s-1)\nabla s$$

$$- \int_{1/2}^{2/3} \left(s - \frac{1}{2}\right)(s-1)\mathrm{d}s - \int_{2/3}^1 \left(s - \frac{1}{2}\right)(s-1)\nabla s$$

$$= -0.1181 \neq 0.$$

$\forall u \in \mathrm{dom}L_2 \setminus \mathrm{Ker}L_2,\ u(t) = a,\ u^\Delta(t) = 0,$

$$C_2 Q_2 N u = \int_0^1 s f(s, a, 0)\nabla s - \int_{1/2}^1 \left(s - \frac{1}{2}\right) f(s, a, 0)\nabla s$$

$$= \frac{2875}{20736} a + \frac{2875}{5184} a^{1/5} + \frac{5437}{144}$$

$$\approx 0.1386a + 0.5546a^{1/5} + 37.7569.$$

取 $C = 300$, 则有 $|u^\Delta(t)| = |a| > 300, Q_2 N u \neq 0$, 即 (H$_{5.2.4}$) 成立.

$$d\left(\int_0^1 s f(s, d(s-1), d)\nabla s - \int_{1/2}^1 \left(s - \frac{1}{2}\right) f(s, d(s-1), d)\nabla s\right)$$

$$= \frac{4937627091458903}{72057594037927936} d^2 - \frac{4954847807426245}{1152921504606846976} d^{6/5} + \frac{7490236786645797}{140737488355328} d$$

$$\approx 0.0685 d^2 - 0.0043 d^{6/5} + 53.2213 d.$$

令 $D = 780$, 则当 $|d| > 780$ 时, (5.2.20a) 或 (5.2.20b) 成立, 即 (H$_{5.2.5}$) 成立.

显然有 $\|p\|_1 + \|q\|_1 < \dfrac{1}{2}$. 从而, 定理 5.2.4 的所有条件均满足, 则边值问题 (5.2.24) 至少存在一个解.

5.3 时标上具 p-Laplace 算子的多点共振边值问题

本节运用葛渭高、任景莉推广的 Mawhin 连续性定理 [109], 得到了时标上具 p-Laplace 算子的多点共振边值问题解的存在性.

$$(\phi_p(u^\Delta(t)))^\Delta = f(t, u(t), u^\Delta(t)) + e(t), \quad t \in [0, 1]_\mathbb{T}, \tag{5.3.1}$$

$$u^\Delta(0) = 0, \quad u(1) = \sum_{i=1}^m \alpha_i u(\xi_i), \tag{5.3.2}$$

其中 $\mathbb{T}$ 为时标, $0, 1 \in \mathbb{T}$, $\xi_i \in (0,1)_{\mathbb{T}}, i = 1, 2, \cdots, m$, $\sum\limits_{i=1}^{m} \alpha_i = 1$, $f : [0,1]_{\mathbb{T}} \times \mathbb{R}^2 \to$ $\mathbb{R}$, $e : [0,1]_{\mathbb{T}} \to \mathbb{R}$ 均为 rd-连续的.

5.3.1　预备工作

考虑空间 $X = \left\{ u \in C_{\mathrm{rd}}^1([0,1]_{\mathbb{T}}, \mathbb{R}) \Big| u^{\Delta}(0) = 0, u(1) = \sum\limits_{i=1}^{m} \alpha_i u(\xi_i) \right\}$, 其范数 定义为 $\|u\|_X = \|u\| = \max\{\|u\|_0, \|u^{\Delta}\|_0\}$, 其中 $\|u\|_0 = \sup\limits_{t \in [0,1]_{\mathbb{T}}} |u(t)|$. 令 $Z = C_{\mathrm{rd}}([0,1]_{\mathbb{T}}, \mathbb{R})$, 范数定义为 $\|u\|_Z = \|u\|_1 = \int_0^1 |u(t)| \Delta t$ (此为 Riemann delta 积分).

定义 $M : \mathrm{dom}M \cap X \to Z$ 为 $Mu = (\phi_p(u^{\Delta}))^{\Delta}$, 其中

$$\mathrm{dom}M = \{u \in X \mid \phi_p(u^{\Delta}) \in C_{\mathrm{rd}}^1([0,1]_{\mathbb{T}}, \mathbb{R}), (\phi_p(u^{\Delta}(t)))^{\Delta} \in C_{\mathrm{rd}}([0,1]_{\mathbb{T}}, \mathbb{R})\}.$$

对任意的有界开集 $\Omega \subset X$, 定义 $N_{\lambda} : \overline{\Omega} \to Z$ 为

$$(N_{\lambda}u)(t) = \lambda(f(t, u(t), u^{\Delta}(t)) + e(t)), \quad t \in [0,1]_{\mathbb{T}}.$$

引理 5.3.1　对任意的 $u, v \geqslant 0$, 有

$$\phi_p(u + v) \leqslant \phi_p(u) + \phi_p(v), \quad p \leqslant 2;$$

$$\phi_p(u + v) \leqslant 2^{p-2}(\phi_p(u) + \phi_p(v)), \quad p > 2.$$

引理 5.3.2　算子 $M : \mathrm{dom}M \cap X \to Z$ 为拟线性的.

证明　显然 $X_1 := \mathrm{Ker}M = \{u = b, b \in \mathbb{R}\}$, 因此 $\dim \mathrm{Ker}M = 1 < \infty$. 易见

$$\mathrm{Im}M = \left\{ z \in Z, \int_0^1 \phi_q \left(\int_0^s z(\tau)\Delta\tau \right) \Delta s \right.$$

$$\left. - \sum_{i=1}^{m} \alpha_i \int_0^{\xi_i} \phi_q \left(\int_0^s z(\tau)\Delta\tau \right) \Delta s = 0 \right\}. \tag{5.3.3}$$

在时标 $\mathbb{T}$ 上, 由于 Lebesgue 控制收敛定理对于 Lebesgue delta 积分仍然成立[78], 易见 $M(X \cap \mathrm{dom}M) \subset Z$ 是闭的.

综上, M 为拟线性算子.　　　　　　　　　　　　　　　　　　　　□

引理 5.3.3　设 $\Omega \subset X$ 为有界开集, 则 N_{λ} 在 $\overline{\Omega}$ 上是 M-紧的.

证明 对于所有的 $x \in X$, 定义连续投影算子 $P : X \to X$ 为 $Pu = u(0)$, 由 (5.3.3) 定义连续算子 $Q : Z \to Z_1 := \mathbb{R}$ 为

$$
Qz = \phi_p \left(\frac{1}{C} \right) \phi_p \left(\int_0^1 \phi_q \left(\int_0^s z(\tau) \Delta \tau \right) \Delta s \right.
$$

$$
\left. - \sum_{i=1}^m \alpha_i \int_0^{\xi_i} \phi_q \left(\int_0^s z(\tau) \Delta \tau \right) \Delta s \right), \tag{5.3.4}
$$

其中 $C = \displaystyle\int_0^1 s^{q-1} \Delta s - \sum_{i=1}^m \alpha_i \int_0^{\xi_i} s^{q-1} \Delta s \neq 0$. 对于所有的 $z \in Z$, $Q^2 z = Qz, Q(\lambda z) = \lambda Qz$, 即 Q 为半投影算子, 且 $\dim \mathrm{Ker} M = \dim \mathrm{Im} Q = 1$. 因此, (1.2.18) 成立.

若 $z \in \mathrm{Ker} Q$, 则 $z \in \mathrm{Im} M$. 反之, 若 $z \in \mathrm{Im} M$, 则 $z \in \mathrm{Ker} Q$. 从而, $\mathrm{Ker} Q = \mathrm{Im} M$. 令 $\Omega \subset X$ 为有界开集且原点 $\theta \in \Omega$. $\forall u \in \overline{\Omega}$, 有 $Q(I-Q)N_\lambda(u) = (Q - Q^2)N_\lambda(u) = 0$, 从而 $(I-Q)N_\lambda(u) \in \mathrm{Ker} Q = \mathrm{Im} M$, 则 $(I-Q)N_\lambda(\overline{\Omega}) \subset \mathrm{Im} M$. 若 $z \in \mathrm{Im} M$, 则 $Qz = 0$, 于是有 $z = z - Qz = (I-Q)z \in (I-Q)Z$, 此时有 (1.2.17) 成立.

定义 $R : \overline{\Omega} \times [0,1] \to X_2$ 为

$$
R(u, \lambda)(t) = \int_0^t \phi_q \left(\int_0^s \lambda \left(f(\tau, u(\tau), u^\Delta(\tau)) + e(\tau) - QN(u(\tau)) \right) \Delta \tau \right) \Delta s,
$$

其中 X_2 为 X_1 的补空间, 易见 $R(\cdot, 0) \equiv 0$. 显然 $R : \overline{\Omega} \times [0,1] \to X_2$ 为紧的、连续的.

对于 $u \in \sum_\lambda$, $(\phi_p(u^\Delta(t)))^\Delta = \lambda(f(t, u(t), u^\Delta(t)) + e(t)) \in \mathrm{Im} M$, 即 $QN(u(t)) = 0$. 因此

$$
R(u, \lambda)(t) = \int_0^t \phi_q \left(\int_0^s \lambda(f(\tau, u(\tau), u^\Delta(\tau)) + e(\tau) - QN(u(\tau))) \Delta \tau \right) \Delta s
$$

$$
= \int_0^t \phi_q \left(\int_0^s \lambda(f(\tau, u(\tau), u^\Delta(\tau)) + e(\tau)) \Delta \tau \right) \Delta s
$$

$$
= \int_0^t \phi_q \left(\int_0^s (\phi_p(u^\Delta))^\Delta(\tau) \Delta \tau \right) \Delta s
$$

$$
= \int_0^t \phi_q(\phi_p(u^\Delta(s))) \Delta s = u(t) - u(0) = [(I-P)u](t),
$$

即 (1.2.19) 成立.

$\forall u \in \overline{\Omega}$, 有

$$M[Pu + R(u, \lambda)](t)$$

$$= M\left[u(0) + \int_0^t \phi_q\left(\int_0^s \lambda(f(\tau, u(\tau), u^{\Delta}(\tau)) + e(\tau) - QN(u(\tau)))\Delta\tau\right)\Delta s\right]$$

$$= \left[\phi_p\left(u(0) + \int_0^t \phi_q\left(\int_0^s \lambda(f(\tau, u(\tau), u^{\Delta}(\tau)) + e(\tau) - QN(u(\tau)))\Delta\tau\right)\Delta s\right)^{\Delta}\right]^{\Delta}$$

$$= \left[\phi_p\left(\phi_q\left(\int_0^t \lambda(f(s, u(s), u^{\Delta}(s)) + e(s) - QN(u(s)))\Delta s\right)\right)\right]^{\Delta} = \lambda(N - QN),$$

从而 (1.2.20) 成立. 综上, N_λ 在 $\overline{\Omega}$ 中是 M-紧的.   □

5.3.2 解的存在性

定理 5.3.4 假设

($H_{5.3.1}$) 存在 rd-连续函数 $r : [0, 1]_\mathbb{T} \to \mathbb{R}$, p, $q : [0, 1]_\mathbb{T} \times \mathbb{R} \to \mathbb{R}$ 使得

$$f(t, u, v) \leqslant p(t, u) + q(t, v) + r(t), \quad (t, u, v) \in [0, 1]_\mathbb{T} \times \mathbb{R}^2$$

和 $m, n \in [0, +\infty)$ 使得

$$\lim_{|u| \to +\infty} \frac{\int_0^1 p(t, u)\Delta t}{\phi_p(|u|)} = m, \quad \lim_{|v| \to +\infty} \frac{\int_0^1 q(t, v)\Delta t}{\phi_p(|v|)} = n. \tag{5.3.5}$$

($H_{5.3.2}$) 记 $F(\tau) = f(\tau, u(\tau), u^{\Delta}(\tau)) + e(\tau)$. 存在常数 $A > 0$ 使得对于任意的 $u \in \text{dom}\, M \setminus \text{Ker} M$, 当 $|u(t)| > A$, $t \in [0, 1]_\mathbb{T}$ 时, 有

$$\int_0^1 \phi_q\left(\int_0^s F(\tau)\Delta\tau\right)\Delta s - \sum_{i=1}^m \alpha_i \int_0^{\xi_i} \phi_q\left(\int_0^s F(\tau)\Delta\tau\right)\Delta s \neq 0.$$

($H_{5.3.3}$) 记 $F_b(s) = \int_0^s (f(\tau, b, 0) + e(\tau))\Delta\tau$. 若存在常数 $B > 0$ 使得 $\forall b \in \mathbb{R}$, $|b| > B$, 有

$$b\phi_p\left(\frac{1}{C}\right)\phi_p\left(\int_0^1 \phi_q(F_b(s))\Delta s - \sum_{i=1}^m \alpha_i \int_0^{\xi_i} \phi_q(F_b(s))\Delta s\right) < 0, \tag{5.3.6a}$$

或

$$b\phi_p\left(\frac{1}{C}\right)\phi_p\left(\int_0^1 \phi_q(F_b(s))\Delta s - \sum_{i=1}^m \alpha_i \int_0^{\xi_i} \phi_q(F_b(s))\Delta s\right) > 0. \tag{5.3.6b}$$

则边值问题 (5.3.1), (5.3.2) 至少存在一个正解, 如果

$$2^{2(p-2)}(m^{q-1} + n^{q-1}) < 1, \quad p \leqslant 2;$$

$$m^{q-1} + n^{q-1} < 1, \quad p > 2.$$

证明 令 X, Z, M, N_λ, P, Q 如上所定义, 则边值问题 (5.3.1), (5.3.2) 的解等价于 $Mu = Nu$ 的解. 下面我们利用定理 1.2.10 来分四步证明 $Mu = Nu$ 至少存在一个解. 下面分四步证明.

第一步: 定义

$$\Omega_1 = \{u \in \mathrm{dom}M \setminus \mathrm{Ker}M \mid Mu = N_\lambda u, \ \lambda \in (0,1)\},$$

则对于 $u \in \Omega_1$, $Mu = N_\lambda u$, 从而 $Nu \in \mathrm{Im}M = \mathrm{Ker}Q$, 于是有

$$\int_0^1 \phi_q \left(\int_0^s F(\tau)\Delta\tau \right) \Delta s - \sum_{i=1}^m \alpha_i \int_0^{\xi_i} \phi_q \left(\int_0^s F(\tau)\Delta\tau \right) \Delta s = 0.$$

那么由 $(\mathrm{H}_{5.3.1})$ 知, 存在 $t_0 \in [0,1]_{\mathbb{T}}$ 使得 $|u(t_0)| \leqslant A$, 则有

$$|u(t)| = \left| u(t_0) + \int_{t_0}^t u^\Delta(s)\Delta s \right| \leqslant A + \|u^\Delta\|_0. \tag{5.3.7}$$

同时, $(\phi_p(u^\Delta(t)))^\Delta = \lambda(f(t, u(t), u^\Delta(t)) + e(t))$, 由 $(\mathrm{H}_{5.3.1})$ 得

$$|u^\Delta(t)| = \left| \phi_q \left(\int_0^t \lambda(f(s, u(s), u^\Delta(s)) + e(s))\Delta s \right) \right|$$

$$\leqslant \phi_q \left(\int_0^1 |e(s)|\Delta s + \int_0^1 |r(s)|\Delta s + \int_0^1 |p(s, u(s))|\Delta s \right.$$

$$\left. + \int_0^1 |q(s, u^\Delta(s))|\Delta s \right).$$

如果 $p \leqslant 2$, 取 $\varepsilon > 0$ 使得

$$2^{2(q-2)}((m+\varepsilon)^{q-1} + (n+\varepsilon)^{q-1}) < 1.$$

由 (5.3.5), 对于该 $\varepsilon > 0$, 存在 $M > 0$ 使得

$$\int_0^t p(s, u(s))\Delta s \leqslant (m+\varepsilon)\phi_p(|u|), \quad t \in [0,1]_{\mathbb{T}}, \ |u| > M,$$

$$\int_0^t q(s, v(s))\Delta s \leqslant (n+\varepsilon)\phi_p(|v|), \quad t \in [0,1]_{\mathbb{T}}, \ |v| > M.$$

记

$$\triangle_0^1 = \{t \in [0,1]_{\mathbb{T}}, |u(t)| > M\}, \qquad \triangle_0^2 = \{t \in [0,1]_{\mathbb{T}}, |u(t)| \leqslant M\},$$

$$\triangle_1^1 = \{t \in [0,1]_{\mathbb{T}}, |u^\Delta(t)| > M\}, \qquad \triangle_1^2 = \{t \in [0,1]_{\mathbb{T}}, |u^\Delta(t)| \leqslant M\}.$$

$$p_M = \int_0^1 \left(\max_{|u(t)| \leqslant M} p(t, u(t))\right)\Delta t, \qquad q_M = \int_0^1 \left(\max_{|u^\Delta(t)| \leqslant M} q(t, u^\Delta(t))\right)\Delta t.$$

则有

$$\begin{aligned}
|u^\Delta(t)| &\leqslant \phi_q \left(\int_0^1 |e(s)|\Delta s + \int_0^1 |r(s)|\Delta s + \int_0^1 |p(s, u(s))|\Delta s \right. \\
&\qquad \left. + \int_0^1 |p(s, u^\Delta(s))|\Delta s \right) \\
&\leqslant \phi_q \Big(\|e\|_1 + \|r\|_1 + \int_{\triangle_0^2} |p(s, u(s))|\Delta s + \int_{\triangle_1^1} |q(s, u^\Delta(s))|\Delta s \\
&\qquad + \int_{\triangle_0^1} |p(s, u(s))|\Delta s + \int_{\triangle_1^1} |q(s, u^\Delta(s))|\Delta s \Big) \\
&\leqslant \phi_q(\|e\|_1 + \|r\|_1 + p_M + q_M + (m+\varepsilon)\phi_p(|u(t)|) + (n+\varepsilon)\phi_p(|u^\Delta(t)|)) \\
&\leqslant 2^{2(q-2)}\phi_q(\|e\|_1 + \|r\|_1 + p_M + q_M) + 2^{2(q-2)}\phi_q((m+\varepsilon)\phi_p(|u(t)|)) \\
&\qquad + 2^{2(q-2)}\phi_q((n+\varepsilon)\phi_p(|u^\Delta(t)|)) \\
&\leqslant 2^{2(q-2)}(\phi_q(\|e\|_1 + \|r\|_1 + p_M + q_M) + (m+\varepsilon)^{q-1}(A + \|u^\Delta\|_0) \\
&\qquad + (n+\varepsilon)^{q-1}\|u^\Delta\|_0).
\end{aligned}$$

从而

$$\|u^\Delta\|_0 \leqslant \frac{2^{2(q-2)}(\phi_q(\|e\|_1 + \|r\|_1 + p_M + q_M) + (m+\varepsilon)^{q-1}A)}{1 - 2^{2(q-2)}((m+\varepsilon)^{q-1} + (n+\varepsilon)^{q-1})} := B.$$

再由 (5.3.7) 得

$$\|u\| = \max_{t \in [0,1]_{\mathbb{T}}} \{\|u\|_0, \ \|u^\Delta\|_0\} \leqslant A + B.$$

若 $p > 2$, 取 $\varepsilon > 0$ 使得

$$(m+\varepsilon)^{q-1} + (n+\varepsilon)^{q-1} < 1.$$

类似可得

$$|u^\Delta(t)| \leqslant \frac{\phi_q(\|e\|_1 + \|r\|_1 + p_M + q_M) + (m+\varepsilon)^{q-1}A}{1 - ((m+\varepsilon)^{q-1} + (n+\varepsilon)^{q-1})} := \bar{B}.$$

再由 (5.3.7) 得

$$\|u\| = \max_{t \in [0,1]_\mathbb{T}} \{\|u\|_0, \|u^\Delta\|_0\} \leqslant A + \bar{B}.$$

因此, Ω_1 是有界的.

第二步: 定义

$$\Omega_2 = \{u \in \mathrm{Ker}M \mid Nu \in \mathrm{Im}M\},$$

则 $u = b \in \mathbb{R}$, 由 $Nu \in \mathrm{Im}M = \mathrm{Ker}Q$ 得

$$\frac{1}{C}\left(\int_0^1 \phi_q(F_b(s))\Delta s - \sum_{i=1}^m \alpha_i \int_0^{\xi_i} \phi_q(F_b(s))\Delta s\right) = 0.$$

从而, 由 $(\mathrm{H}_{5.3.3})$ 得 $\|u\| = b \leqslant B$, 即 Ω_2 有界.

第三步: 定义

$$\Omega_3 = \{u \in \mathrm{Ker}M \mid H(u,\lambda) = 0\},$$

其中

$$H(u,\lambda) = \begin{cases} -\lambda Iu + (1-\lambda)JQNu, & (5.3.6\mathrm{a}) \text{ 成立}, \\ \lambda Iu + (1-\lambda)JQNu, & (5.3.6\mathrm{b}) \text{ 成立}, \end{cases} \tag{5.3.8}$$

$J : \mathrm{Im}Q \to \mathrm{Ker}M$ 为同构映射使得对于所有的 $b \in \mathbb{R}$, $J(b) = b$.

不妨设 (5.3.6a) 成立, 则对于 $b \in \Omega_3$,

$$\lambda b = (1-\lambda)\phi_p\left(\frac{1}{C}\left(\int_0^1 \phi_q(F_b(s))\Delta s - \sum_{i=1}^m \alpha_i \int_0^{\xi_i} \phi_q(F_b(s))\Delta s\right)\right).$$

如果 $\lambda = 1$, 则 $b = 0$. 当 $\lambda \in [0,1)$ 时, 如果 $|b| > B$, 则有

$$0 \leqslant \lambda b^2 = b(1-\lambda)\phi_p\left(\frac{1}{C}\left(\int_0^1 \phi_q(F_b(s))\Delta s - \sum_{i=1}^m \alpha_i \int_0^{\xi_i} \phi_q(F_b(s))\Delta s\right)\right) < 0,$$

矛盾.

如果 (5.3.6b) 成立, 同理可得出矛盾. 因此, 对于任意的 $u \in \Omega_3$, $\|u\| \leqslant B$, 即 Ω_3 为有界的.

第四步: 验证定理 1.2.10 中所有的条件均满足. 令 $\Omega \subset X$ 中的有界开集使得 $\bigcup_{i=1}^{3} \overline{\Omega}_i \subset \Omega$, 显然

$$Mu \neq Nx, \quad \lambda \in (0,1), \quad u \in \partial\Omega \cap \mathrm{dom}M,$$

$$Nu \notin \mathrm{Im}M, \quad u \in \partial\Omega \cap \mathrm{Ker}M.$$

从而定理 1.2.10 中的 (i) 和 (ii) 均成立.

定义同伦算子

$$H(u,\lambda) = \mp \lambda Iu + (1-\lambda)JQNu.$$

易见

$$H(u,\lambda) \neq 0, \quad \lambda \in [0,1], \quad u \in \partial\Omega \cap \mathrm{Ker}M.$$

若 $u \in \Omega \cap \mathrm{Ker}M$, 则

$$
\begin{aligned}
\deg\{JQN, \Omega \cap \mathrm{Ker}M, 0\} &= \deg\{H(\cdot, 0), \Omega \cap \mathrm{Ker}M, 0\} \\
&= \deg\{H(\cdot, 1), \Omega \cap \mathrm{Ker}M, 0\} \\
&= \deg\{\mp I, \Omega \cap \mathrm{Ker}M, 0\} \neq 0. \qquad (5.3.9)
\end{aligned}
$$

因此, 定理 1.2.10 的 (iii) 也成立.

从而, 根据定理 1.2.10 可得边值问题 (5.3.1), (5.3.2) 至少存在一个解.　　　　□

第 6 章　抽象空间中的非线性常微分方程边值问题

6.1 节研究抽象空间中三阶微分方程

$$u''' + f(t, u(t)) = \theta, \quad t \in J \tag{6.0.1}$$

在积分边界条件

$$u(0) = \theta, \quad u''(0) = \theta, \quad u(1) = \int_0^1 g(t)u(t)\mathrm{d}t \tag{6.0.2}$$

下的边值问题正解的存在性和非存在性.

6.2 节研究三阶微分方程 (6.0.1) 在积分边界条件

$$u(0) = \int_0^1 g(t)u(t)\mathrm{d}t, \quad u''(1) = \theta, \quad u(1) = \theta \tag{6.0.3}$$

下的边值问题正解的存在性和非存在性. 其中 $J = [0,1]$, $f \in C([0,1] \times P, P)$, θ 表示实抽象空间 E 中的零元素, $P \subset E$ 为 E 中的锥, $g \in L[0,1]$ 是非负的.

如果 $u \in C^2(J, E)$ 满足 (6.0.1), (6.0.2) 或 (6.0.1), (6.0.3), u 称为 (6.0.1), (6.0.2) 或 (6.0.1), (6.0.3) 的解. 如果它进一步满足 $u(t) > \theta$, $t \in (0,1)$, u 称为 (6.0.1), (6.0.2) 或 (6.0.1), (6.0.3) 的正解, 显然, 如果 $f(t, \theta) \equiv \theta$, 则 $u(t) \equiv \theta$ 是 (6.0.1), (6.0.2) 或 (6.0.1), (6.0.3) 的一个平凡解.

设 $u(t): (0,1] \to E$ 是连续的, 如果 $\lim\limits_{\varepsilon \to 0^+} \int_\varepsilon^1 u(t)\mathrm{d}t$ 存在, 则称抽象积分 $\int_0^1 u(t)\mathrm{d}t$ 是收敛的. 其他形式积分收敛和发散的定义也可类似给出.

$\forall u \in P$, 记

$$f^\beta = \limsup_{\|u\| \to \beta} \max_{t \in J} \frac{\|f(t,u)\|}{\|u\|}, \quad f_\beta = \liminf_{\|u\| \to \beta} \min_{t \in J} \frac{\|f(t,u)\|}{\|u\|},$$

$$(\psi f)_\beta = \liminf_{\|u\| \to \beta} \min_{t \in J} \frac{\psi(f(t,u))}{\|u\|},$$

其中 β 表示 0 或 ∞, $\psi \in P^*$, $\|\psi\| = 1$.

6.1　Banach 空间中具积分边界条件的三阶边值问题的研究 I

本节运用抽象空间中的不动点定理, 研究了三阶微分方程

$$u''' + f(t, u(t)) = \theta, \quad t \in J \tag{6.1.1}$$

在积分边界条件

$$u(0) = \theta, \quad u''(0) = \theta, \quad u(1) = \int_0^1 g(t)u(t)\mathrm{d}t \tag{6.1.2}$$

下解的存在性和非存在性.

本节总假设

$(H_{6.1.1})$ $f \in C(J \times P, P)$, 对于任意的 $l > 0$, f 在 $J \times P_l$ 上一致连续. 进而假设 $g \in L^1[0,1]$ 非负, $\sigma = \int_0^1 sg(s)\mathrm{d}s \in [0,1)$, 且存在非负常数 η_l, $\gamma\eta_l < 1$ 使得

$$\alpha(f(t, S)) \leqslant \eta_l \alpha(S), \quad t \in J, \ S \in P_l,$$

其中 $P_l = \{u \in P \mid \|u\| \leqslant l\}$, $\gamma = \dfrac{1 + \displaystyle\int_0^1 (1-s)g(s)\mathrm{d}s}{1 - \sigma}$.

6.1.1　预备工作

E 为一个 Banach 空间, 显然 $(C(J, E), \|\cdot\|_c)$, 是一个 Banach 空间, 其范数为 $\|u\|_c = \max\limits_{t \in J} \|u(t)\|$, 我们欲将边值问题 (6.1.1), (6.1.2) 转化为 E 中的一个积分方程. 首先考虑算子 A

$$(Au)(t) = \int_0^1 H(t, s)f(s, u(s))\mathrm{d}s, \tag{6.1.3}$$

其中

$$H(t, s) = G(t, s) + \frac{t}{1 - \sigma}\int_0^1 G(\tau, s)g(\tau)\mathrm{d}\tau, \tag{6.1.4}$$

$$G(t, s) = \begin{cases} \dfrac{1}{2}t(1-s)^2 - \dfrac{1}{2}(t-s)^2, & 0 \leqslant s \leqslant t \leqslant 1, \\[2mm] \dfrac{1}{2}t(1-s)^2, & 0 \leqslant t \leqslant s \leqslant 1. \end{cases} \tag{6.1.5}$$

引理 6.1.1   如果 $(\mathrm{H}_{6.1.1})$ 成立, 则由 (6.1.3) 定义的算子 A 是连续算子.

证明   由 $H(t,s)$ 的定义, 这个结论很容易验证. 此处略去.   □

由 (6.1.4) 和 (6.1.5) 可以证明 $H(t,s)$ 和 $G(t,s)$ 具有如下性质.

引理 6.1.2   对于 $t,s \in [0,1]$, $0 \leqslant G(t,s) \leqslant \max\limits_{0 \leqslant t,s \leqslant 1} G(t,s) \leqslant \dfrac{1}{8}$.

证明   当 $0 \leqslant t \leqslant s \leqslant 1$ 时, $G(t,s) \geqslant 0$. 当 $0 \leqslant s \leqslant t \leqslant 1$ 时, $G(t,s)$ 关于 t 是凹的. 显然, $G(s,s) \geqslant 0$, $G(1,s) = 0$, 从而 $G(t,s) \geqslant 0$, $t,s \in [0,1]$. 此外,

$$\max_{0 \leqslant t,s \leqslant 1} G(t,s) \leqslant \max_{0 \leqslant s \leqslant 1} \left\{ \frac{1+s^2}{4}(1-s)^2 - \frac{1}{2}\left(\frac{1+s^2}{2} - s\right)^2, \frac{s}{2}(1-s)^2 \right\} \leqslant \frac{1}{8}.$$

□

注 6.1.1   当 $0 \leqslant s \leqslant t \leqslant 1$ 时, $G(t,s)$ 的最大值在 $t = \dfrac{1+s^2}{2}$ 处取到.

引理 6.1.3   取 $\delta \in \left(0, \dfrac{1}{2}\right)$, $J_\delta = [\delta, 1-\delta]$, 则对于所有的 $t \in J_\delta$, $v,s \in [0,1]$, 有

$$G(t,s) \geqslant \rho G(v,s),$$

其中 $\rho = 4\delta^2(1-\delta)$.

证明   对于 $t \in J_\delta$, 若 $v,s \in \{0,1\}$, 结论显然成立. 若 $v,s \in (0,1)$, 有以下四种情况.

情形 I: $\max\{v,t\} \leqslant s$, 有

$$\frac{G(t,s)}{G(v,s)} = \frac{\dfrac{1}{2}t(1-s)^2}{\dfrac{1}{2}v(1-s)^2} = \frac{t}{v} \geqslant \delta \geqslant \rho. \tag{6.1.6}$$

情形 II: $s \leqslant \min\{v,t\}$, 有

$$\frac{G(t,s)}{G(v,s)} = \frac{\dfrac{1}{2}t(1-s)^2 - \dfrac{1}{2}(t-s)^2}{\dfrac{1}{2}v(1-s)^2 - \dfrac{1}{2}(v-s)^2} \geqslant \frac{\delta^2(1-\delta)}{\dfrac{1}{4}} = 4\delta^2(1-\delta) = \rho. \tag{6.1.7}$$

情形 III: $t \leqslant s \leqslant v$, 有

$$\frac{G(t,s)}{G(v,s)} = \frac{\dfrac{1}{2}t(1-s)^2}{\dfrac{1}{2}v(1-s)^2 - \dfrac{1}{2}(v-s)^2} \geqslant \frac{t(1-s)^2}{v(1-s)^2} = \frac{t}{v} \geqslant \delta \geqslant \rho. \tag{6.1.8}$$

情形 IV: $v \leqslant s \leqslant t$, 有

$$\frac{G(t,s)}{G(v,s)} = \frac{\frac{1}{2}t(1-s)^2 - \frac{1}{2}(t-s)^2}{\frac{1}{2}v(1-s)^2} \geqslant \frac{\delta^2(1-\delta)}{\frac{1}{4}} = 4\delta^2(1-\delta) = \rho. \quad (6.1.9)$$

□

注 6.1.2 当 $0 \leqslant s \leqslant t \leqslant 1$ 时, 记 $G(t,s) = G_1(t,s)$. 此时 $G_1(t,s)$ 关于 t 是凹的, 且有

$$\min_{t \in J_\delta, \ 0 \leqslant s \leqslant t} G_1(t,s) = \min\{G_1(\delta,s), G_1(1-\delta,s)\} = \frac{1}{2}\delta^2(1-\delta),$$

从而可得 (6.1.7) 和 (6.1.9).

引理 6.1.4 假设 $(\mathrm{H}_{6.1.1})$ 成立, 则

$$H(t,s) \leqslant \frac{1}{2}\gamma, \qquad\qquad t \in [0,1],$$
$$H(t,s) \geqslant \rho H(v,s), \quad t \in J_\delta, \ \ v,s \in [0,1],$$

其中 γ 如 $(\mathrm{H}_{6.1.1})$ 中所定义.

证明 对于 $t \in [0,1]$,

$$H(t,s) = G(t,s) + \frac{t}{1-\sigma}\int_0^1 G(\tau,s)g(\tau)\mathrm{d}\tau$$

$$\leqslant \frac{1}{2}(1-s)^2 + \frac{t}{1-\sigma}\int_0^1 \frac{1}{2}(1-s)^2 g(\tau)\mathrm{d}\tau$$

$$= \frac{1}{2}(1-s)^2\left(1 + \frac{t}{1-\sigma}\int_0^1 g(\tau)\mathrm{d}\tau\right)$$

$$= \frac{1}{2}(1-s)^2\left(1 + \frac{1}{1-\sigma}\int_0^1 g(s)\mathrm{d}s\right)$$

$$= \frac{1}{2}(1-s)^2\frac{1 + \displaystyle\int_0^1 (1-s)g(s)\mathrm{d}s}{1-\sigma} \leqslant \frac{1}{2}\gamma.$$

当 $t \in J_\delta$ 时, 由引理 6.1.3 得

$$H(t,s) = G(t,s) + \frac{t}{1-\sigma}\int_0^1 G(\tau,s)g(\tau)\mathrm{d}\tau$$

$$\geqslant \rho G(v,s) + \frac{\delta}{1-\sigma}\int_0^1 G(\tau,s)g(\tau)\mathrm{d}\tau$$

$$\geqslant \rho G(v,s) + \frac{\rho v}{1-\sigma}\int_0^1 G(\tau,s)g(\tau)\mathrm{d}\tau = \rho H(v,s).$$

□

定义锥 K 为

$$K = \{u \in Q \mid u(t) \geqslant \rho u(v),\ t \in J_\delta,\ v \in [0,1]\},$$

其中

$$Q = \{u \in C^2(J, P) \mid u(t) \geqslant \theta,\ t \in J\},$$

令

$$B_l = \{u \in C(J, P) \mid \|u\|_c \leqslant l\}, \quad l > 0.$$

易证 K 为 $C^2(J, E)$ 上的锥且 $K_{r,R} = \{u \in K \mid r \leqslant \|u\| \leqslant R\} \subset K, K \subset Q$.

引理 6.1.5 假设 $(\mathrm{H}_{6.1.1})$ 成立, 则 $u(t)$ 是边值问题 (6.1.1), (6.1.2) 的解当且仅当 $u \in K$ 为下面积分方程的解:

$$u(t) = \int_0^1 H(t, s) f(s, u(s)) \mathrm{d}s, \tag{6.1.10}$$

即 u 为由 (6.1.3) 定义的算子 A 在 K 中的不动点.

证明 假设 u 是方程 (6.1.1) 的解, 显然, $u \in C^2([0,1], P)$ 且 $u(t)$ 可以表示为

$$u(t) = \sum_{j=0}^2 \frac{t^j}{j!} u^{(j)}(0) - \frac{1}{2} \int_0^t (t-s)^2 f(s, u(s)) \mathrm{d}s,$$

由边界条件 (6.1.2) 得

$$u(t) = t u'(0) - \frac{1}{2} \int_0^t (t-s)^2 f(s, u(s)) \mathrm{d}s.$$

令 $t = 1$, 则有

$$u(1) = u'(0) - \frac{1}{2} \int_0^1 (1-s)^2 f(s, u(s)) \mathrm{d}s,$$

从而

$$u'(0) = u(1) + \frac{1}{2} \int_0^1 (1-s)^2 f(s, u(s)) \mathrm{d}s$$

$$= \int_0^1 g(s) u(s) \mathrm{d}s + \frac{1}{2} \int_0^1 (1-s)^2 f(s, u(s)) \mathrm{d}s.$$

于是有

$$u(t) = t \left(\int_0^1 g(s) u(s) \mathrm{d}s + \frac{1}{2} \int_0^1 (1-s)^2 f(s, u(s)) \mathrm{d}s \right) - \frac{1}{2} \int_0^t (t-s)^2 f(s, u(s)) \mathrm{d}s$$

$$= \int_0^1 G(t, s) f(s, u(s)) \mathrm{d}s + t \int_0^1 g(s) u(s) \mathrm{d}s.$$

那么有

$$\int_0^1 g(s)u(s)\mathrm{d}s = \int_0^1 g(s)\int_0^1 G(s,\tau)f(\tau,u(\tau))\mathrm{d}\tau\mathrm{d}s + \int_0^1 sg(s)\mathrm{d}s\int_0^1 g(s)u(s)\mathrm{d}s.$$

因此

$$\int_0^1 g(s)u(s)\mathrm{d}s = \frac{1}{1-\displaystyle\int_0^1 sg(s)\mathrm{d}s}\int_0^1 g(s)\int_0^1 G(s,\tau)f(\tau,u(\tau))\mathrm{d}\tau\mathrm{d}s,$$

所以

$$u(t) = \int_0^1 G(t,s)f(s,u(s))\mathrm{d}s + \frac{t}{1-\displaystyle\int_0^1 sg(s)\mathrm{d}s}\int_0^1 g(s)\int_0^1 G(s,\tau)f(\tau,u(\tau))\mathrm{d}\tau\mathrm{d}s$$

$$= \int_0^1 G(t,s)f(s,u(s))\mathrm{d}s + \frac{t}{1-\displaystyle\int_0^1 sg(s)\mathrm{d}s}\int_0^1\left(\int_0^1 g(\tau)G(\tau,s)\mathrm{d}\tau\right)f(s,u(s))\mathrm{d}s$$

$$= \int_0^1 H(t,s)f(s,u(s))\mathrm{d}s.$$

由引理 6.1.2 知, $u(t) \geqslant \theta$, 即 $u \in Q$. 结合引理 6.1.4 可得

$$u(t) = \int_0^1 H(t,s)y(s)\mathrm{d}s \geqslant \rho\int_0^1 H(v,s)y(s)\mathrm{d}s = \rho u(v),$$

则 $u \in K$. 故 u 是积分方程 (6.1.10) 在 K 中的解.

反之, 若 $u \in K$ 是积分方程 (6.1.10) 的解, 显然有

$$\frac{\partial G(t,s)}{\partial t} = \begin{cases} \dfrac{1}{2}(1-s)^2 - (t-s), & 0 \leqslant s \leqslant t \leqslant 1, \\ \dfrac{1}{2}(1-s)^2, & 0 \leqslant t \leqslant s \leqslant 1, \end{cases}$$

$$\frac{\partial^2 G(t,s)}{\partial t^2} = \begin{cases} -1, & 0 \leqslant s \leqslant t \leqslant 1, \\ 0, & 0 \leqslant t \leqslant s \leqslant 1, \end{cases}$$

于是有

$$u'(t) = \int_0^1 \frac{\partial G(t,s)}{\partial t}f(s,u(s))\mathrm{d}s$$

$$+ \frac{1}{1 - \int_0^1 sg(s)\mathrm{d}s} \int_0^1 g(s) \int_0^1 G(s,\tau) f(\tau, u(\tau)) \mathrm{d}\tau \mathrm{d}s,$$

$$u''(t) = \int_0^1 \frac{\partial^2 G(t,s)}{\partial t^2} f(s, u(s)) \mathrm{d}s = - \int_0^t f(s, u(s)) \mathrm{d}s,$$

$$u'''(t) = -f(t, u(t)),$$

$$u(0) = \theta, \quad u''(0) = \theta, \quad u(1) = \int_0^1 u(s) g(s) \mathrm{d}s,$$

那么 $u(t)$ 为边值问题 (6.1.1), (6.1.2) 的解. □

引理 6.1.6 假设 $(\mathrm{H}_{6.1.1})$ 成立. 则对于任意的 $l > 0$, A 是 $Q \cap B_l$ 上的严格集压缩算子, 即对于任意的 $S \subset Q \cap B_l$, 存在常数 $0 \leqslant k_l < 1$ 使得 $\alpha_C(A(S)) \leqslant k_l \alpha_C(S)$.

证明 由 $(\mathrm{H}_{6.1.1})$, 引理 6.1.2 和引理 6.1.5 知, $A : Q \to Q$ 是连续有界算子. 取 $S \subset Q$ 有界, 则由 $(\mathrm{H}_{6.1.1})$ 得

$$\alpha_C(A(S)) \leqslant \alpha(\overline{\mathrm{co}}\{H(t,s)f(s,u(s)) : s \in [0,t], t \in J, u \in S\})$$

$$\leqslant \frac{1}{2}\gamma\eta_l \alpha(S(J)). \tag{6.1.11}$$

另一方面, 利用与文献 [65] 中引理 2 类似地讨论可得

$$\alpha(S(J)) \leqslant 2\alpha_C(S). \tag{6.1.12}$$

因此, 由 (6.1.11) 和 (6.1.12) 得

$$\alpha_C(A(S)) \leqslant k_l \alpha(S), \quad S \subset Q \cap B_l, \tag{6.1.13}$$

其中 $k_l = \gamma\eta_l$, $0 \leqslant k_l < 1$, 从而可知 A 为严格集压缩算子. □

引理 6.1.7 假设 $(\mathrm{H}_{6.1.1})$ 成立, 则 $A(K) \subset K$, 且 $A : K_{r,R} \to K$ 是严格集压缩算子.

证明 由引理 6.1.4 知

$$\min_{t \in J_\delta} (Au)(t) = \min_{t \in J_\delta} \int_0^1 H(t,s) f(s, u(s)) \mathrm{d}s$$

$$\geqslant \rho \int_0^1 H(v,s) f(s, u(s)) \mathrm{d}s$$

$$\geqslant \rho(Au)(v), \quad v \in J.$$

因此, $Au \in K$, 即 $A(K) \subset K$. 同时有 $A(K_{r,R}) \subset K$, $K_{r,R} \subset K$. 从而 $A: K_{r,R} \to K$.

由引理 6.1.6 可得 $A: K_{r,R} \to K$ 为严格集压缩算子. □

6.1.2　边值问题 (6.1.1), (6.1.2) 正解的存在性

本小节中, 我们将在非线性项 f 上加上增长性条件, 进而利用引理 1.2.14 和引理 1.2.15 得到边值问题 (6.1.1), (6.1.2) 的正解存在性. 记

$$\Lambda = \rho \int_{\delta}^{1-\delta} H\left(\frac{1}{2}, s\right) \mathrm{d}s.$$

定理 6.1.8　假设 $(\mathrm{H}_{6.1.1})$ 成立, P 为正规锥. 如果 $\frac{1}{2}\gamma f^0 < 1 < \Lambda(\psi f)_\infty$, 则边值问题 (6.1.1), (6.1.2) 至少存在一个正解.

证明　算子 A 如 (6.1.3) 所定义. 由 $\frac{1}{2}\gamma f^0 < 1 < \Lambda(\psi f)_\infty$ 知, 存在 $\overline{r}_1 > 0$ 使得 $\|f(t,u)\| \leqslant (f^0 + \varepsilon_1)\|u\|$, $t \in J, u \in K$, $\|u\| \leqslant \overline{r}_1$, 其中 $\varepsilon_1 > 0$ 满足 $\frac{1}{2}\gamma(f^0 + \varepsilon_1) \leqslant 1$.

取 $r_1 \in (0, \overline{r}_1)$. 则对于 $t \in J, u \in K, \|u\|_c = r_1$, 由引理 6.1.4 得

$$\|(Au)(t)\| \leqslant \frac{1}{2}\gamma \int_0^1 \|f(s, u(s))\| \mathrm{d}s \leqslant \frac{1}{2}\gamma(f^0 + \varepsilon_1)\int_0^1 \|u(s)\|\mathrm{d}s$$

$$\leqslant \frac{1}{2}\gamma(f^0 + \varepsilon_1)\int_0^1 \|u\|_c \mathrm{d}s \leqslant \|u\|_c,$$

即对于 $u \in K, \|u\|_c = r_1$, 有

$$\|Au\|_c \leqslant \|u\|_c. \tag{6.1.14}$$

由 $1 < \Lambda(\psi f)_\infty$ 知, 存在 $\overline{r}_2 > 0$ 使得

$$\psi(f(t, u(t))) \geqslant ((\psi f)_\infty - \varepsilon_2)\|u\|, \quad t \in J, u \in P, \|u\| \geqslant \overline{r}_2,$$

其中 $\varepsilon_2 > 0$ 满足 $((\psi f)_\infty - \varepsilon_2)\|u\|\Lambda \geqslant 1$.

令 $r_2 = \max\left\{2r_1, \dfrac{\overline{r}_2}{\rho}\right\}$. 则对于 $t \in J_\delta, u \in K, \|u\|_c = r_2$, 由引理 6.1.4 知, $\|u\| \geqslant \rho\|u\|_c \geqslant \overline{r}_2$, $\psi\left((Au)\left(\frac{1}{2}\right)\right) \leqslant \left\|\psi(Au)\left(\frac{1}{2}\right)\right\| \leqslant \|\psi\|\left\|(Au)\left(\frac{1}{2}\right)\right\| =$

$\left\| (Au)\left(\dfrac{1}{2}\right)\right\|$, 从而有

$$\left\| (Au)\left(\frac{1}{2}\right)\right\| \geqslant \psi\left((Au)\left(\frac{1}{2}\right)\right) = \int_0^1 H\left(\frac{1}{2}, s\right)\psi(f(s, u(s)))\mathrm{d}s$$

$$\geqslant \int_\delta^{1-\delta} H\left(\frac{1}{2}, s\right)\psi(f(s, u(s)))\mathrm{d}s$$

$$\geqslant ((\psi f)_\infty - \varepsilon_2)\int_\delta^{1-\delta} H\left(\frac{1}{2}, s\right)\|u(s)\|\mathrm{d}s$$

$$\geqslant ((\psi f)_\infty - \varepsilon_2)\rho\|u\|_c \int_\delta^{1-\delta} H\left(\frac{1}{2}, s\right)\mathrm{d}s \geqslant \|u\|_c,$$

即对于 $u \in K$, $\|u\|_c = r_2$, 有

$$\|Au\|_c \geqslant \|u\|_c. \tag{6.1.15}$$

由引理 1.2.14 知算子 A 至少存在一个不动点 $u^* \in \overline{K}_{r_1,r_2}$, $r_1 \leqslant \|u^*\| \leqslant r_2$, $u^*(t) \geqslant \rho\|u^*\| > 0$, $t \in J_\delta$. 从而边值问题 (6.1.1), (6.1.2) 至少存在一个正解 u^*. □

类似可得如下结果.

推论 6.1.9 假设 (H$_{6.1.1}$) 成立, P 为正规锥. 如果 $\dfrac{1}{2}\gamma f^0 < 1 < \Lambda f_\infty$, 则边值问题 (6.1.1), (6.1.2) 至少存在一个正解.

定理 6.1.10 假设 (H$_{6.1.1}$) 成立, P 为正规锥. 如果 $\dfrac{1}{2}\gamma f^\infty < 1 < \Lambda(\psi f)_0$, 则边值问题 (6.1.1), (6.1.2) 至少存在一个正解.

证明 令算子 A 如 (6.1.3) 所定义. 由 $\Lambda(\psi f)_0 > 1$ 知存在 $\bar{r}_3 > 0$ 使得 $\psi(f(t, u)) \geqslant ((\psi f)_0 - \varepsilon_3)\|u\|$, $t \in J$, $u \in K$, $\|u\| \leqslant \bar{r}_3$, 其中 $\varepsilon_3 > 0$ 满足 $((\psi f)_0 - \varepsilon_3)\Lambda \geqslant 1$.

令 $r_3 \in (0, \bar{r}_3)$, 则对于 $t \in J$, $u \in K$, $\|u\|_c = r_3$, 有

$$\left\| (Au)\left(\frac{1}{2}\right)\right\| \geqslant \psi\left((Au)\left(\frac{1}{2}\right)\right) = \int_0^1 H\left(\frac{1}{2}, s\right)\psi(f(s, u(s)))\mathrm{d}s$$

$$\geqslant \int_\delta^{1-\delta} H\left(\frac{1}{2}, s\right)\psi(f(s, u(s)))\mathrm{d}s$$

$$\geqslant ((\psi f)_0 - \varepsilon_3)\int_\delta^{1-\delta} H\left(\frac{1}{2}, s\right)\|u(s)\|\mathrm{d}s$$

$$\geqslant ((\psi f)_0 - \varepsilon_3)\rho\|u\|_c \int_\delta^{1-\delta} H\left(\frac{1}{2}, s\right) ds \geqslant \|u\|_c,$$

即对于 $u \in K$, $\|u\|_c = r_3$, 有

$$\|Au\|_c \geqslant \|u\|_c. \tag{6.1.16}$$

如果 $\frac{1}{2}\gamma f^\infty < 1$, 则存在 $\overline{r}_4 > 0$ 使得

$$\|f(t,u)\| \leqslant (f^\infty + \varepsilon_4)\|u\|, \quad t \in J, \ u \in P, \ \|u\| \geqslant \overline{r}_4,$$

其中 $\varepsilon_4 > 0$ 满足 $\frac{1}{2}(f^\infty + \varepsilon_4)\gamma < 1$.

记 $M = \max\limits_{u \in K, \|u\|_c \leqslant \overline{r}_4, t \in J} \|f(t, u(t))\|$, 则 $\|f(t,u)\| \leqslant M + (f^\infty + \varepsilon_4)\|u\|$, $u \in K, t \in J$.

取 $r_4 \geqslant \max\left\{ r_3, \overline{r}_4, \frac{1}{2}\gamma M \left(1 - \frac{1}{2}\gamma(f^\infty + \varepsilon_4)\right)^{-1} \right\}$. 那么对于 $u \in K$, $\|u\|_c = r_4$, 有

$$\begin{aligned}
\|(Au)(t)\| &\leqslant \frac{1}{2}\gamma \int_0^1 \|f(s,u(s))\| ds \leqslant \frac{1}{2}\gamma \int_0^1 [M + (f^\infty + \varepsilon_4)\|u(s)\|] ds \\
&\leqslant \frac{1}{2}\gamma M + \frac{1}{2}\gamma(f^\infty + \varepsilon_4)\|u\|_c \\
&\leqslant \left(1 - \frac{1}{2}\gamma(f^\infty + \varepsilon_4)\right) r_4 + \frac{1}{2}\gamma(f^\infty + \varepsilon_4)\|u\|_c \\
&= r_4 = \|u\|_c,
\end{aligned}$$

即对于 $u \in K$, $\|u\|_c = r_4$, 有

$$\|Au\|_c \leqslant \|u\|_c. \tag{6.1.17}$$

由引理 1.2.14 知 A 至少存在一个不动点 $u^* \in \overline{K}_{r_3,r_4}$, $r_3 \leqslant \|u^*\| \leqslant r_4$, $u^*(t) \geqslant \rho\|u^*\| > 0$, $t \in J_\delta$. 从而边值问题 (6.1.1), (6.1.2) 至少存在一个正解 u^*. □

类似可得如下结果.

推论 6.1.11　假设 $(H_{6.1.1})$ 成立, P 为正规锥. 如果 $\frac{1}{2}\gamma f^\infty < 1 < \Lambda f_0$, 则边值问题 (6.1.1), (6.1.2) 至少存在一个正解.

定理 6.1.12   假设 $(H_{6.1.1})$ 成立, P 为正规锥且下面的两个条件成立.

(i) $\Lambda(\psi f)_0 > 1$, $\Lambda(\psi f)_\infty > 1$;

(ii) 存在 $b > 0$ 使得 $\sup\limits_{t \in J, u \in P_b} \|f(t, u)\| < 2\gamma^{-1}b$,

则边值问题 (6.1.1), (6.1.2) 至少存在两个正解 $u_1(t), u_2(t)$ 满足

$$0 < \|u_1\|_c < b < \|u_2\|_c. \tag{6.1.18}$$

证明   取 r, R 使得 $0 < r < b < R$. 若 $\Lambda(\psi f)_0 > 1$, 则由 (6.1.16) 的证明知

$$\|Au\|_c \geqslant \|u\|_c, \quad u \in K, \quad \|u\| = r.$$

如果 $\Lambda(\psi f)_\infty > 1$, 则由 (6.1.15) 的证明知

$$\|Au\|_c \geqslant \|u\|_c, \quad u \in K, \quad \|u\| = R.$$

另一方面, 由引理 6.1.4 知, 对于 $u \in K$, $\|u\|_c = b$, 有

$$\|(Au)(t)\| \leqslant \frac{1}{2}\gamma \int_0^1 \|f(s, u(s))\| \mathrm{d}s \leqslant \frac{1}{2}\gamma\overline{M}, \tag{6.1.19}$$

其中

$$\overline{M} = \{\|f(t, u)\| \mid t \in J, u \in P_b\} < 2\gamma^{-1}b. \tag{6.1.20}$$

由 (6.1.19) 和 (6.1.20) 知

$$\|Au\|_c < b = \|u\|_c. \tag{6.1.21}$$

由引理 1.2.14 得 A 至少存在两个不动点 $u_1 \in \overline{K}_{r,b}$, $u_2 \in \overline{K}_{b,R}$. 所以边值问题 (6.1.1), (6.1.2) 至少存在两个正解 $u_1(t)$ 和 $u_2(t)$. 由 (6.1.21), $\|u_1\|_c \neq b$, $\|u_2\|_c \neq b$, 即 (6.1.18) 成立.   □

类似可得如下结果.

推论 6.1.13   假设 $(H_{6.1.1})$ 成立, P 是正规锥且下面的两个条件成立.

(i) $\Lambda f_0 > 1$, $\Lambda(\psi f)_\infty > 1$;

(ii) 存在 $b > 0$ 使得 $\sup\limits_{t \in J, u \in P_b} \|f(t, u)\| < 2\gamma^{-1}b$,

则边值问题 (6.1.1), (6.1.2) 至少存在两个正解 $u_1(t), u_2(t)$ 满足 (6.1.18).

推论 6.1.14   假设 $(H_{6.1.1})$ 成立, P 是正规锥且下面的条件成立.

(i) $\Lambda(\psi f)_0 > 1$, $\Lambda f_\infty > 1$;

(ii) 存在 $b > 0$ 使得 $\sup\limits_{t \in J, u \in P_b} \|f(t, u)\| < 2\gamma^{-1}b$,

则边值问题 (6.1.1), (6.1.2) 至少存在两个正解 $u_1(t)$, $u_2(t)$ 满足 (6.1.18).

推论 6.1.15　　假设 $(H_{6.1.1})$ 成立, P 是正规锥且下面的条件成立.

(i) $\Lambda f_0 > 1$, $\Lambda f_\infty > 1$;

(ii) 存在 $b > 0$ 使得 $\sup\limits_{t \in J, u \in P_b} \|f(t, u)\| < 2\gamma^{-1} b$,

则边值问题 (6.1.1), (6.1.2) 至少存在两个正解 $u_1(t), u_2(t)$ 满足 (6.1.18).

定理　6.1.16　　假设 $(H_{6.1.1})$, P 为正规体锥且下面的两个条件成立.

(i) $\dfrac{1}{2}\gamma f^0 < 1$, $\dfrac{1}{2}\gamma f^\infty < 1$.

(ii) 存在 $w \gg \theta$, $t \in J_\delta$ 和 $m > 0$ 使得

$$f(t, u) \geqslant mw, \quad t \in J, \quad u \geqslant w,$$

$$m\rho^* > 1, \tag{6.1.22}$$

其中

$$\rho^* = \rho \int_\delta^{1-\delta} H(v, s)\mathrm{d}s. \tag{6.1.23}$$

则边值问题 (6.1.1), (6.1.2) 至少存在两个正解.

证明　　算子 A 如 (6.1.3) 所定义. 考虑到 (i), 由定理 6.1.8 和定理 6.1.10 知 (6.1.14), (6.1.17) 成立. 取

$$R > \max\left\{\frac{2}{\rho}\|w\|, r_4\right\}, \tag{6.1.24}$$

其中 r_4 如定理 6.1.10 所定义.

令 $U_1 = \{u \in Q \mid \|u\|_c < R\}$, 则 $\overline{U}_1 = \{u \in Q \mid \|u\|_c \leqslant R\}$, 由 (6.1.17) 得

$$\|Au\|_c < \|u\|_c, \quad \forall u \in \overline{U}_1,$$

即 $\forall u \in \overline{U}_1$,

$$A(\overline{U}_1) \subset U_1. \tag{6.1.25}$$

取 $0 < r < \min\left\{\dfrac{\rho}{2}\|w\|, r_1\right\}$, 其中 r_1 如定理 6.1.8 所定义. 取 $U_2 = \{u \in Q \mid \|u\|_c < r\}$, 则 $\overline{U}_2 = \{u \in Q \mid \|u\|_c \leqslant r\}$, 由 (6.1.14) 知

$$\|Au\|_c \leqslant \|u\|_c, \quad \forall u \in \overline{U}_2,$$

即 $\forall u \in \overline{U}_2$,

$$A(\overline{U}_2) \subset U_2. \tag{6.1.27}$$

令 $U_3 = \{u \in Q \mid \|u\|_c < R, \ u \gg w, \ \forall t \in J_\delta\}$. 由 [69] 中定理 1 的证明可得 U_3 在 Q 中是开的.

取 $h(t) = \dfrac{2}{\rho} tw$, 易证 $h \in Q$, $\|h\|_c \leqslant \dfrac{2}{\rho}\|w\| < R$, $h(t) \geqslant 2w \gg w$, $t \in J_\delta$. 因此, $h \in U_3$, $U_3 \neq \varnothing$.

$\forall u \in U_3$, 由 (6.1.24) 知 $\|Au\|_c < R$. 另一方面, 由 (6.1.22) 和 (6.1.23) 知

$$
\begin{aligned}
(Au)(t) &= \int_0^1 H(t,s)f(s,u(s))\mathrm{d}s \\
&\geqslant \rho \int_\delta^{1-\delta} H(v,s)mw\mathrm{d}s \\
&\gg w, \quad v \in J, \ t \in J_\delta.
\end{aligned} \tag{6.1.28}
$$

从而,

$$
A(\overline{U}_3) \subset U_3. \tag{6.1.29}
$$

又因为 U_1, U_2 和 U_3 是 Q 中的非空有界凸开集, 所以由 (6.1.25), (6.1.27), (6.1.29), [93] 中的推论 1.2.3 知

$$
i(A, U_i, Q) = 1, \quad i = 1, 2, 3. \tag{6.1.30}
$$

另一方面, $\forall u \in U_3$, 有 $u(\rho) \gg w$, 则

$$
\|u\|_c \geqslant \|u(\rho)\| \geqslant \|w\|.
$$

由 r 的定义知

$$
U_2 \subset U_1, \quad U_3 \subset U_1, \quad U_2 \cap U_3 = \varnothing. \tag{6.1.31}
$$

由 (6.1.30) 和 (6.1.31) 得

$$
i(A, U_1 \setminus (U_2 \cup U_3), Q) = i(A, U_1, Q) - i(A, U_2, Q) - i(A, U_3, Q) = -1. \tag{6.1.32}
$$

最后, 由 (6.1.30) 和 (6.1.32) 得 A 存在两个不动点 $u_1 \in U_3$, $u_2 \in U_1 \setminus (U_2 \cup U_3)$. 由 (6.1.28) 得 $u_1(t) \gg u$, $t \in J_\delta$, 显然 $\|u_2\|_c > r$, $u_1(t) \neq \theta$, $u_2(t) \neq \theta$. 由引理 1.2.15 知结论成立. $\qquad\square$

接下来给出边值问题 (6.1.1), (6.1.2) 正解的不存在性结论.

定理 6.1.17 假设 $(\mathrm{H}_{6.1.1})$ 成立, P 为正规锥, 且对于 $u \in P, \|u\| > 0$, $\Lambda\psi(f(t,u)) > \|u\|$. 则边值问题 (6.1.1), (6.1.2) 不存在正解.

证明　假设 $u(t)$ 是边值问题 (6.1.1), (6.1.2) 的正解. 则 $u \in K, \|u\|_c > 0$, $t \in J$,

$$\|u\|_c \geqslant \int_0^1 H\left(\frac{1}{2}, s\right) \psi(f(s, u(s))) \mathrm{d}s > \Lambda^{-1} \int_0^1 H\left(\frac{1}{2}, s\right) \|u(s)\| \mathrm{d}s$$

$$\geqslant \Lambda^{-1} \rho \|u\|_c \int_\delta^{1-\delta} H\left(\frac{1}{2}, s\right) \mathrm{d}s = \|u\|_c,$$

矛盾. □

定理 6.1.18　假设 $(H_{6.1.1})$ 成立, P 是正规锥且对于 $u \in P, \|u\|_c > 0$, $\frac{1}{2}\gamma\|f(t, u)\| < \|u\|$. 则边值问题 (6.1.1), (6.1.2) 不存在正解.

证明　假设 $u(t)$ 是边值问题 (6.1.1), (6.1.2) 的正解, 则 $u \in K, \|u\|_c > 0$, $t \in J$, 且

$$\|u\|_c = \max_{t \in J} \|u(t)\| \leqslant \frac{1}{2}\gamma \int_0^1 \|f(s, u(s))\| \mathrm{d}s$$

$$< \frac{1}{2}\gamma 2\gamma^{-1}\|u\|_c \leqslant \|u\|_c,$$

矛盾. □

推论 6.1.19　假设 $(H_{6.1.1})$ 成立, P 为正规锥且对于所有的 $u \in P, \|u\| > 0$, $\Lambda\|f(t, u)\| > \|u\|$. 则边值问题 (6.1.1), (6.1.2) 不存在正解.

6.1.3 例子

例 6.1.1　考虑下面的三阶有限系统微分方程:

$$\begin{cases} u_i'''(t) + \dfrac{t}{3}u_i + 300\sin u_i = 0, & 0 < t < 1, \\ u_i(0) = 0, \ u_i''(0) = 0, \ u_i(1) = \displaystyle\int_0^1 u_i(t)\mathrm{d}t. \end{cases} \tag{6.1.33}$$

结论　系统 (6.1.33) 至少存在一个正解 $u_i(t), t \in J$.

证明　令 $E = R^n = \{u = (u_1, u_2, \cdots, u_n) : u_i \in R, i = 1, 2, \cdots, n\}$, $\|u\| = \max\limits_{1 \leqslant i \leqslant n} |u_i|$ 且 $P = \{u = (u_1, u_2, \cdots, u_n) : u_i \geqslant 0, i = 1, 2, \cdots, n\}$. 则 P 是 E 中的正规锥, 系统 (6.1.33) 可以转化为形式 (6.1.1), 其在 E 中的边界条件为 (6.1.2). 此时, $u = (u_1, u_2, \cdots, u_n)$, $g = 1$, $f = (f_1, f_2, \cdots, f_n)$, 其中 $f_i \ (i = 1, 2, \cdots, n)$ 为

$$f_i(t, u_i) = \frac{t}{3}u_i + 300\sin u_i.$$

另一方面, 我们得到 $P^* = P$. 如果取 $\psi = (1, 1, \cdots, 1)$, 则对于任意 $u \in P$, 有

$$\psi(f(t, u)) = \sum_{i=1}^{n} f_i(t, u).$$

显然, 由于 E 是有限维, $(H_{6.1.1})$ 显然成立.

下证定理 6.1.10 的所有条件均成立.

易得 $\sigma = \displaystyle\int_0^1 sg(s)\mathrm{d}s = \dfrac{1}{2}$, $\gamma = \dfrac{1 + \displaystyle\int_0^1 (1-s)g(s)\mathrm{d}s}{1-\sigma} = 3$, 且

$$G\left(\frac{1}{2}, s\right) = \begin{cases} \dfrac{1}{4}(1-s)^2 - \dfrac{1}{2}\left(\dfrac{1}{2} - s\right)^2, & 0 \leqslant s \leqslant \dfrac{1}{2} \leqslant 1, \\ \dfrac{1}{4}(1-s)^2, & 0 \leqslant \dfrac{1}{2} \leqslant s \leqslant 1, \end{cases}$$

$$H\left(\frac{1}{2}, s\right) = G\left(\frac{1}{2}, s\right) + \frac{1/2}{1-\sigma}\int_0^1 G(\tau, s)g(\tau)\mathrm{d}\tau,$$

$$= G\left(\frac{1}{2}, s\right) + \frac{1}{4}(1-s)^2 - \frac{1}{6}(1-s)^3.$$

取 $\delta = \dfrac{1}{8} \in \left(0, \dfrac{1}{2}\right)$, 则 $\rho = 4\delta^2(1-\delta) = \dfrac{7}{128}$, $\Lambda = \rho \displaystyle\int_{\frac{1}{8}}^{\frac{7}{8}} H\left(\frac{1}{2}, s\right)\mathrm{d}s = \dfrac{35}{8192}$.

由于

$$f^\infty = \limsup_{\|u\| \to \infty} \max_{t \in J} \frac{\|f(t, u)\|}{\|u\|}$$

$$= \lim_{\|u\| \to \infty} \frac{\displaystyle\max_{1 \leqslant i \leqslant n}\left\{\dfrac{t}{3}u_i + 300\sin u_i\right\}}{\displaystyle\max_{1 \leqslant i \leqslant n} u_i} = \frac{1}{3},$$

则有 $\dfrac{1}{2}\gamma f^\infty = \dfrac{1}{2} < 1$.

另一方面, $\psi(u) \geqslant \|u\|$, 则 $\forall u \in P$, 有

$$\frac{\psi(f(t, u))}{\|u\|} \geqslant \frac{\|f(t, u)\|}{\|u\|} = \frac{\displaystyle\max_{1 \leqslant i \leqslant n}\left\{\dfrac{t}{3}u_i + 300\sin u_i\right\}}{\displaystyle\max_{1 \leqslant i \leqslant n} u_i}$$

$$\to 300\frac{1}{3} \quad (\|u\| \to 0),$$

从而 $\Lambda(\psi f)_0 > 1$. 综上, 定理 6.1.10 的所有条件均满足, 从而结论成立. $\qquad\square$

6.2　Banach 空间中带有积分边界条件的三阶边值问题研究 II

本节研究三阶常微分方程

$$u''' + f(t, u(t)) = \theta, \quad t \in J \tag{6.2.1}$$

在积分边界条件

$$u(0) = \int_0^1 g(t)u(t)\mathrm{d}t, \quad u''(1) = \theta, \quad u(1) = \theta \tag{6.2.2}$$

下的边值问题.

该节研究边值问题 (6.2.1), (6.2.2). 方法和 6.1.2 小节类似, 因此本节的证明略去.

我们总假设 $(\mathrm{H}_{6.2.1})$ $f \in C(J \times P, P)$, 对于任意的 $l > 0$, f 在 $J \times P_1$ 上一致连续. 假设 $g \in L^1[0, 1]$ 是非负的, $\widetilde{\sigma} \in [0, 1)$, 且存在非负常数 η_l 满足 $\widetilde{\gamma}\widetilde{\eta}_l < 1$ 使得

$$\alpha(f(t, S)) \leqslant \widetilde{\eta}_l \alpha(S), \quad t \in J, \ S \in P_1,$$

其中 $\widetilde{\gamma} = \dfrac{1 + \displaystyle\int_0^1 sg(s)\mathrm{d}s}{1 - \widetilde{\sigma}}$, $\widetilde{\sigma} = \displaystyle\int_0^1 (1-s)g(s)\mathrm{d}s$, 且定义算子 $\widetilde{A}$:

$$(\widetilde{A}u)(t) = \int_0^1 \widetilde{H}(t, s)f(s, u(s))\mathrm{d}s, \tag{6.2.3}$$

其中

$$\widetilde{H}(t, s) = G(t, s) + \frac{1 - t}{1 - \widetilde{\sigma}} \int_0^1 G(\tau, s)g(\tau)\mathrm{d}\tau,$$

$G(t, s)$ 如 (6.1.5) 所定义.

显然 $u(t)$ 是边值问题 (6.2.1), (6.2.2) 的正解当且仅当 u 为算子方程 (6.2.3) 的解. 通过类似的分析, 可得出如下的结论.

引理 6.2.1　假设 $(\mathrm{H}_{6.2.1})$ 成立, 则有

$$\widetilde{H}(t, s) \leqslant \frac{1}{2}\widetilde{\gamma}, \quad t \in [0, 1],$$

$$\widetilde{H}(t,s) \geqslant \rho \widetilde{H}(v,s), \quad t \in J_\delta, \; v,s \in [0,1],$$

其中 $\widetilde{\gamma}$ 如 (H$_{6.2.1}$) 所定义.

引理 6.2.2　假设 (H$_{6.2.1}$) 成立, 则对于任意的 $l > 0$, $\widetilde{A}$ 在 $Q \cap B_l$ 上是严格的集压缩算子, 即存在常数 $0 \leqslant \widetilde{k}_l < 1$ 使得对于 $S \subset Q \cap B_l$, $\alpha(A(S)) \leqslant \widetilde{k}_l \alpha(S)$.

引理 6.2.3　假设 (H$_{6.2.1}$) 成立, 则 $\widetilde{A}(K) \subset K$ 且 $\widetilde{A} : K_{r,R} \to K$ 是严格的集压缩算子.

记 $\widetilde{\Lambda} = \rho \displaystyle\int_\delta^{1-\delta} \widetilde{H}\left(\frac{1}{2}, s\right) \mathrm{d}s.$

定理 6.2.4　假设 (H$_{6.2.1}$) 成立且 P 是正规锥. 如果 $\frac{1}{2}\widetilde{\gamma}f^0 < 1 < \widetilde{\Lambda}(\psi f)_\infty$, 则边值问题 (6.2.1), (6.2.2) 至少存在一个正解.

定理 6.2.5　假设 (H$_{6.2.1}$) 成立, P 是正规锥, 若 $\frac{1}{2}\widetilde{\gamma}f^\infty < 1 < \widetilde{\Lambda}(\psi f)_0$, 则边值问题 (6.2.1), (6.2.2) 至少存在一个正解.

定理 6.2.6　假设 (H$_{6.2.1}$) 成立, P 为正规锥且下面的两个条件成立.

(i) $\widetilde{\Lambda}(\psi f)_0 > 1$, $\widetilde{\Lambda}(\psi f)_\infty > 1$;

(ii) 存在 $b > 0$ 使得 $\displaystyle\sup_{t \in J, u \in P_b} \|f(t,u)\| < 2\widetilde{\gamma}^{-1}b$,

则边值问题 (6.2.1), (6.2.2) 至少存在两个正解 $u_1(t), u_2(t)$ 满足

$$0 < \|u_1\|_c < b < \|u_2\|_c.$$

定理 6.2.7　假设 (H$_{6.2.1}$) 成立, P 为正规锥且 $\widetilde{\Lambda}\psi(f(t,u)) > \|u\|$, $u \in P, \|u\| > 0$, 则边值问题 (6.2.1), (6.2.2) 不存在正解.

定理 6.2.8　假设 (H$_{6.2.1}$) 成立, P 为正规锥且 $\frac{1}{2}\widetilde{\gamma}\|f(t,u)\| < \|u\|$, 对于任意的 $u \in P, \|u\| > 0$, 则边值问题 (6.2.1), (6.2.2) 不存在正解.

第 7 章　离散动力系统的理论概要

种群动力学作为生物数学学科的一个重要分支, 一直受到中外学者的广泛关注. 运用微分方程动力系统理论对一些种群之间的相互作用 [相互竞争 (competitive)、互利共生 (coexistence)、寄生物-寄主 (parasite-host)、捕食 (predator-prey)] 进行合理的分析, 从数学的角度对不同种群的动力学行为进行研究, 从而能够更加合理地使人们认识种群动力学, 并且对一些种群之间的相互作用进行合理有效的控制, 进而使人类能够更好地保护生物种群和生态环境.

种群动力学的研究内容主要集中在系统平衡态的稳定性和分支, 极限环的存在性和稳定性, 种群的有界性、持久性和灭绝性, 系统正周期解的存在性、全局渐近稳定性和动力学行为的复杂性, 种群的开发、控制和利用, 等等. 主要借助动力系统、非线性分析、微分方程定性与稳定性方法、微分方程、积分方程、差分方程、脉冲微分方程、算子半群理论以及微分方程全局理论等已有的成果对种群生态模型的解进行研究.

连续模型和离散模型是种群动力系统的两类重要模型, 对种群动力学的研究有着十分重要的作用. 其中, 对于个体数量很大并且具有世代重叠的种群, 我们往往会采用连续模型; 而对种群数量较少或者无世代重叠的种群, 我们常常会采用离散模型.

本章主要介绍涉及离散动力系统的一些基本概念. 主要内容有离散系统的稳定性、中心流形定理、局部分支理论、混沌相关概念、Routh-Hurwitz 准则等内容.

7.1　离散动力系统的基本概念

在本书中, 我们考虑如下形式的 $C^r(r \geqslant 1)$ 方程:

$$x \to f(x) \quad x \in \mathbb{R}^n. \tag{7.1.1}$$

定义 7.1.1　称 (7.1.1) 为映射或差分方程, 也可称为离散动力系统.

定义 7.1.2　对于系统 (7.1.1), 如果有 $f(x^*) = x^*$, 则称点 x^* 为映射 f 的一个不动点 (或平衡点).

定义 7.1.3　称点集 $\{x_0, f(x_0), f^2(x_0), f^3(x_0), \cdots\}$ 为过点 x_0 的 (正向) 轨道, 记为 $O(x_0)$, 即

$$O(x_0) = \{x_0, f(x_0), f^2(x_0), f^3(x_0), \cdots\},$$

其中 $f^2 = f \circ f, f^3 = f \circ f \circ f, \cdots$.

在本书中我们讨论的系统都是不可逆的, 所以简称正向轨道为轨道.

定义 7.1.4   设 $f : I \to I$ 是一映射, x^* 为映射 f 的一个不动点, 其中 I 是实数集 $\mathbb{R}$ 中的一个区间, 则有

(1) 如果对于任意的 $\varepsilon > 0$, 存在 $\delta > 0$, 使得对于所有的 $|x_0 - x^*| < \delta \, (x_0 \in I)$, 有 $|f^n(x_0) - x^*| < \varepsilon \, (n \in \mathbb{Z}^+)$, 那么称 x^* 是稳定的. 否则, 称 x^* 是不稳定的.

(2) 如果存在 $\eta > 0$, 使得 $|x_0 - x^*| < \eta$, 即 $\lim\limits_{n \to \infty} f^n(x_0) = x^*$, 则称 x^* 是吸引的.

(3) 如果不动点 x^* 是稳定且吸引的, 则称 x^* 是渐近稳定的. 若 (2) 中 $\eta = \infty$, 则称 x^* 是全局渐近稳定的.

假设系统 (7.1.1) 有不动点 x^*, 即 $f(x^*) = x^*$, 其相应的线性映射为

$$x \to Ax \quad x \in \mathbb{R}^n, \tag{7.1.2}$$

其中 A 表示 $f(x)$ 在 x^* 处的 Jacobi 矩阵 $A = D_x f(x^*)$. 于是我们就可以通过线性近似系统 (7.1.2) 来判断系统 (7.1.1) 不动点的稳定性.

定理 7.1.1   如果 $D_x f(x^*)$ 的所有特征值的模都小于 1, 那么映射 (7.1.1) 的不动点是渐近稳定的; 如果 $D_x f(x^*)$ 的所有特征值的模都大于 1, 那么映射 (7.1.1) 的不动点是不稳定的.

证明   下面我们给出一维情况的证明.

设对于某个 $M > 0$ 有 $|f'(x^*)| < M < 1$, 于是存在一个开集 $I = (x^* - \varepsilon, x^* + \varepsilon)$, 使得对于所有 $x \in I$ 有 $|f'(x)| \leqslant M < 1$ 成立. 根据拉格朗日中值定理, 对于任意 $x_0 \in I$, 存在介于 x_0 和 x^* 的点 c 满足

$$|f(x_0) - x^*| = |f(x_0) - f(x^*)| = |f'(c)||x_0 - x^*| \leqslant M|x_0 - x^*|. \tag{7.1.3}$$

由于 $M < 1$, 所以由式 (7.1.3) 知 $f(x_0) \in I$.

重复上述过程, 用 $f(x_0)$ 代替 x_0, 可得

$$|f^2(x_0) - x^*| \leqslant M|f(x_0) - x^*| \leqslant M^2|x_0 - x^*|. \tag{7.1.4}$$

利用数学归纳法, 可证

$$|f^n(x_0) - x^*| \leqslant M^n|x_0 - x^*|. \tag{7.1.5}$$

对于任意 $\bar{\varepsilon} > 0$, 设 $\delta = \min(\varepsilon, \bar{\varepsilon})$, 则当 $|x_0 - x^*| < \delta$ 时, 有 $|f^n(x_0) - x^*| \leqslant M^n|x_0 - x^*| < \varepsilon$, 因此不动点 x^* 是稳定的.

另一方面, 对不等式 (7.1.5) 两边取极限可得 $\lim\limits_{n\to\infty} f^n(x_0) = x^*$, 所以不动点 x^* 是渐近稳定的.

对于定理 7.1.1 第二部分留给读者证明.   □

假设 x^* 为映射 (7.1.1) 的不动点, A 表示 $f(x)$ 在 x^* 处的 Jacobi 矩阵. 一般地, 不动点 (平衡点) 可分为两种类型: 双曲不动点和非双曲不动点. 如果 A 的特征值的模都不等于 1, 则称 x^* 为双曲不动点. 否则, 称它为非双曲不动点. 对于非双曲不动点, 要判断它的稳定性比较复杂. 下面我们就特别地介绍一些关于一维和二维映射非双曲不动点稳定性的判断准则, 首先给出一维的情况.

考虑 $C^r (r \geqslant 1)$ 映射:

$$x \to f(x), \quad x \in \mathbb{R}. \tag{7.1.6}$$

我们分 $f'(x^*) = 1$ 和 $f'(x^*) = -1$ 两种情况来介绍. 首先, 给出 $f'(x^*) = 1$ 时的判定准则.

定理 7.1.2   设 x^* 为映射 (7.1.6) 的不动点且满足 $f'(x^*) = 1$. 假定 $f'(x^*)$, $f''(x^*)$ 和 $f'''(x^*)$ 在 x^* 处连续, 那么有

(1) 如果 $f''(x^*) \neq 0$, 则 x^* 是不稳定的 (半稳定的);

(2) 如果 $f''(x^*) = 0$ 且 $f'''(x^*) > 0$, 则 x^* 是不稳定的;

(3) 如果 $f''(x^*) = 0$ 且 $f'''(x^*) < 0$, 则 x^* 是渐近稳定的.

证明   (1) 设 $f'(x^*) = 1$ 且 $f''(x^*) \neq 0$, 则 $f''(x^*) > 0$ 或者 $f''(x^*) < 0$.

如果 $f''(x^*) > 0$, 则 $f'(x)$ 在包含 x^* 的小区间内是递增的. 因此, 对于所有 $x \in (x^*, x^* + \delta)$ $(\delta > 0)$, 我们有 $f'(x) > 1$. 类似定理 7.1.2 的证明可得 x^* 是不稳定的.

类似地, 如果 $f''(x^*) < 0$, 则 $f'(x)$ 在包含 x^* 的小区间内是递减的. 因此, 对于所有 $x \in (x^* - \delta, x^*)$ $(\delta > 0)$, 我们有 $f'(x) > 1$, 因此 x^* 是渐近稳定的.

(2) 和 (3) 的证明留给读者完成.   □

例 7.1.1   考虑映射 $f(x) = -x^3 + x$, 给出系统的不动点及其稳定性.

解   解方程 $-x^3 + x = x$ 可得系统存在一个不动点 $x^* = 0$. 计算可得 $f'(0) = 1$, $f''(0) = 0$, $f'''(0) < 0$, 由定理 7.1.2 可知不动点 x^* 是渐近稳定的.

对于 $f'(x^*) = -1$ 的情况, 我们首先引入 Schwarz 导数的概念.

定义 7.1.5   一个函数 f 在点 x 处的 Schwarz 导数 $Sf(x)$ 为

$$Sf(x) = \frac{f'''(x)}{f'(x)} - \frac{3}{2}\left[\frac{f''(x)}{f'(x)}\right]^2. \tag{7.1.7}$$

下面给出这种情况下的判定准则.

定理 7.1.3 设 x^* 为映射 (7.1.6) 的不动点且满足 $f'(x^*) = -1$. 假定 $f'(x^*)$, $f''(x^*)$ 和 $f'''(x^*)$ 在 x^* 处连续, 那么有

(1) 如果 $Sf(x) < 0$, 则 x^* 是渐近稳定的;

(2) 如果 $Sf(x) > 0$, 则 x^* 是不稳定的.

证明 证明的主要思想是建立一个相关函数 g 满足 $g'(x^*) = 1$, 这样我们可以利用定理 7.1.2 的结论. 实际上, 设 $g = f \circ f = f^2$, 则有: (1) 如果 x^* 是 f 的一个不动点, 则 x^* 也是 g 的一个不动点; (2) 如果 x^* 关于 g 是渐近稳定 (不稳定的), 则 x^* 关于 f 也是渐近稳定的 (不稳定的).

由链式法则知

$$g'(x) = f'(f(x))f'(x), \tag{7.1.8}$$

于是

$$g'(x^*) = (f'(x^*))^2 = 1,$$

进一步计算可得

$$g''(x^*) = f'(x^*)f''(x^*) + (f'(x^*))^2 f''(x^*) = 0 \tag{7.1.9}$$

和

$$g'''(x^*) = -2f'''(x^*) - 3(f''(x^*))^2. \tag{7.1.10}$$

另一方面, 由方程 (7.1.8) 知,

$$g'''(x^*) = 2Sf(x^*). \tag{7.1.11}$$

根据定理 7.1.2, 结论得证. □

例 7.1.2 考虑区间 $[-3, 3]$ 上的映射 $f(x) = x^2 + 2x$, 给出系统的不动点及其稳定性.

解 解方程 $x^2 + 2x = x$ 可得系统存在不动点 $x_1^* = 0$ 和 $x_2^* = -2$. 对于不动点 x_1^*, 有 $f'(0) = 3$, 由定理 7.1.1 可知不动点 x_1^* 是不稳定的. 对于不动点 x_1^*, 有 $f'(-2) = -1$, 且

$$Sf(x) = \frac{f'''(x)}{f'(x)} - \frac{3}{2}\left[\frac{f''(x)}{f'(x)}\right]^2 = -6 < 0.$$

由定理 7.1.3 可得不动点 x_2^* 是渐近稳定的.

接下来我们给出判断二维映射非双曲不动点稳定性的准则. 我们主要给出 Jury 稳定判据, 用它可以判断系统不动点是渐近稳定的.

考虑二维线性映射:

$$x \rightarrow f(x) \quad x \in \mathbb{R}^2, \tag{7.1.12}$$

其中 $f(x) = Ax$, $A = \begin{pmatrix} a_{11}, & a_{12} \\ a_{21}, & a_{22} \end{pmatrix}$, 记 $\mathrm{tr}A = a_{11} + a_{22}$, $\det A = a_{11}a_{22} - a_{12}a_{21}$, $\rho(A) = \max\{|\lambda_1|, |\lambda_2| : \lambda_1, \lambda_2$ 为 A 的特征值$\}$.

对于上述系统我们有如下定理.

定理 7.1.4　对于系统 (7.1.12), $\rho(A) < 1$ 当且仅当下式成立

$$|\mathrm{tr}A| - 1 < \det A < 1. \tag{7.1.13}$$

证明　必要性: 假设 $\rho(A) < 1$. 设 λ_1, λ_2 为 A 的特征值, 则有 $|\lambda_1| < 1$ 和 $|\lambda_2| < 1$. 矩阵 A 的特征方程为 $\lambda^2 - \mathrm{tr}A + \det A = 0$, 所以特征值为

$$\lambda_1 = \frac{1}{2}\left[\mathrm{tr}A + \sqrt{(\mathrm{tr}A)^2 - 4\det A}\right],$$

$$\lambda_2 = \frac{1}{2}\left[\mathrm{tr}A - \sqrt{(\mathrm{tr}A)^2 - 4\det A}\right].$$

下面分两种情况考虑.

(1) λ_1, λ_2 为实根, 即 $(\mathrm{tr}A)^2 - 4\det A \geqslant 0$. 由 $-1 < \lambda_1, \lambda_2 < 1$ 知

$$-2 - \mathrm{tr}A < \sqrt{(\mathrm{tr}A)^2 - 4\det A} < 2 - \mathrm{tr}A, \tag{7.1.14}$$

$$-2 - \mathrm{tr}A < -\sqrt{(\mathrm{tr}A)^2 - 4\det A} < 2 - \mathrm{tr}A. \tag{7.1.15}$$

由 (7.1.14) 的第二个不等式可得

$$1 - \mathrm{tr}A + \det A > 0. \tag{7.1.16}$$

由 (7.1.15) 的第一个不等式可得

$$1 + \mathrm{tr}A + \det A > 0. \tag{7.1.17}$$

由 (7.1.14) 的第二个不等式和 (7.1.15) 的第一个不等式还可得到 $2 - \mathrm{tr}A > 0$ 和 $2 + \mathrm{tr}A > 0$, 即 $|\mathrm{tr}A| < 2$. 又因 $(\mathrm{tr}A)^2 - 4\det A \geqslant 0$, 所以有

$$\det A \leqslant (\mathrm{tr}A)^2 < 1. \tag{7.1.18}$$

由不等式 (7.1.16) $\sim$ (7.1.18), 可知 (7.1.13) 成立. 于是结论得证.

(2) λ_1, λ_2 为复根, 即 $(\mathrm{tr}A)^2 - 4\det A < 0$. 在这种情况下, 我们有

$$\lambda_1 = \frac{1}{2}\left[\mathrm{tr}A \pm \mathrm{i}\sqrt{4\det A - (\mathrm{tr}A)^2}\right],$$

且

$$|\lambda_1|^2 = |\lambda_2|^2 = \det A.$$

所以 $0 < \det A < 1$.

下面证 (7.1.16) 和 (7.1.17) 成立, 由于 $\det A > 0$, 所以 (7.1.16) 和 (7.1.17) 至少有一个成立. 不失一般性, 假设 $\mathrm{tr}A > 0$, 则 (7.1.16) 成立. 由于 $(\mathrm{tr}A)^2 - 4\det A < 0$, 所以 $\mathrm{tr}A < 2\sqrt{\det A} < 0$. 设 $x = \det A$, 则有 $f(x) = 1 + x - 2\sqrt{x} < 1 + \det A - \mathrm{tr}A$ 且 $x \in (0,1)$. 计算得 $f(0) = 0$, $f'(0) = 1 - \dfrac{1}{\sqrt{x}}$, 所以 f 在 $(0,1)$ 上是单调递减的, 于是 $1 + \det A - \mathrm{tr}A > f(x) > 0$. 结论得证.

充分性: 假设 (7.1.13) 成立, 分两种情况讨论.

(1) $(\mathrm{tr}A)^2 - 4\det A \geqslant 0$. 则

$$
\begin{aligned}
|\lambda_{1,2}| &= \frac{1}{2}\left|\mathrm{tr}A \pm \sqrt{(\mathrm{tr}A)^2 - 4\det A}\right| \\
&< \frac{1}{2}\left|\mathrm{tr}A \pm \sqrt{(\det A + 1)^2 - 4\det A}\right| \\
&< \frac{1}{2}\left(\det A + 1 + \sqrt{(\det A - 1)^2}\right) \\
&= \frac{1}{2}\left(\det A + 1 - (\det A - 1)\right) \\
&= 1.
\end{aligned}
$$

(2) $(\mathrm{tr}A)^2 - 4\det A < 0$. 则

$$
\begin{aligned}
|\lambda_{1,2}| &= \frac{1}{2}\left|\mathrm{tr}A \pm \mathrm{i}\sqrt{4\det A - (\mathrm{tr}A)^2}\right| \\
&= \frac{1}{2}\sqrt{(\mathrm{tr}A)^2 + 4\det A - (\mathrm{tr}A)^2} \\
&= \sqrt{\det A} \\
&< 1.
\end{aligned}
$$

于是可得 Jury 稳定判据. $\qquad\square$

推论 7.1.5 系统 (7.1.12) 的不动点是渐近稳定的当且仅当条件 (7.1.13) 成立.

7.2 离散系统的中心流形定理

中心流形定理是动力系统局部理论中最常用、最重要的方法之一, 在研究系统非双曲不动点的稳定性和分支的过程中起着重要作用, 它可以有效地降低系统的维数.

考虑如下离散系统:

$$\begin{cases} x_{n+1} = Ax_n + f(x_n, y_n), \\ y_{n+1} = By_n + g(x_n, y_n), \end{cases} \quad (x_n, y_n) \in \mathbb{R}^c \times \mathbb{R}^s \qquad (7.2.1)$$

其中 $f(0,0) = 0$, $g(0,0) = 0$, $Df(0,0) = 0$, $Dg(0,0) = 0$, 且 f, g 是 $C^r(r \geqslant 2)$ 的, A 是所有特征值的模都等于 1 的 $c \times c$ 矩阵, B 是所有特征值的模都小于 1 的 $s \times s$ 矩阵. 显然地, 点 $(x, y) = (0, 0)$ 是系统 (7.2.1) 的一个非双曲不动点, 线性近似不能够确定该不动点的稳定性, 因此我们不可以通过线性化的方法来判断它的稳定性, 需要使用中心流形定理来解决.

定理 7.2.1　系统 (7.2.1) 存在一个 C^r 的中心流形, 它可以局部表示成

$$W_{\mathrm{loc}}^c(0) = \left\{ (x, y) \in \mathbb{R}^c \times \mathbb{R}^s \big| y = h(x), |x| < \delta, h(0) = 0, Dh(0) = 0, 0 < \delta \ll 1 \right\}, \qquad (7.2.2)$$

并且系统 (7.2.1) 限制在中心流形上的动态可以通过下面的 c 维映射给出

$$u \to Au + f(u, h(u)) \quad (u \in \mathbb{R}^c,\ 0 < u \ll 1). \qquad (7.2.3)$$

证明　参看 [112].　　　　□

事实上, 不动点 $(x, y) = (0, 0)$ 的稳定性是由 $u = 0$ 的稳定性决定的, 下述定理给出它们的具体关系.

定理 7.2.2　(1) 如果系统 (7.2.3) 的零解 $u = 0$ 是稳定的 (渐近稳定的或不稳定的), 那么系统 (7.2.1) 的零解 $(x, y) = (0, 0)$ 也是稳定的 (渐近稳定的或不稳定的).

(2) 设系统 (7.2.3) 的零解 $u = 0$ 是稳定的, 若 (x_n, y_n) 是系统 (7.2.1) 的具有充分小初始值 (x_0, y_0) 的一个解, 那么系统 (7.2.3) 存在一个解 u_n, 使得对任意正整数 n 都有

$$|x_n - u_n| \leqslant k\beta^n, \quad |y_n - h(u_n)| \leqslant k\beta^n,$$

这里 $k > 0$, $0 < \beta < 1$ 是常数.

证明　参看 [112].　　　　□

依据定理 7.2.1和定理 7.2.2, 我们得知可以通过研究系统 (7.2.3) 的非双曲不动点 $u = 0$ 的局部动力学性质进而来研究系统 (7.2.1) 的动力学性质. 下面我们通过计算中心流形 (7.2.2) 来导出 (7.2.3) 的表达式, 因为 $y = h(x)$ 在 (7.2.1) 的作用下是不变的, 故 $h(x)$ 满足如下条件:

$$\begin{cases} x_{n+1} = Ax_n + f(x_n, h(x_n)), \\ y_{n+1} = h(x_{n+1}) = Bh(x_n) + g(x_n, h(x_n)), \end{cases} \qquad (7.2.4)$$

或者

$$N(h(x)) = h\left(Ax + f(x, h(x))\right) - Bh(x) - g(x, h(x)) = 0, \qquad (7.2.5)$$

这里 $h(x)$ 可以利用下面的定理通过级数展开的方法求得它的近似解.

定理 7.2.3 设 C^1 映射 $\phi : \mathbb{R}^c \to \mathbb{R}^c$ 满足 $\phi(0) = 0$, $\phi'(0) = 0$, 且 $N(\phi(x)) = O\left(|x|^q\right)$ $(x \to 0,\ q > 1)$, 那么

$$|h(x) - \phi(x)| = O\left(|x|^q\right), \quad x \to 0.$$

证明 参看 [112]. □

如果系统 (7.2.1) 是含参数的, 即有如下的形式:

$$\begin{cases} x_{n+1} = Ax_n + f\left(x_n, \varepsilon_n, y_n\right), \\ y_{n+1} = By_n + g\left(x_n, \varepsilon_n, y_n\right), \end{cases} \quad \left(x_n, \varepsilon_n, y_n\right) \in \mathbb{R}^c \times \mathbb{R}^p \times \mathbb{R}^s, \qquad (7.2.6)$$

其中 $f(0,0,0) = 0$, $g(0,0,0) = 0$, $Df(0,0,0) = 0$, $Dg(0,0,0) = 0$, 并且 f, g 是 C^r $(r \geqslant 2)$ 的, A 是所有特征值的模为 1 的 $c \times c$ 矩阵, B 是所有特征值的模都小于 1 的 $s \times s$ 矩阵.

若将 ε 作为一个新的独立变量 ε_n, 则系统 (7.2.6) 可以改写为

$$\begin{cases} x_{n+1} = Ax_n + f(x_n, \varepsilon_n, y_n), \\ \varepsilon_{n+1} = \varepsilon_n, \\ y_{n+1} = By_n + g(x_n, \varepsilon_n, y_n), \end{cases} \quad \left(x_n, \varepsilon_n, y_n\right) \in \mathbb{R}^c \times \mathbb{R}^p \times \mathbb{R}^s, \qquad (7.2.7)$$

那么系统 (7.2.6) 的一个中心流形可以被局部表示成

$$W_{\mathrm{loc}}^c(0) = \Big\{(x, \varepsilon, y) \in \mathbb{R}^c \times \mathbb{R}^p \times \mathbb{R}^s \,\big|\, y = h(x, \varepsilon), |x| < \delta, |\varepsilon| < \bar{\delta},$$

$$h(0,0) = 0, Dh(0,0) = 0,\ 0 < \delta,\ \bar{\delta} \ll 1 \Big\}. \qquad (7.2.8)$$

系统 (7.2.6) 限制在中心流形 (7.2.8) 上的动态可以由下面的映射给出:

$$\begin{cases} u \to Au + f(u, \varepsilon, h(u, \varepsilon)), \\ \varepsilon \to \varepsilon, \end{cases} \quad (u, \varepsilon) \in \mathbb{R}^c \times \mathbb{R}^p. \qquad (7.2.9)$$

例 7.2.1 考虑二维映射

$$\begin{pmatrix} x \\ y \end{pmatrix} \mapsto \begin{pmatrix} 0 & 1 \\ -\dfrac{1}{2} & \dfrac{3}{2} \end{pmatrix} \begin{pmatrix} x \\ y \end{pmatrix} + \begin{pmatrix} 0 \\ -y^3 \end{pmatrix}, \quad (x, y) \in \mathbb{R}^2. \qquad (7.2.10)$$

原点 $(0,0)$ 为映射的一个不动点, 计算其对应的线性部分的特征值可得 $\lambda_1 = 1$ 和 $\lambda_2 = \dfrac{1}{2}$, 相应的特征向量为 $v_1 = \begin{pmatrix} 1 \\ 1 \end{pmatrix}$ 和 $v_2 = \begin{pmatrix} 2 \\ 1 \end{pmatrix}$. 因此, 系统存在一个一维中心流形, 为了计算中心流形, 取可逆矩阵

$$T = \begin{pmatrix} 1 & 2 \\ 1 & 1 \end{pmatrix},$$

并设变换

$$\begin{pmatrix} x \\ y \end{pmatrix} = T \begin{pmatrix} u \\ v \end{pmatrix},$$

则映射 (7.2.10) 变为

$$\begin{pmatrix} u \\ v \end{pmatrix} \mapsto \begin{pmatrix} 1 & 0 \\ 0 & \dfrac{1}{2} \end{pmatrix} \begin{pmatrix} u \\ v \end{pmatrix} + \begin{pmatrix} f(u,v) \\ g(u,v) \end{pmatrix}, \tag{7.2.11}$$

其中 $f(u,v) = -2(u+v)^3$, $g(u,v) = (u+v)^3$.

为了计算中心流形

$$W_{\mathrm{loc}}^c(0) = \Big\{ (u,v) \big| \ v = h(u); h(0) = 0, Dh(0) = 0 \Big\}. \tag{7.2.12}$$

假设 $h(u)$ 有如下形式 $v = h(u) = au^2 + bu^3 + O(u^4)$, 则它必须满足

$$N(h(u)) = h\left(Au + f(u, h(u))\right) - Bh(u) - g\left(u, h(u)\right) = 0,$$

这里 $A = 1$, $B = \dfrac{1}{2}$. 计算上式, 我们可得

$$a\left(u - 2\left(u + au^2 + bu^3 + O(u^4)\right)^3\right)^2 + b\left(u - 2\left(u + au^2 + bu^3 + O(u^4)\right)^3\right)^3 + \cdots$$
$$- \frac{1}{2}\left(au^2 + bu^3 + O(u^4)\right) - \left(u + au^2 + bu^3 + O(u^4)\right) = 0,$$

或者

$$au^2 + bu^3 - \frac{1}{2}au^2 - \frac{1}{2}bu^3 - u^3 + O(u^4) = 0.$$

比较上面方程中两边同次项系数得

$$u^2: \quad a - \frac{1}{2}a = 0 \Rightarrow a = 0,$$

$$u^3: \quad b - \frac{1}{2}b - 1 = 0 \Rightarrow b = 2.$$

于是我们得到中心流形

$$h(u) = 2u^3 + O\left(u^4\right),$$

被限制到中心流形上的映射为

$$F : u \mapsto 2u^3 + O\left(u^4\right).$$

显然 $u^* = 0$ 为上式的不动点, 计算可得 $F'(0) = 1$, $F''(0) = 0$, $F'''(0) < 0$, 由定理 7.1.6 知 $u^* = 0$ 是渐近稳定的. 所以, 系统 (7.2.10) 的不动点 $(0,0)$ 是渐近稳定的.

注 7.2.1 特别地, 对于中心流形有如下两条性质:

(1) 不唯一性, 即中心流形虽然存在, 但是未必唯一.

(2) 可微性. 向量场是 C^r, 则中心流形是 C^r; 但是, 向量场是解析的, 则中心流形未必是解析的.

7.3 离散系统的局部分支理论

考虑 $\mathbb{R}^n \to \mathbb{R}^n$ 上的含参映射族

$$y \to g(y, \lambda), \quad y \in \mathbb{R}^n, \ \lambda \in \mathbb{R}^p, \tag{7.3.1}$$

这里映射 g 在 $\mathbb{R}^n \times \mathbb{R}^p$ 中的某足够大开集上是 C^r 的 (通常 $r \geqslant 5$). 假设系统 (7.3.1) 存在不动点 $(y, \lambda) = (y_0, \lambda_0)$, 即

$$g(y_0, \lambda_0) = y_0,$$

且系统 (7.3.1) 在不动点 (y_0, λ_0) 处的线性化映射是

$$\xi \to D_y g(y_0, \lambda_0)\xi, \quad \xi \in \mathbb{R}^n. \tag{7.3.2}$$

这样我们可以把系统 (7.3.1) 的不动点 (y_0, λ_0) 平移到原点 $(0, 0)$ 处, 所以 (y_0, λ_0) 附近的轨道结构可通过约简到中心流形上的映射来确定. 运用中心流形定理, 我们就可计算出确定原点 $(0, 0)$ 附近的轨道结构的中心流形. 下面我们考虑限制到中心流形上的单参映射在原点 $(0, 0)$ 处的局部分支, 通常有如下几种经典的分支情形.

(i) 一个特征值为 1 的情况.

假设 $D_y g(y_0, \lambda_0)$ 只有一个特征值为 1, 其余特征值的模都不等于 1, 则不动点 (y_0, λ_0) 附近的动态可约简到如下中心流形上

$$x \to f(x, \mu), \quad x \in \mathbb{R}^1, \ \mu \in \mathbb{R}^1, \tag{7.3.3}$$

这里 $\mu = \lambda - \lambda_0$, 并且有

$$f(0,0) = 0, \quad \frac{\partial f}{\partial x}(0,0) = 1.$$

(a) Saddle-Node 分支.

定理 7.3.1 (Saddle-Node 分支) 考虑系统 (7.3.3), 如果映射 f 满足 ① $f(0, 0) = 0$; ② $\frac{\partial f}{\partial x}(0,0) = 1$; ③ $\frac{\partial f}{\partial \mu}(0,0) \neq 0$; ④ $\frac{\partial^2 f}{\partial x^2}(0,0) \neq 0$, 那么系统 (7.3.3) 在不动点 $(0,0)$ 处发生 Saddle-Node (鞍-结点) 分支.

证明 参看 [113].   □

注 7.3.1 系统发生 Saddle-Node 分支时, 系统不动点的数目发生改变, 即当参数在分支值的一侧时, 系统无不动点, 但在另一侧时, 系统有两个不动点.

(b) Transcritical 分支.

定理 7.3.2 (Transcritical 分支) 考虑系统 (7.3.3), 如果映射 f 满足① $f(0, 0) = 0$; ② $\frac{\partial f}{\partial x}(0,0) = 1$; ③ $\frac{\partial f}{\partial \mu}(0,0) = 0$; ④ $\frac{\partial^2 f}{\partial x \partial \mu}(0,0) \neq 0$; ⑤ $\frac{\partial^2 f}{\partial x^2}(0,0) \neq 0$, 那么系统 (7.3.3) 在不动点 $(0,0)$ 处发生 Transcritical 分支.

证明 参看 [113].   □

注 7.3.2 系统发生 Transcritical 分支时, 系统在分支值两侧不动点的数目没有变化, 但是两个不动点的稳定性在 $\mu = 0$ 处发生了互换.

(c) Pitchfork 分支.

定理 7.3.3 (Pitchfork 分支) 考虑系统 (7.3.3), 如果映射 f 满足

(1) $f(0,0) = 0$;

(2) $\frac{\partial f}{\partial x}(0,0) = 1$;

(3) $\frac{\partial f}{\partial \mu}(0,0) = 0$;

(4) $\frac{\partial^2 f}{\partial x^2}(0,0) = 0$;

(5) $\frac{\partial^2 f}{\partial x \partial \mu}(0,0) \neq 0$;

(6) $\frac{\partial^3 f}{\partial x^3}(0,0) \neq 0$,

那么系统 (7.3.3) 在不动点 $(0,0)$ 处发生 Pitchfork 分支.

证明 参看 [113].   □

注 7.3.3 系统发生 Pitchfork 分支时, 系统在分支值两侧不动点的数目及稳定性都发生改变.

注 7.3.4 对应一个特征值为 1 的分支也称为折 (fold) 分支或切分支, 鞍-结点分支, 以及转向点分支.

(ii) 一个特征值为 −1 的情况.

假设 $D_y g(y_0, \lambda_0)$ 只有一个特征值等于 −1, 其余特征值的模都不等于 1, 则不动点 (y_0, λ_0) 附近的动态可约简到如下中心流形上

$$x \to f(x, \mu), \quad x \in \mathbb{R}, \ \mu \in \mathbb{R}, \tag{7.3.4}$$

这里 $\mu = \lambda - \lambda_0$, 并且有

$$f(0, 0) = 0, \quad \frac{\partial f}{\partial x}(0, 0) = -1.$$

定理 7.3.4 (flip 分支) 考虑系统 (7.3.4), 如果 f 满足

$$\alpha_1 = \left[\frac{\partial f}{\partial \mu} \cdot \frac{\partial^2 f}{\partial x^2} + 2 \frac{\partial^2 f}{\partial x \partial \mu} \right] \Bigg|_{(0,\,0)} \neq 0$$

和

$$\alpha_2 = \left[\frac{1}{2} \cdot \left(\frac{\partial^2 f}{\partial x^2} \right)^2 + \frac{1}{3} \cdot \frac{\partial^3 f}{\partial x^3} \right] \Bigg|_{(0,\,0)} \neq 0,$$

那么映射 (7.3.4) 在不动点 $(0,0)$ 处发生 flip (倍周期) 分支.

证明 参看 [114]. □

注 7.3.5 系统经历 flip 分支时会产生周期 2 点, 且周期 2 点的稳定性和分支方向由 α_2 的符号决定. 若 $\alpha_2 > 0$, 则周期 2 点是稳定的; 若 $\alpha_2 < 0$, 则周期 2 点是不稳定的.

(iii) 一对模为 1 的共轭复特征值的情况.

假设 $D_y g(y_0, \lambda_0)$ 只有一对共轭复特征值 $\lambda, \bar{\lambda} = \rho \pm i\omega (\rho, \ \omega \in \mathbb{R})$, 且 $|\lambda| = |\bar{\lambda}| = 1$, 利用中心流形定理, (7.3.1) 在不动点 (y_0, λ_0) 附近的动态可约简到如下二维中心流形上

$$\begin{pmatrix} \bar{x} \\ \bar{y} \end{pmatrix} \mapsto \begin{pmatrix} \rho & -\omega \\ \omega & \rho \end{pmatrix} \begin{pmatrix} \bar{x} \\ \bar{y} \end{pmatrix} + \begin{pmatrix} \bar{f}(\bar{x}, \bar{y}, \bar{\mu}) \\ \bar{g}(\bar{x}, \bar{y}, \bar{\mu}) \end{pmatrix}. \tag{7.3.5}$$

定理 7.3.5 (Neimark-Sacker 分支) 考虑系统 (7.3.5), 如果满足以下条件:

(1) $|\lambda(0)| = 1$ 且 $\lambda^n(0) \neq 1$, $n = 1, 2, 3, 4$,

(2) $\dfrac{d|\lambda(\bar{\mu})|}{d\bar{\mu}} \Bigg|_{\bar{\mu}=0} = d \neq 0$,

(3) $l_1 \neq 0$,

那么系统 (7.3.5) 在 $(0,\ 0)$ 处经历 Neimark-Sacker (环面) 分支, 且在 $\bar{\mu} = 0$ 的小邻域内产生一个不变环. 其中

$$l_1 = -\mathrm{Re}\left[\frac{(1-2\lambda)\bar{\lambda}^2}{1-\lambda}\xi_{11}\xi_{20}\right] - \frac{1}{2}|\xi_{11}|^2 - |\xi_{02}|^2 + \mathrm{Re}\left(\bar{\lambda}\xi_{21}\right),$$

且

$$\xi_{20} = \frac{1}{8}\left[\left(\bar{f}_{\bar{x}\bar{x}} - \bar{f}_{\bar{y}\bar{y}} + 2\bar{g}_{\bar{x}\bar{y}}\right) + \mathrm{i}\left(\bar{g}_{\bar{x}\bar{x}} - \bar{g}_{\bar{y}\bar{y}} - 2\bar{f}_{\bar{x}\bar{y}}\right)\right],$$

$$\xi_{11} = \frac{1}{4}\left[\left(\bar{f}_{\bar{x}\bar{x}} + \bar{f}_{\bar{y}\bar{y}}\right) + \mathrm{i}\left(\bar{g}_{\bar{x}\bar{x}} + \bar{g}_{\bar{y}\bar{y}}\right)\right],$$

$$\xi_{02} = \frac{1}{8}\left[\left(\bar{f}_{\bar{x}\bar{x}} - \bar{f}_{\bar{y}\bar{y}} - 2\bar{g}_{\bar{x}\bar{y}}\right) + \mathrm{i}\left(\bar{g}_{\bar{x}\bar{x}} - \bar{g}_{\bar{y}\bar{y}} + 2\bar{f}_{\bar{x}\bar{y}}\right)\right],$$

$$\xi_{21} = \frac{1}{16}\left[\left(\bar{f}_{\bar{x}\bar{x}\bar{x}} + \bar{f}_{\bar{x}\bar{y}\bar{y}} + \bar{g}_{\bar{x}\bar{x}\bar{y}} + \bar{g}_{\bar{y}\bar{y}\bar{y}}\right) + \mathrm{i}\left(\bar{g}_{\bar{x}\bar{x}\bar{x}} + \bar{g}_{\bar{x}\bar{y}\bar{y}} - \bar{f}_{\bar{x}\bar{x}\bar{y}} - \bar{f}_{\bar{y}\bar{y}\bar{y}}\right)\right].$$

证明   参看 [114].   □

注 7.3.6   定理 7.3.5 中不变环的稳定性是由 l_1 的符号决定的, 当 $l_1 < 0$ 时, 不变环是稳定的, 此时又称分支为超临界 Neimark-Sacker 分支; 当 $l_1 > 0$ 时, 不变环是不稳定的, 此时又称分支为次临界 Neimark-Sacker 分支.

上面介绍了离散系统的中心流形定理、局部分支理论, 对于连续系统也有类似的相关理论, 我们可以参看文献 [113, 114].

7.4   混沌的相关概念

7.4.1   混沌的定义

混沌是指确定性系统的貌似随机性的动力学行为, 它对初值的变化有着极端敏感性, 进而使得系统的长期动力学行为具有不可预测性 [115]. 混沌运动一般具有非常复杂的几何和统计特征, 至今为止, 关于混沌的概念尚未完全清楚, 在数学上混沌定义也没有统一. 目前已经存在的混沌定义都是不同领域的专家学者以不同的方式来理解和定义的. 目前, 影响比较广的混沌有 Li-Yorke 混沌、Marotto 混沌、Devaney 混沌以及 Wiggins 混沌 [113, 116-121] 等. 在这里我们就不一一详述, 下面主要介绍本书所涉及的 Marotto [121] 混沌定义.

我们考虑离散动力系统 $x_{n+1} = F(x_n)$, 其中 $F \in C^1 : \mathbb{R}^n \to \mathbb{R}^n$, $x_n \in \mathbb{R}^n$. $DF(x)$ 为 F 在 $x \in \mathbb{R}^n$ 处的 Jacobi 矩阵, $|DF(x)|$ 表示 $DF(x)$ 的行列式, $B_r(x)$ 表示的是以 x 为中心, r 为半径的闭球, $B_r^0(x)$ 表示其内部, $\|x\|$ 为 $\mathbb{R}^n$ 中欧氏 (Euclid) 范数.

定义 7.4.1 假设 F 在 $B_r(x_0)$ 中可微, 如果 $F(x_0) = x_0$, 并且对于任意的 $x \in B_r(x_0)$, 有 $DF(x)$ 的所有特征值的模都大于 1, 则称点 x_0 为系统 F 在 $B_r(x_0)$ 中的一个扩张不动点.

定义 7.4.2 假设 x_0 是映射 F 在 $B_r(x_0)$ 中的一个扩张不动点. 如果存在一点 $x_1 \in B_r(x_0)$ 满足 $x_1 \neq x_0$, 且对于某个正整数 M 有 $F^M(x_1) = x_0$ 和 $|DF^M(x_1)| \neq 0$, 则称 x_0 为 F 的一个排斥回归子 (snap-back repeller).

定义 7.4.3 (Marotto 混沌) 如果 F 有一个排斥回归子, 那么称 F 是混沌的, 即

(1) 存在一个正整数 N, 使得对每一个正整数 $P \geqslant N$, F 有周期为 P 的点.

(2) 存在 F 的一个 "混沌集", 即 F 有一个不含周期点的不可数集 S, 满足

(a) $F[S] \subset S$;

(b) 对于任意的 $x, y \in S$, $x \neq y$, 有

$$\limsup_{m \to \infty} \|f^m(x) - f^m(y)\| > 0;$$

(c) 对任意的 $x \in S$ 以及 F 的任意周期点 y, 有

$$\limsup_{m \to \infty} \|f^m(x) - f^m(y)\| > 0.$$

(3) 存在一个不可数子集 $S_0 \subset S$, 使得对于任意 $x, y \in S_0$, 有

$$\liminf_{m \to \infty} \|f^m(x) - f^m(y)\| = 0.$$

7.4.2 混沌的检验

通常用来判断混沌的方法有以下几种:

(a) 混沌定义.

(b) 分支图. 分支是通向混沌的一个重要的道路, 通过观察分支图的情况可以对混沌行为进行判断.

(c) 观察相图或时间序列图. 封闭曲线描绘的是周期运动, 而混沌运动对应的则是在一个有限区域中随机分布的轨迹.

(d) 分形维数.

(e) Lyapunov 指数谱. Lyapunov 指数是衡量系统动力学性质的一个重要的定量指标, 它表征了相空间中两条相邻的轨道之间收敛或者发散的平均指数率, 一般地, 我们用最大 Lyapunov 指数来判断系统是否存在混沌行为.

(f) 功率谱.

(g) Smale 马蹄变换的存在性或横截同宿点理论等.

下面介绍本书中涉及的分形维数和离散系统的 Lyapunov 指数谱定义.

(1) 分形维数.

分形维数 (fractal dimension) 是定量描述复杂几何体分形结构不规则性、自相似性或者破碎程度的量度, 其反映了复杂几何体占有空间的有效性, 通常简称分维. 一般地, 在欧氏空间中, 我们又称分形维数为整数维数. 分形维数的概念是 Hausdorff 在 1910 年首先提出来的, 之后 Pontryagin 等于 1932 年引入了盒维数的定义, 接着 Besicovitch 在 1934 年又给出了 Hausdorff-Besicovitch 维数的概念. 而为了能够更好地刻画客观事物的不规则程度, 在 1919 年, 研究者们又把维数从整数拓展到分数, 这突破了一般拓扑集维数为整数的界限, 并且逐渐地形成了分形理论, 继而成为现代数学的一个新分支, 其本质是一种新的方法论和世界观. 它与动力系统中的混沌理论相辅相成、交叉融合.

到目前为止, 有许多关于分形维数的计算方法, 比如: 分布函数求维数法、面积周长法、频谱求维数法, 以及盒计数法等. 本书用到的分形维数 [122-125] 是利用最大 Lyapunov 指数来定义的,

$$
d_L = \begin{cases} 0, & 不存在 \ j, \\ j + \dfrac{\sum\limits_{i=1}^{j} L_i}{L_j}, & j < n, \\ n, & j = n, \end{cases}
$$

这里 $L_1, L_2, \cdots, L_n$ 是最大 Lyapunov 指数, 其中 j 是最大的整数使得 $\sum_{i=1}^{j} L_i \geqslant 0$ 和 $\sum_{i=1}^{j+1} L_i < 0$.

(2) 离散系统的 Lyapunov 指数谱定义.

(A) 一维离散系统的情况.

考虑一维映射

$$
x_{n+1} = f(x_n), \tag{7.4.1}
$$

这里 $f : U \to \mathbb{R}$ 是连续可微的, U 是 $\mathbb{R}$ 的一个开子集. 考虑初值 x_0 和邻近的值 $\hat{x}_0$, 则通过映射 (7.4.1) 作 n 次迭代后, 这两点间距离为

$$
\begin{aligned}
|\hat{x}_n - x_n| &= |f^n(x_0 + \delta x_0) - f^n(x_0)| \\
&\approx |(f^n(x_0))'(\hat{x}_0 - x_0)| \\
&= |f'(x_0) f'(x_1) \cdots f'(x_{n-1})(\hat{x}_0 - x_0)|,
\end{aligned}
$$

其中 $x_i = f^i(x_0)$, 并且假设 $x_i \neq 0$. 取 $|\hat{x}_0 - x_0|$ 足够小, 使得这个近似值任意精确.

设 $\lim\limits_{n \to \infty} |\hat{x}_n - x_n| \approx e^{n\lambda(x_0)} |\hat{x}_0 - x_0|$, 接下来求 $\lambda(x_0)$. 由于

$$
\lim_{n \to \infty} |\hat{x}_n - x_n| = \lim_{n \to \infty} |f'(x_0) f'(x_1) \cdots f'(x_{n-1})| |\hat{x}_0 - x_0|
$$

$$= \exp\left(n \lim_{n\to\infty} \frac{1}{n} \ln |f'(x_0)f'(x_1)\cdots f'(x_{n-1})| \, |\hat{x}_0 - x_0|\right)$$

$$= \exp\left(n \lim_{n\to\infty} \frac{1}{n} \sum_{j=0}^{n-1} \ln |f'(x_j)| \, |\hat{x}_0 - x_0|\right),$$

所以

$$\lambda(x_0) = \lim_{n\to\infty} \frac{1}{n} \sum_{j=0}^{n-1} \ln |f'(x_j)|.$$

定义 7.4.4 若上式极限存在, 则称 $\lambda(x_0)$ 为系统 $x_{n+1} = f(x_n)$ 的 Lyapunov 指数.

注 7.4.1 Lyapunov 指数描述了系统在相空间中相邻两点迭代所产生的轨道之间分离快慢程度. 具体地, 当 $\lambda < 0$ 时, 轨道对初始条件是不敏感的, 相邻的点最终要做周期运动; 当 $\lambda > 0$ 时, 相邻两点按指数规律分离, 所以轨道对初始值是敏感的, 会产生混沌运动.

注 7.4.2 对一维映射, 只有一个 Lyapunov 指数 λ, 它可能是小于、等于或者大于零. 比如, 对于稳定的不动点或稳定的周期 n 点, 有 $\lambda < 0$; 对于倍周期分支点, 有 $\lambda = 0$; 对于混沌运动, 有 $\lambda > 0$. 所以 $\lambda > 0$ 是用来区分混沌和其他运动的主要特征.

(B) 高维离散系统的情况.

定义 7.4.5 考虑 m 维映射

$$x_{n+1} = f(x_n), \quad x_n \in \mathbb{R}^m, \tag{7.4.2}$$

其中 $f \in \mathbb{R}^m$ 是光滑函数. 在 x_0 处沿向量 v 方向的 Lyapunov 指数定义为

$$\lambda(x_0, v) = \lim_{n\to\infty} \frac{1}{n} \ln \|Df^n(x_0)v\|.$$

所以对于映射 (7.4.2), 有 m 个 Lyapunov 指数

$$\lambda(x_0, e_i) = \lim_{n\to\infty} \frac{1}{n} \ln \| Df^n(x_0)e_i \| \quad (i = 1, 2, \cdots, m).$$

这里 $e_i \ (i = 1, 2, \cdots, m)$ 是 $\mathbb{R}^m$ 中的一组基. 通常, 我们可以把这些 Lyapunov 指数按从大到小排序:

$$\lambda_1 \geqslant \lambda_2 \geqslant \cdots \geqslant \lambda_m.$$

7.5 Routh-Hurwitz 准则

Routh-Hurwitz 准则是判别系统稳定性的重要方法, 在本书中我们也会用到, 下面给出 Routh-Hurwitz 准则的具体内容.

考虑实系数多项式方程

$$a_0\lambda^n + a_1\lambda^{n-1} + \cdots + a_{n-1}\lambda + a_n = 0, \tag{7.5.1}$$

作行列式

$$\Delta_1 = a_1, \quad \Delta_2 = \begin{vmatrix} a_1 & a_0 \\ a_3 & a_2 \end{vmatrix}, \quad \Delta_3 = \begin{vmatrix} a_1 & a_0 & 0 \\ a_3 & a_2 & a_1 \\ a_5 & a_4 & a_3 \end{vmatrix}, \cdots,$$

$$\Delta_n = \begin{vmatrix} a_1 & a_0 & 0 & 0 & \cdots & 0 \\ a_3 & a_2 & a_1 & a_0 & \cdots & 0 \\ \vdots & \vdots & \vdots & \vdots & & \vdots \\ a_{2n-1} & a_{2n-2} & a_{2n-3} & a_{2n-4} & \cdots & a_{2n} \end{vmatrix}.$$

其中 $i > n$, 规定 $a_i = 0$.

定理 7.5.1 (Routh-Hurwitz 准则)　假设 $a_0 > 0$, 则方程 (7.5.1) 的所有根都具有严格负实部的充要条件是下列不等式同时成立:

$$\Delta_1 > 0, \ \Delta_2 > 0, \ \Delta_3 > 0, \cdots, \ \Delta_n > 0.$$

有关非线性动力系统理论的更多内容, 感兴趣的读者可以参考文献 [126–129].

第 8 章 Logistic 模型的动力学性质

8.1 模 型 介 绍

连续模型和离散模型是种群动力系统的两类重要模型, 对种群动力学的研究有着十分重要的作用. 其中, 无论是常微分、时滞、偏微分还是随机微分方程模型, 都意味着种群是具有世代重叠; 然而很多种群是无世代重叠的并且种群数量是在离散的时间内增长的, 这时需要我们采用离散模型. 此外, 在考虑实际问题的过程中, 记录种群数量的变化时只能采用离散的形式, 比如间隔一个月或者一年对数据进行一次记录. 因此研究离散化的种群模型更贴近实际, 并且在对生物学的研究中也更加具有应用价值和现实意义.

设 y_{n+1} 代表在 $n+1$ 时刻的种群数量, r 为种群的内禀增长率, 于是我们可用如下形式的离散模型 (或差分方程) 来描述单个种群:

$$y_{n+1} = ry_n, \quad r > 0. \tag{8.1.1}$$

设初始种群数量为 y_0, 于是我们得到方程 (8.1.1) 的解为

$$y_{n+1} = r^n y_0. \tag{8.1.2}$$

对于 (8.1.2), 如果 $r > 1$, 则种群 y_n 无限制增长; 如果 $r = 1$, 则种群 $y_n = y_0$ 为常值; 如果 $r < 1$, 则 $\lim\limits_{n \to \infty} y_n = 0$, 种群最终趋于灭绝.

通过观察我们发现对于绝大部分种群来说, 上述模型是不真实的. 实际中, 一般种群数量会增加到一个最大值, 之后由于有限的资源会导致种群内部竞争, 进而种群不会一直增长. 这样我们对于上述模型进行改进, 得到如下较合理的模型:

$$y_{n+1} = ry_n - ay_n^2, \tag{8.1.3}$$

其中 $a > 0$ 代表种群内部相互作用的比例常数.

进一步, 设 $x_n = \dfrac{a}{r} y_n$, 式 (8.1.3) 可化简为

$$x_{n+1} = F_r(x_n) = rx_n(1 - x_n), \tag{8.1.4}$$

该模型被称为 Logistic 方程, 是由数学生态学家 R. May 在 1976 年提出的 [120]. 虽然这个模型很简单, 但是当参数 r 发生变化时, 这个系统的解可能产生非常复杂的动力学行为. 比如, 当 $r = 3.73$ 时, 该系统的解不趋于任何周期运动, 而是

产生混沌行为. 一维离散的 Logistic 模型 (8.1.4) 自从被提出后, 已经在文献 [130] 和 [131] 中被研究过. 接下来我们通过如下定理 [132] 给出关于 Logistic 映射的性质.

定理 8.1.1　当 $r > 0$ 时, 二次映射 $F_r(x) : \mathbb{R} \to \mathbb{R}$ 是一个单峰凹函数, 且有唯一临界点 $x = \dfrac{1}{2}$, 使得 $F_r(x)$ 在 $\left(-\infty, \dfrac{1}{2}\right]$ 上严格单调递增, 在 $\left[\dfrac{1}{2}, +\infty\right)$ 上严格单调递减. 并且函数具有如下性质:

(i) 二次映射 $F_r(x)$ 的不动点是 0 和 $x_r = 1 - \dfrac{1}{r}$.

(ii) 如果 $0 < r < 1$, 不动点 0 是吸引的; 如果 $r > 1$, 不动点 0 是排斥的; 如果 $1 < r < 3$, 不动点 x_r 是吸引的; 如果 $r > 3$, 不动点 x_r 是排斥的.

(iii) 当 $r > 1$ 时, 若 $x \notin [0, 1]$, 则当 n 趋于无穷大时, $F_r^n(x)$ 趋于无穷小.

(iv) 当 $1 < r < 3$ 时, 若 $x \in (0, 1)$, 则当 n 趋于无穷大时, $F_r^n(x)$ 趋于 x_r, 即 $W^s(x_r) = (0, 1)$.

(v) 如果 x 在以 0 和 x_r 为端点的区间 I 中, 则 $F_r(x) > x$; 如果 $x \notin I$, 则 $F_r(x) < x$.

(vi) 如果 $r = 1$, 则 $F_r(x)$ 有唯一不动点 $x_r = 0$, 且该不动点是半稳定的; 如果 $r = 3$, 则映射 $F_r(x)$ 经历倍周期分岔.

图 8.1 说明了定理 8.1.1 的相关结论.

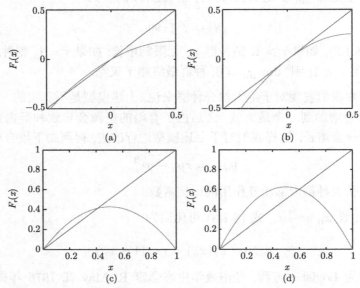

图 8.1　函数 $F_r(x)$ 的图形: (a) $0 < r < 1$; (b) $r = 1$; (c) $1 < r \leqslant 2$; (d) $2 < r < \infty$

8.2 非自治周期 Logistic 映射的性质

众所周知, 一切生物都不可能脱离特定的生活环境. 由于自然界是动态演化的[133,134], 尤其是出生率、死亡率和种群其他重要的变化率都是随着时间的变化而变化的. 特别地, 为了和环境的周期性 (如天气的季节性、食物供应的影响、交配习惯等) 相匹配, 我们通常假定生物和环境的参数是周期性波动的. 因此, 研究这些参数随着时间改变的非自治种群模型是十分必要的. 最近, 几个离散的非自治模型已被研究, 比如文献 [135] 和 [136] 中分析了 Sigmoid Beverton-Holt 方程, 文献 [137] 和 [138] 讨论了 λ-Ricker 方程.

在模型 (8.1.4) 中, 当内禀增长率 r 随时间改变时, 记为 r_n, 考虑 $\{r_n\}$ 为 p-周期序列, 即 $r_{n+p} = r_n$. 我们得到非自治周期的 Logistic 映射为

$$x_{n+1} = F_{r_n}(x_n) = r_n x_n(1 - x_n), \quad n = 0, 1, 2, \cdots, \tag{8.2.1}$$

其中, x_n 表示种群数量, r_n 表示种群的内禀增长率.

在本章中, 我们将从一个新的角度对系统 (8.2.1) 解的长期动力学行为进行研究. 分析系统解的收敛和有界的充分条件, 以及 p-周期解的存在和稳定条件等.

在本章中, 我们使用如下记号: $\mathbb{C}$ 表示复数集, $\mathbb{R} = (-\infty, +\infty)$, $\mathbb{R}_+ = [0, +\infty)$, $\mathbb{R}_+^p = \overbrace{\mathbb{R}_+ \times \mathbb{R}_+ \times \cdots \times \mathbb{R}_+}^{p}$. 记函数类 $\mathcal{F}_r = \{F_r(x) = rx(1 - x); 0 < r \leqslant 2, x \in \mathbb{R}\}$. 明显地, 对 $\mathcal{F}_r$ 中的任何一个函数都在 $x = \dfrac{1}{2}$ 处取得最大值, 并且 $f\left(\dfrac{1}{2}\right) \leqslant \dfrac{1}{2}$.

8.2.1 解的性质

在这部分, 我们讨论对 $r_n \in (0, 2]$, 映射 (8.2.1) 解的全局行为. 我们有下面的引理.

引理 8.2.1 假设 $r_n \in (0, 1)$ 且 $\{r_n\}$ 是一个正的 p-周期序列, 则对映射 (8.2.1) 的所有解 $\{x_n\}(0 < x_0 < 1)$, 我们有

$$\lim_{n \to \infty} x_n = 0.$$

证明 因为 $x_0 \in (0, 1)$ 且

$$0 < r_n < 1, \quad n = 0, 1, \cdots,$$

通过归纳法, 我们可证 $x_n \in (0,1)(n=0,1,2,\cdots)$. 另外, 我们有

$$x_{n+1} - x_n = r_n x_n (1-x_n) - x_n < x_n - x_n = 0, \quad n=0,1,\cdots,$$

即 $\{x_n\}$ 是递减的且有下界. 因此, 存在一个非负数 $0 \leqslant M < 1$ 使得

$$\lim_{n\to\infty} x_n = M.$$

若 $M > 0$, 则有

$$\lim_{n\to\infty} r_n = \frac{1}{1-M},$$

这与序列 $\{r_n\}$ 的周期性相矛盾. 所以 $M = 0$, 引理 8.2.1 得证.　　　□

现在我们讨论当 $r_n \in (1,2]$ 时的情况.

引理 8.2.2　假设 $r_n \in (1,2]$ 且 $\{r_n\}$ 是一个 p-周期序列, 则如下结论成立:

(i) 存在一个正常数 $C \leqslant \min\{x_{r_0},\cdots,x_{r_{p-1}}\}$, 使得当 n 充分大时, 映射 (8.2.1) 的任何正解 $\{x_n\}$ 都在区间 $\left[C,\frac{1}{2}\right]$ 内, 其中 $x_{r_n}\,(n=0,1,\cdots,p-1)$ 是与 $F_{r_n}(x)$ 相对应的正不动点.

(ii) 区间 $\left[C,\frac{1}{2}\right]$ 在映射 (8.2.1) 下是不变的. 并且, 映射 (8.2.1) 的所有正解 $\{x_n\}$ 在不变区间 $\left[C,\frac{1}{2}\right]$ 内.

(iii) 若 $x_0 \in (0,1)$, 则存在正整数 k, 使得对 $n > k$, 有 $x_n \in \left[C,\frac{1}{2}\right]$.

证明　(i) 令 $\{x_n\}$ 为映射 (8.2.1) 的任意正解, 则我们得到

$$x_{n+1} = r_n x_n (1-x_n) = -r_n \left(x_n - \frac{1}{2}\right)^2 + \frac{1}{4} r_n \leqslant \frac{1}{4} r_n$$

$$\leqslant \frac{1}{4} \max\{r_0,\cdots,r_{p-1}\} \leqslant \frac{1}{2}.$$

因此

$$x_n \leqslant \max\left\{\frac{1}{2}, x_0\right\}.$$

接下来我们证明序列 $\{x_n\}$ 有正下界. 很显然, 对于 $x \leqslant \frac{1}{2}$, 函数 $F_{r_n}(x)(n=0,1,\cdots)$ 是单调递增的且满足

$$F_{r_n}(x) = r_n x(1-x) \begin{cases} > x, & x \in (0, x_{r_n}), \\ = x, & x = x_{r_n}, \\ < x, & x \in (x_{r_n}, \infty). \end{cases}$$

首先, 我们假设存在一个正整数 l, 使得 $x_l \geqslant C$. 如果对所有的 $n = 0, 1, \cdots$, 有

$$0 < x_n < C \leqslant \min\{x_{r_0}, \cdots, x_{r_{p-1}}\} \leqslant x_{r_n},$$

则

$$x_{n+1} = r_n x_n (1 - x_n) \geqslant x_n.$$

这样序列 $\{x_n\}$ 是单调递增的且有上界, 所以它收敛于一个正极限. 因此 $\{r_n\}$ 是收敛的, 这与 $\{r_n\}$ 是周期序列相矛盾.

设 l 是最小的非负整数满足 $x_l \geqslant C$. 下面我们通过归纳法证明:

$$x_n \geqslant C, \quad n = l, l+1, \cdots. \tag{8.2.2}$$

假设 $C \leqslant x_n \leqslant \dfrac{1}{2}$. 则有两种情况:

情况 1 $C \leqslant x_n < x_{r_n}$. 所以 $x_{n+1} = r_n x_n (1 - x_n) > x_n \geqslant C$.

情况 2 $x_n \geqslant x_{r_n} \geqslant C$. 则有

$$x_{n+1} = r_n x_n (1 - x_n) = F_{r_n}(x_n) \geqslant F_{r_n}(x_{r_n}) = x_{r_n} \geqslant C.$$

所以 (i) 得证.

(ii) 我们考虑函数序列 $F_{r_n}(x)$. 首先, 我们有

$$F_{r_n}(x) \leqslant F_{r_n}\left(\frac{1}{2}\right) \leqslant \frac{1}{2}.$$

其次, 因对于 $x \leqslant \dfrac{1}{2}$, $F_{r_n}(x)$ 是单调递增的, 又 x_r 关于 r 是单调递增的, 并且

$$C \leqslant x_{r_{\min}} = \min\{x_{r_0}, \cdots, x_{r_{p-1}}\} \leqslant \frac{1}{2},$$

所以我们得到

$$C \leqslant x_{r_{\min}} = \frac{r_{\min} - 1}{r_{\min}}.$$

因此

$$r_{\min} \geqslant \frac{1}{1 - C}.$$

这样可得

$$F_{r_n}(C) = r_n C(1-C) \geqslant r_{\min} C(1-C) \geqslant C.$$

所以, 我们有

$$F_{r_n}\left(\left[C, \frac{1}{2}\right]\right) \subset \left[C, \frac{1}{2}\right],$$

这意味着 $\left[C, \frac{1}{2}\right]$ 在映射 (8.2.1) 下是不变的. 此外, 从证明过程, 我们知道所有正

解最终在不变区间 $\left[C, \frac{1}{2}\right]$ 中.

(iii) 由 (i) 我们可直接得出结论.   □

定理 8.2.3   假设 $\{r_n\}$ $(r_n \in (1,2])$ 是一个 p-周期序列, 则如下结论成立:

(i) 对映射 (8.2.1) 的任意两个解 $\{x_n\}$ 和 $\{y_n\}$ $\left(x_0, y_0 \in [C, D]\left(D = \frac{1}{2}\right)\right)$,

我们有

$$\lim_{n \to \infty} \frac{x_n}{y_n} = 1.$$

(ii) 映射 (8.2.1) 在 $[C, D]$ 内有唯一正 p-周期解 $\{\tilde{x}_n\}$, 它吸引映射 (8.2.1) 的

所有初始值在 $(0,1)$ 内的正解.

证明   (i) 设 $\{x_n\}$ 和 $\{y_n\}$ 是映射 (8.2.1) 的两个正解, 初始值满足

$$x_0, \ y_0 \in [C, D],$$

其中

$$0 < C \leqslant \min\left\{x_{r_0}, \cdots, x_{r_{p-1}}\right\}$$

是由引理 8.2.2 中定义的. 于是根据引理 8.2.2 (ii) 可得

$$x_n, \ y_n \in [C, D], \quad n = 0, 1, \cdots.$$

假设存在一个整数 $m \geqslant 0$ 使得

$$\frac{x_m}{y_m} \geqslant 1 \quad \text{或} \quad x_m \geqslant y_m.$$

因为 $F_{r_n}(x)$ 在 $\left(-\infty, \frac{1}{2}\right]$ 上是单调递增的, 所以我们可得

$$\frac{x_{m+1}}{y_{m+1}} \geqslant 1.$$

同理, 我们有

$$\frac{x_{m+1}}{y_{m+1}} = \frac{x_m}{y_m} \cdot \frac{1 - x_m}{1 - y_m} \leqslant \frac{x_m}{y_m}.$$

这意味着序列 $\left\{\dfrac{x_n}{y_n}\right\}$ 是非增的且有下界 1. 因此, 它收敛于一个正数 $M \geqslant 1$, 即

$$\lim_{n \to \infty} \frac{x_n}{y_n} = M \geqslant 1.$$

若 $M > 1$, 则对任何 $\varepsilon > 0$ 满足 $M - \varepsilon > 1$, 存在一个正整数 $N_0(\varepsilon)$ 使得

$$1 < M - \varepsilon < \frac{x_n}{y_n} < M + \varepsilon, \quad n > N_0(\varepsilon).$$

我们考虑函数 $H(x) = rx^\theta(1-x)$, $r > 0$, $\theta \in (0, 1)$. 显然可证 $H(x)$ 有唯一临界点 $x_1 = \dfrac{\theta}{1+\theta}$ 且 $H(x)$ 在 $[x_1, +\infty)$ 上是单调递减的. 对于给定的正 p-周期序列 $\{r_n\}$, 我们可以选择 θ $\left(\text{比如选取 } 0 < \theta < \dfrac{C}{1-C}\right)$, 使得 $[C, D] \subset \left(\dfrac{\theta}{1+\theta}, +\infty\right)$. 当 $n > N_0(\varepsilon)$ 时, 我们有

$$M - \varepsilon < \frac{x_{n+1}}{y_{n+1}} = \frac{r_n x_n (1 - x_n)}{r_n y_n (1 - y_n)} = \left(\frac{x_n}{y_n}\right)^{1-\theta} \frac{x_n{}^\theta (1 - x_n)}{y_n{}^\theta (1 - y_n)} < (M + \varepsilon)^{1-\theta}.$$

因为 $\varepsilon > 0$ 是任意的, 我们得到

$$M \leqslant M^{1-\theta} \quad \text{或} \quad M \leqslant 1.$$

这与假设 $M > 1$ 相矛盾, 所以

$$\lim_{n \to \infty} \frac{x_n}{y_n} = 1.$$

假设存在一个整数 m 满足 $\dfrac{x_m}{y_m} < 1$, 于是我们有 $\dfrac{y_m}{x_m} > 1$. 所以同理可证

$$\lim_{n \to \infty} \frac{x_n}{y_n} = 1.$$

这样 (i) 得证.

(ii) 证明映射 (8.2.1) 的 p-周期解的存在性等价于证明如下非线性系统:

$$\begin{cases} x_0 = r_{p-1} x_{p-1} \left(1 - x_{p-1}\right), \\ x_1 = r_0 x_0 \left(1 - x_0\right), \\ \qquad \cdots\cdots \\ x_{p-1} = r_{p-2} x_{p-2} \left(1 - x_{p-2}\right) \end{cases} \tag{8.2.3}$$

有一个正解 $(x_0, x_1, \cdots, x_{p-1})$, 即 $x_n > 0$, $n = 0, 1, 2, \cdots, p-1$. 定义一个 p-维映射 $F : \mathbb{R}_+^p \to \mathbb{R}_+^p$ 为

$$F(z_0, z_1, \cdots, z_{p-1}) = (F_{r_{p-1}}(z_{p-1}), F_{r_0}(z_0), \cdots, F_{r_{p-2}}(z_{p-2})),$$

其中函数序列 $\{F_{r_n}\}$ 是由映射 (8.2.1) 所定义的. 为了证明系统 (8.2.3) 一个正解的存在性, 需要证明映射 F 有一个正不动点. 由于 $[C, D]$ 是映射 (8.2.1) 的一个不变区间, 所以我们可得 $F_{r_n}([C, D]) \subset [C, D]$. 因此

$$F([C, D]^p) \subset [C, D]^p.$$

很明显, $[C, D]^p$ 是 $\mathbb{R}^p$ 上的一个凸紧非空子集. 所以根据 Brouwer 不动点定理 [139] 知映射 F 有一个不动点 $(\tilde{z}_0, \tilde{z}_1, \cdots, \tilde{z}_{p-1}) \in [C, D]^p$. 显然, 解 $\{\tilde{z}_0, \tilde{z}_1, \cdots, \tilde{z}_{p-1}\}$ $(\tilde{x}_0 = \tilde{z}_0)$ 是映射 (8.2.1) 的一个 p-周期解.

对于初始值 $x_0 \in (0, 1)$ 的任何解 $\{x_n\}$, 由引理 8.2.2 (iii) 可得 $x_n \in [C, D]$ $(n \to \infty)$. 所以,

$$\lim_{n \to \infty} \frac{x_n}{\tilde{x}_n} = 1.$$

进而可得, p-周期解 $\{\tilde{z}_0, \tilde{z}_1, \cdots, \tilde{z}_{p-1}\}$ 吸引所有初始值在 $(0, 1)$ 内的正解. 因此 p-周期解是唯一的. 结论得证. □

8.2.2　周期解的存在性

关于 $\mathcal{F}_r$ 中函数的复合运算, 我们有如下定理.

定理 8.2.4　设 $f(x)$, $g(x) \in \mathcal{F}_r$, 并且分别对应参数 r_f 和 r_g, 即 $f(x) = r_f x(1-x)$, $g(x) = r_g x(1-x)$. 如果 $f(x)$ 和 $g(x)$ 存在非零不动点, 分别记为 x_f 和 x_g, 那么以下结论成立:

(i) $f \circ g$ 是 $\mathbb{R}$ 上的单峰凹函数, 最大值不超过 $\dfrac{1}{2}$; $f \circ g$ 有唯一的临界点 $x = \dfrac{1}{2}$, 使得 $f \circ g$ 在 $\left(-\infty, \dfrac{1}{2}\right]$ 上严格单调递增, 在 $\left[\dfrac{1}{2}, +\infty\right)$ 上严格单调递减.

(ii) 若 $x_f \cdot x_g > 0$, 则 $f \circ g$ 有唯一非零不动点 $x_{f \circ g}$. 当 $x_f \neq x_g$ 时, $x_{f \circ g}$ 落在以 x_f 和 x_g 为端点的开区间内, 且与 x_f 或者 x_g 有相同的稳定性; 当 $x_f = x_g$ 时, $x_{f \circ g} = x_f = x_g$.

(iii) 若 $r_f = 1$, $r_g \neq 1$ (或 $r_g = 1$, $r_f \neq 1$), 则 $f \circ g$ 有唯一非零不动点 $x_{f \circ g}$, 并且当 $r_g > 1$ 时, $x_{f \circ g} > 0$, 且是吸引的; 当 $r_g < 1$ 时, $x_{f \circ g} < 0$, 且是排斥的.

(iv) 若 $x_f \cdot x_g < 0$, 则如果 $r_f \cdot r_g \neq 1$, $f \circ g$ 有唯一非零不动点 $x_{f \circ g}$. 并且当 $r_f \cdot r_g > 1$ 时, 它是吸引的; 当 $r_f \cdot r_g < 1$ 时, 它是排斥的. 如果 $r_f \cdot r_g = 1$, 则 $f \circ g$ 没有非零不动点.

证明 (i) 对于任意 $f(x), g(x) \in \mathcal{F}_r$, 我们有 $0 < r_f, r_g \leqslant 2$, 所以

$$f(x) \leqslant f\left(\frac{1}{2}\right) \leqslant \frac{1}{2} \quad \text{和} \quad g(x) \leqslant g\left(\frac{1}{2}\right) \leqslant \frac{1}{2}, \quad x \in \mathbb{R}, \qquad (8.2.4)$$

以及

$$[f \circ g(x)]' = f'(g(x)) g'(x)$$

与 $g'(x)$ 有相同的符号. 并且

$$[f \circ g(x)]'' = f''(g(x)) [g'(x)]^2 + f'(g(x))g''(x) \leqslant 0.$$

所以很容易得到 (i) 的结论.

(ii) 不失一般性, 我们假设 $x_f < 0$, $x_g < 0$. 其他情形类似可证. 于是 $r_f, r_g \in (0, 1)$.

若 $x_f < x_g < 0$, 则由定理 8.1.1 知,

$$f(g(x_g)) = f(x_g) > x_g \qquad (8.2.5)$$

和

$$f(g(x_f)) < f(x_f) = x_f. \qquad (8.2.6)$$

类似地, 若 $x_g < x_f < 0$, 则由定理 8.1.1 知,

$$f(g(x_g)) = f(x_g) < x_g \qquad (8.2.7)$$

和

$$f(g(x_f)) > f(x_f) = x_f. \qquad (8.2.8)$$

因此, 复合函数 $f \circ g(x)$ 存在一个不动点 $x_{f \circ g}$, 且 $x_{f \circ g}$ 严格落在 x_f 和 x_g 之间.

$x_f = x_g$ 的情形是很显然的, 因为一个共同的不动点仍是它们复合后的不动点.

$x_{f \circ g}$ 是唯一的, 这是因为 $f \circ g(x)$ 在 $\mathbb{R}$ 上是凹的且 $x = 0$ 是另一个不动点. 又因为

$$f \circ g(x) > x, \quad x \in (x_{f \circ g}, 0)$$

和

$$f \circ g(x) < x, \quad x \notin (x_{f \circ g}, 0),$$

所以 $x_{f \circ g}$ 是不稳定的.

这样 (ii) 得证.

(iii) 如果 $r_f = 1$ 和 $r_g \neq 1$, 我们有

$$f(g(0)) = 0, \quad [f \circ g(0)]' = r_g. \tag{8.2.9}$$

根据 $f \circ g(x)$ 的凹凸性, 我们知存在唯一非零不动点 x_{fog}. 显然, 当 $r_g > 1$ 时, $x_{fog} > 0$; 当 $r_g < 1$ 时, $x_{fog} < 0$. 类似 (ii), x_{fog} 的稳定性可被证明. 故 (iii) 得证.

(iv) 因为

$$f(g(0)) = 0, \quad [f \circ g(0)]' = r_f \cdot r_g, \tag{8.2.10}$$

以及 $f \circ g(x)$ 在 $\mathbb{R}$ 上是凹的, 所以如果 $r_f \cdot r_g \neq 1$, 则存在唯一非零不动点 x_{fog}. 若 $r_f \cdot r_g > 1$, 则 $x_{fog} > 0$; 若 $r_f \cdot r_g < 1$, 则 $x_{fog} < 0$. 类似 (ii) 中的证明, 可证 x_{fog} 的稳定性.

若 $r_f \cdot r_g = 1$, 对于 $x \neq 0$, 有 $f \circ g(x) < x$, 所以不存在非零不动点.

这样我们证明了 (iv). 从而定理 8.2.4 得证.　　□

基于上述定理, 我们可立即得到下面定理.

定理 8.2.5　如果 $r_n \in (0,2]$ 且 $\{r_n\}$ 是一个 p-周期序列, 则若 $r_0 \cdot r_1 \cdots r_{p-1} \neq 1$, 非自治 Logistic 映射 (8.2.1) 有 p-周期解. 当 $r_0 \cdot r_1 \cdots r_{p-1} > 1$, p-周期解是渐近稳定的, 当 $r_0 \cdot r_1 \cdots r_{p-1} < 1$, p-周期解是不稳定的. 若 $r_0 \cdot r_1 \cdots r_{p-1} = 1$, 非自治 Logistic 映射 (8.2.1) 没有周期解.

在证明定理 8.2.5 之前, 我们首先引入如下定义和引理.

定义 8.2.1　对给定的 $\lambda > 0$, 定义 $\mathcal{G}_\lambda$ 为所有连续可微函数 $f : \mathbb{R} \to \mathbb{R}$ 的集合, 其中函数 f 有如下性质:

(i) $f(0) = 0$.

(ii) $f(x)$ 是单峰凹函数. 并且 $x = \lambda$ 是 $f(x)$ 的唯一临界点, 使得 $f(x)$ 在 $(-\infty, \lambda]$ 上严格单调递增, 在 $[\lambda, +\infty)$ 上严格单调递减.

(iii) $f(\lambda) \leqslant \lambda$.

显然地, $\mathcal{F}_r \subset \mathcal{G}_{\frac{1}{2}}$. 所以, 如果 $f'(0) \neq 1$, 由凹凸性可得 $f(x) \in \mathcal{G}_\lambda$ 有唯一非零不动点 $x_0 \neq 0$. 若 $f'(0) > 1$, 则 $x_0 > 0$, 并且是吸引的. 若 $f'(0) < 1$, 则 $x_0 < 0$, 并且是排斥的. 当 $f'(0) = 1$ 时, $f(x)$ 有唯一不动点 $x = 0$, 其为半稳定的.

如果 $f'(0) \neq 1$, 我们把 $f(x) \in \mathcal{G}_\lambda$ 的非零不动点记为 x_f. 通过类似于定理 8.2.4 中的方法, 我们很容易证明下面的引理.

引理 8.2.6　对于上面定义的 $\mathcal{G}_\lambda$, 我们有

(i) $\mathcal{G}_\lambda$ 在复合映射下是半群.

(ii) 对于任何 $f(x) \in \mathcal{G}_\lambda$, 我们有如果 x 在以 0 和 $x_f \neq 0$ 为端点的区间 I 内, 则 $f(x) > x$, 否则如果 $x \notin I$, 则 $f(x) < x$. 若 $f'(0) = 1$, 对于 $x \neq 0$ 有 $f(x) < x$.

(iii) 如果 $x_f \cdot x_g > 0$, 则 $f \circ g$ 有唯一非零不动点 x_{fog}, 它落在以 x_f 和 x_g 为端点的开区间上, 且与 x_f 或 x_g 有相同的稳定性. 如果 $x_f = x_g$, 则 $x_{fog} = x_f = x_g$.

(iv) 如果 $x_f \cdot x_g < 0$, 则当 $f'(0) \cdot g'(0) \neq 1$ 时, $f \circ g$ 有唯一非零不动点 $x_{f \circ g}$. 若 $f'(0) \cdot g'(0) > 1$, 它是吸引的; 若 $f'(0) \cdot g'(0) < 1$, 它是排斥的. 如果 $f'(0) \cdot g'(0) = 1$, 则 $f \circ g$ 没有非零不动点.

下面我们给出定理 8.2.5 的证明.

证明 (定理 8.2.5 的证明) 要证明映射 (8.2.1) 的 p-周期解的存在性等价于证明映射 $H_0 = F_{r_{p-1}} \circ F_{r_{p-2}} \circ \cdots \circ F_{r_0}$ 的一个不动点的存在性, 并且这个不动点与相应的周期解有相同的稳定性.

根据引理 8.2.6, 我们知道 $H_0 = F_{r_{p-1}} \circ F_{r_{p-2}} \circ \cdots \circ F_{r_0} \in \mathcal{G}_{\frac{1}{2}}$, 这意味着如果 $r_0 \cdot r_1 \cdots r_{p-1} \neq 1$, H_0 有唯一非零不动点 x_H. 并且, 如果 $r_0 \cdot r_1 \cdots r_{p-1} > 1$, x_H 是渐近稳定的, 否则如果 $r_0 \cdot r_1 \cdots r_{p-1} < 1$, 它是不稳定的. 此外, 若 $r_0 \cdot r_1 \cdots r_{p-1} = 1$, $x_H = 0$. 这就是定理 8.2.5 的结论.

此外, 记

$$x_{\min} = \min \left\{ x_{r_0}, x_{r_1}, \cdots, x_{r_{p-1}} \right\}, \quad x_{\max} = \max \left\{ x_{r_0}, x_{r_1}, \cdots, x_{r_{p-1}} \right\}.$$

根据定理 8.1.1, 我们很容易知道

$$x_{r_i} \in \left(0, \frac{1}{2} \right], \quad \text{如果 } r_i \in (1, 2], \ i = 0, 1, \cdots, p-1$$

和

$$x_{r_i} < 0, \quad \text{如果 } r_i \in (0, 1], \ i = 0, 1, \cdots, p-1.$$

在至少有一对映射是不相等的情况下, 使用归纳法, 我们可证明当 $r_i \in (0, 1)$ $(i = 0, 1, \cdots, p-1)$ 时, $x_H \in (x_{\min}, x_{\max}) \subset (-\infty, 0)$ 是排斥的, 当 $r_i \in (1, 2]$ $(i = 0, 1, \cdots, p-1)$ 时, $x_H \in (x_{\min}, x_{\max}) \subset [C, D]$ 是吸引的. 从引理 8.2.6, 我们有

$$\min \left\{ x_{r_0}, x_{r_1} \right\} < x_{F_{r_1} \circ F_{r_0}} < \max \left\{ x_{r_0}, x_{r_1} \right\}.$$

假设

$$\min_{0 \leqslant i \leqslant k} \left\{ x_{r_i} \right\} < x_{F_{r_k} \circ \cdots \circ F_{r_0}} < \max_{0 \leqslant i \leqslant k} \left\{ x_{r_i} \right\}.$$

应用引理 8.2.6 到 $F_{r_{k+1}}$ 和 $F_{r_k} \circ \cdots \circ F_{r_0}$ 上, 我们得到

$$\min_{0 \leqslant i \leqslant k+1} \left\{ x_{F_{r_{k+1}}}, x_{F_{r_k} \circ \cdots \circ F_{r_0}} \right\} < x_{F_{r_{k+1}} \circ \cdots \circ F_{r_0}} < \max_{0 \leqslant i \leqslant k+1} \left\{ x_{F_{r_{k+1}}}, x_{F_{r_k} \circ \cdots \circ F_{r_0}} \right\}.$$

因此, 我们有

$$\min_{0 \leqslant i \leqslant k+1} \left\{ x_{r_i} \right\} < x_{F_{r_{k+1}} \circ \cdots \circ F_{r_0}} < \max_{0 \leqslant i \leqslant k+1} \left\{ x_{r_i} \right\}.$$

这说明 $x_{H_0} = x_{F_{r_{p-1}} \circ F_{r_{p-2}} \circ \cdots \circ F_{r_0}} \in (x_{\min}, x_{\max})$，其意味着 $x_{H_0} \leqslant \dfrac{1}{2}$. 要注意到

$$x_{H_i} = x_{F_{r_{i-1}} \circ \cdots \circ F_{r_0} F_{r_{p-1}} \circ \cdots \circ F_{r_{i+1}} F_{r_i}},$$

所以利用相似的方法，我们可以证明整个周期解都落在 $(x_{\min}, x_{\max})$ 内. □

　　在这一部分中，我们给出了渐近稳定 p-周期解和不稳定 p-周期解存在的充分条件，然而当某些 $r_i > 2$ 时，周期解是否存在以及它的稳定性情况则变得更加复杂，需要进一步研究.

第 9 章 捕食–被捕食系统的动力学分析

9.1 模 型 介 绍

捕食和被捕食行为是生态系统中的一种普遍行为, 捕食者与被捕食者之间的相互作用一直以来都是种群动力学中的一个重要课题. 自从著名的 Lotka-Volterra 模型 [140,141] 被提出后, 大量的捕食–被捕食模型的复杂动力学行为被广泛研究, 主要包括稳定性、周期解、分支和混沌行为等, 我们可以参考文献 [142–152], 这些研究主要集中在连续的捕食–被捕食系统.

然而, 使用离散模型, 即差分方程来刻画的种群动力学形态更加具有实际意义. 由于种群间捕食关系的普遍存在性及重要性, 近年来, 离散的捕食–被捕食模型更加受到国内外学者的广泛关注. 例如, 文献 [153] 考虑了一个捕食者具有年龄结构的离散模型, 通过数值模拟分析了拟周期吸引子和奇怪吸引子. 文献 [148] 研究了一个具有 Holling 和 Leslie 型的离散系统的分支与混沌, 给出了系统经历 flip 分支和 Neimark-Sacker 分支的充分条件. 关于更多地研究离散捕食–被捕食系统的周期解、分支、混沌等动力学行为, 我们可参考文献 [143,145–147,152].

在文献 [154] 中, Danca 等考虑如下系统 (9.1.1):

$$F : \begin{pmatrix} x \\ y \end{pmatrix} \mapsto \begin{pmatrix} rx(1-x) - bxy \\ dxy \end{pmatrix}, \tag{9.1.1}$$

其中 x 和 y 分别代表被捕食者和捕食者的种群密度, r, b 和 d 是正参数. 这里 $rx(1-x)$ 代表在没有捕食者情况下被捕食种群增长率, $-bxy$ 和 dxy 描述了捕食者与被捕食者相互作用. 该文献研究了这个模型不动点的局部稳定性, 给出了系统平衡态和混沌行为的参数区域. 分析表明系统经历 Neimark-Sacker 分支, 但是他们并没有给出理论证明.

在这一章中, 我们的目的是对系统 (9.1.1) 进行详细的分析. 我们首先分析系统不动点的存在性和稳定性. 接着我们将利用中心流形定理和分支理论讨论 flip 分支和 Neimark-Sacker 分支, 给出它们存在的充分条件. 此外, 我们将证明系统存在 Marotto 混沌. 最后通过数值模拟验证理论分析, 并描绘一些新的且复杂的动力学行为. 特别地, 我们还将利用反馈控制的方法讨论系统的混沌控制.

9.2　不动点的存在性和稳定性

系统 (9.1.1) 的不动点满足如下方程:

$$\begin{cases} rx(1-x) - bxy = x, \\ dxy = y. \end{cases}$$

通过简单分析, 易得系统 (9.1.1) 有一个灭绝不动点 $(0,0)$, 一个边界不动点 $\left(\dfrac{r-1}{r}, 0\right)$ 和一个共存 (正) 不动点 $(x^*, y^*) = \left(\dfrac{1}{d}, \dfrac{rd-r-d}{bd}\right)$.

分析这些不动点的稳定性, 我们有如下结论.

引理 9.2.1　　对捕食–被捕食系统 (9.1.1), 下面的结论成立:

(1) 如果 $0 < r < 1$, 则 $(0,0)$ 是渐近稳定的.

(2) 如果 $1 < r \leqslant 3, 0 < d < \dfrac{r}{r-1}$, 则 $\left(\dfrac{r-1}{r}, 0\right)$ 是渐近稳定的.

(3) $\left(\dfrac{1}{d}, \dfrac{rd-r-d}{bd}\right)$ 是渐近稳定的当且仅当下面条件之一成立:

(i) $1 < r \leqslant 3$ 且 $\dfrac{r}{r-1} < d < \dfrac{2r}{r-1}$;

(ii) $3 < r < 9$ 且 $\dfrac{3r}{3+r} < d < \dfrac{2r}{r-1}$.

证明　　对于不动点 $(0,0)$, 相应的特征方程是 $\lambda^2 - r\lambda = 0$, 它的特征根是 $\lambda_1 = 0, \lambda_2 = r$. 所以当 $0 < r < 1$ 时, $(0,0)$ 是渐近稳定的; 当 $r > 1$ 时, $(0,0)$ 是不稳定的.

关于边界不动点 $\left(\dfrac{r-1}{r}, 0\right)(r > 1)$. 对系统 (9.1.1) 在 $\left(\dfrac{r-1}{r}, 0\right)$ 处进行线性化, 我们有如下系数矩阵:

$$J_0 = \begin{pmatrix} 2-r & -\dfrac{b(r-1)}{r} \\ 0 & \dfrac{d(r-1)}{r} \end{pmatrix}.$$

显然, J_0 有特征根 $\lambda_1 = 2-r$ 和 $\lambda_2 = \dfrac{d(r-1)}{r}$. $|\lambda_i| < 1\,(i = 1, 2)$ 成立当且仅当

$$1 < r < 3 \quad \text{且} \quad 0 < d < \dfrac{r}{r-1}.$$

下面我们将利用中心流形理论证明当 $r = 3$ 时, 边界不动点 $\left(\dfrac{r-1}{r}, 0\right)$ 是渐近稳定的, 而当 $d = \dfrac{r}{r-1}$ 时, 它是不稳定的.

令 $u = x - \dfrac{r-1}{r}$, $v = y$, 我们有

$$\begin{pmatrix} u \\ v \end{pmatrix} \mapsto \begin{pmatrix} (2-r)u + \dfrac{(1-r)b}{r}v - ru^2 - buv \\ \dfrac{(r-1)d}{r}v + duv \end{pmatrix}. \tag{9.2.1}$$

现在我们考虑第一种情况, 即 $r = 3$ 且 $0 < d < \dfrac{3}{2}$. 系统 (9.2.1) 为

$$\begin{pmatrix} u \\ v \end{pmatrix} \mapsto \begin{pmatrix} -1 & -\dfrac{2b}{3} \\ 0 & \dfrac{2d}{3} \end{pmatrix} \begin{pmatrix} u \\ v \end{pmatrix} + \begin{pmatrix} -3u^2 - buv \\ duv \end{pmatrix}. \tag{9.2.2}$$

我们构造可逆矩阵

$$T = \begin{pmatrix} 1 & -\dfrac{2b}{3+2d} \\ 0 & 1 \end{pmatrix},$$

并使用变换

$$\begin{pmatrix} u \\ v \end{pmatrix} = T \begin{pmatrix} X \\ Y \end{pmatrix},$$

则映射 (9.2.2) 可写为

$$\begin{pmatrix} X \\ Y \end{pmatrix} \mapsto \begin{pmatrix} -1 & 0 \\ 0 & \dfrac{2d}{3} \end{pmatrix} \begin{pmatrix} X \\ Y \end{pmatrix} + \begin{pmatrix} \tilde{f}(X,Y) \\ \tilde{g}(X,Y) \end{pmatrix}, \tag{9.2.3}$$

其中 $\tilde{f}(X,Y) = -3X^2 + \dfrac{9b}{3+2d}XY - \dfrac{6b^2}{(3+2d)^2}Y^2$, $\tilde{g}(X,Y) = dXY - \dfrac{2bd}{3+2d}Y^2$.

假设中心流形有形式 $Y = h(X) = \tilde{\alpha}X^2 + \tilde{\beta}X^3 + O(|X|^4)$, 则它必须满足

$$h\left(-X + \tilde{f}(X, h(X))\right) - \dfrac{2d}{3}h(X) - \tilde{g}(X, h(X)) = 0.$$

对中心流形进行近似计算, 我们得到 $\tilde{\alpha} = 0$ 和 $\tilde{\beta} = 0$. 因此 $h(X) = 0$, 在中心流形 $Y = 0$ 上, 新的映射 $\hat{f}$ 为

$$\hat{f} = -X + \tilde{f}(X, h(X)) = -X - 3X^2.$$

通过计算可知这个映射在 $X = 0$ 处的 Schwarz 导数为 $S\left(\hat{f}(0)\right) = -54 < 0$, 所以边界不动点 $\left(\dfrac{r-1}{r}, 0\right)$ 是渐近稳定的.

接下来考虑第二种情况, 即 $1 < r < 3$ 且 $d = \dfrac{r}{r-1}$. 系统 (9.2.1) 为

$$\begin{pmatrix} u \\ v \end{pmatrix} \mapsto \begin{pmatrix} 2-r & -\dfrac{(r-1)b}{r} \\ 0 & 1 \end{pmatrix} \begin{pmatrix} u \\ v \end{pmatrix} + \begin{pmatrix} -ru^2 - buv \\ \dfrac{r}{r-1}uv \end{pmatrix}. \qquad (9.2.4)$$

我们构造可逆矩阵

$$T = \begin{pmatrix} 1 & -\dfrac{b}{r} \\ 0 & 1 \end{pmatrix},$$

并使用转换

$$\begin{pmatrix} u \\ v \end{pmatrix} = T \begin{pmatrix} X \\ Y \end{pmatrix},$$

则映射 (9.2.4) 变为

$$\begin{pmatrix} X \\ Y \end{pmatrix} \mapsto \begin{pmatrix} 2-r & 0 \\ 0 & 1 \end{pmatrix} \begin{pmatrix} X \\ Y \end{pmatrix} + \begin{pmatrix} \tilde{\tilde{f}}(X, Y) \\ \tilde{g}(X, Y) \end{pmatrix}, \qquad (9.2.5)$$

其中 $\tilde{\tilde{f}}(X, Y) = -rX^2 + \dfrac{rb}{r-1}XY - \dfrac{b^2}{r(r-1)}Y^2$, $\tilde{g}(X, Y) = \dfrac{r}{r-1}XY - \dfrac{b}{r-1}Y^2$.

假设中心流形有形式 $X = h(Y) = \tilde{\alpha}Y^2 + \tilde{\beta}Y^3 + O\left(|Y|^4\right)$, 则它必须满足

$$h\left(Y + \tilde{g}(h(Y), Y)\right) - (2-r)h(Y) - \tilde{\tilde{f}}(h(Y), Y) = 0.$$

通过对中心流形进行近似计算, 我们可得 $\tilde{\alpha} = -\dfrac{b^2}{r(r-1)^2}$ 和 $\tilde{\beta} = -\dfrac{(2+r)b^3}{r(r-1)^4}$. 因此 $h(Y) = -\dfrac{b^2}{r(r-1)^2}Y^2 - \dfrac{(2+r)b^3}{r(r-1)^4}Y^3 + O\left(|Y|^4\right)$, 在中心流形 $X = h(Y)$ 上,

新的映射 $\hat{f}$ 为

$$\hat{f} = Y + \tilde{g}(h(Y), Y) = Y - \frac{b}{r-1}Y^2 - \frac{b^2}{(r-1)^3}Y^3 + O\left(|Y|^4\right).$$

经过计算可得 $\hat{f}'(0) = 1$ 和 $\hat{f}''(0) = -\frac{2b}{r-1} < 0$, 所以边界不动点 $\left(\frac{r-1}{r}, 0\right)$ 是不稳定的. 更精确地, 它是一个右侧半稳定的不动点.

这样我们得到, 当 $1 < r \leqslant 3$ 且 $0 < d < \frac{r}{r-1}$ 时, 不动点 $\left(\frac{r-1}{r}, 0\right)$ 是渐近稳定的.

最后我们考虑共存不动点 $(x^*, y^*) = \left(\frac{1}{d}, \frac{rd-r-d}{bd}\right)\left(d > \frac{r}{r-1}(r>1)\right)$ 的稳定性. 在不动点 (x^*, y^*) 处的 Jacobi 矩阵为

$$J^* = \begin{pmatrix} \dfrac{d-r}{d} & -\dfrac{b}{d} \\ \dfrac{rd-r-d}{b} & 1 \end{pmatrix},$$

Jacobi 矩阵 J^* 的特征方程为

$$P^*(\lambda) = \lambda^2 - (\mathrm{tr}J^*)\lambda + \det J^* = \lambda^2 - \frac{2d-r}{d}\lambda + \frac{r(d-2)}{d} = 0. \quad (9.2.6)$$

根据 Jury 条件, 为了找到不动点 (x^*, y^*) 的渐近稳定区域, 我们需要找到满足如下条件的区域:

$$P^*(1) > 0, \quad P^*(-1) > 0, \quad \det J^* < 1.$$

由于 $P^*(1) = \frac{rd-r-d}{d}$, $P^*(-1) = \frac{rd+3d-3r}{d}$, $\det J^* = \frac{(d-2)r}{d}$, 则从关系 $P^*(1) > 0$, $P^*(-1) > 0$ 和 $\det J^* < 1$, 我们有

$$1 < r \leqslant 3, \ \frac{r}{r-1} < d < \frac{2r}{r-1} \ \text{或者} \ 3 < r < 9, \ \frac{3r}{3+r} < d < \frac{2r}{r-1}. \qquad \square$$

9.3 分支分析

在这部分, 我们主要分析共存不动点 (x^*, y^*) 的 flip 分支和 Neimark-Sacker 分支. 我们选择参数 d 作为分支参数, 利用中心流形理论和分支理论来分析 flip 分支和 Neimark-Sacker 分支.

首先我们分析系统 (9.1.1) 在 (x^*, y^*) 处的 flip 分支, 可得如下定理.

定理 9.3.1 如果满足如下条件: $b > 0$, $r > 3$, $r \neq 9$, $d = \dfrac{3r}{r+3}$, 则系统 (9.1.1) 在不动点 (x^*, y^*) 处经历 flip 分支. 并且, 若 $3 < r < 9$, 则从不动点 (x^*, y^*) 处分支出来的周期-2 点是不稳定的.

证明 如果 $d^* = \dfrac{3r}{r+3}$, 则不动点 (x^*, y^*) 的特征根是 $\lambda_1 = -1$ 和 $\lambda_2 = \dfrac{6-r}{3}$. 我们要求 $|\lambda_2| \neq 1$, 这样 $r \neq 3$ 且 $r \neq 9$. 另外, 注意到共存不动点的存在性由关系 $d > \dfrac{r}{r-1}$ 保证, 所以, 得到 $r > 3$. 因此, 在下面的讨论中我们假设 $r > 3$ 且 $r \neq 9$.

令 $u = x - x^*$, $v = y - y^*$ 和 $\bar{d} = d - d^*$, 我们把系统 (9.1.1) 的不动点 (x^*, y^*) 转换到原点, 取 $\bar{d}$ 作为一个新的独立变量, 则系统 (9.1.1) 变为

$$
\begin{pmatrix} u \\ \bar{d} \\ v \end{pmatrix} \mapsto
\begin{pmatrix} -\dfrac{r}{3} & 0 & -\dfrac{(r+3)b}{3r} \\ 0 & 1 & 0 \\ \dfrac{2(r-3)r}{(r+3)b} & \dfrac{2(r^2-9)}{9rb} & 1 \end{pmatrix}
\begin{pmatrix} u \\ \bar{d} \\ v \end{pmatrix} +
\begin{pmatrix} f_1(u, \bar{d}, v) \\ 0 \\ f_2(u, \bar{d}, v) \end{pmatrix},
$$

$$(9.3.1)$$

这里

$$f_1(u, \bar{d}, v) = -ru^2 - buv,$$

$$f_2(u, \bar{d}, v) = \frac{3r}{r+3}uv + \frac{2(r-3)}{3b}u\bar{d} + \frac{r+3}{3r}v\bar{d} + uv\bar{d}.$$

构造可逆矩阵

$$
T = \begin{pmatrix} -\dfrac{(3+r)b}{(r-3)r} & -\dfrac{b}{r} & -\dfrac{(r+3)b}{6r} \\ 0 & \dfrac{9rb}{(r+3)^2} & 0 \\ 1 & 1 & 1 \end{pmatrix},
$$

并使用变换

$$
\begin{pmatrix} u \\ \bar{d} \\ v \end{pmatrix} = T \begin{pmatrix} X \\ \mu \\ Y \end{pmatrix},
$$

则映射 (9.3.1) 可被写成

$$
\begin{pmatrix} X \\ \mu \\ Y \end{pmatrix} \mapsto \begin{pmatrix} -1 & 0 & 0 \\ 0 & 1 & 0 \\ 0 & 0 & \dfrac{6-r}{3} \end{pmatrix} \begin{pmatrix} X \\ \mu \\ Y \end{pmatrix} + \begin{pmatrix} F_1(X,\mu,Y) \\ 0 \\ F_2(X,\mu,Y) \end{pmatrix}, \tag{9.3.2}
$$

其中

$$
\begin{aligned}
F_1(X,\mu,Y) =& -\frac{3(r+9)b}{(r-9)(r-3)}X^2 - \frac{3(r+3)b}{2(r-9)}XY - \frac{(r-3)rb}{6(r-9)}Y^2 - \frac{9b}{r-9}X\mu \\
& -\frac{(27-24r+5r^2)b}{2(r-9)(r+3)}Y\mu - \frac{6(r-3)^2b}{(r-9)(r+3)^2}\mu^2 - \frac{3b^2}{2(r-9)}XY\mu \\
& -\frac{9b^2}{(r-9)(3+r)}X^2\mu - \frac{3(r-3)b^2}{2(r-9)(r+3)}Y^2\mu - \frac{18rb^2}{(r-9)(r+3)^2}X\mu^2 \\
& -\frac{3(r-3)(r+9)b^2}{2(r-9)(r+3)^2}Y\mu^2 - \frac{9(r-3)b^2}{(r-9)(r+3)^2}\mu^3,
\end{aligned}
$$

$$
\begin{aligned}
F_2(X,\mu,Y) =& \frac{54b}{(r-9)(r-3)}X^2 + \frac{(r+3)rb}{(r-9)(r-3)}XY + \frac{(r^2-6r+27)b}{6(r-9)}Y^2 \\
& + \frac{18(5r-9)b}{(r-9)(r^2-9)}X\mu + \frac{rb}{r-9}Y\mu + \frac{36(r-3)b}{(r-9)(r+3)^2}\mu^2 \\
& + \frac{9b^2}{(r-9)(r-3)}XY\mu + \frac{54b^2}{(r-9)(r^2-9)}X^2\mu + \frac{9b^2}{(r-9)(r+3)}Y^2\mu \\
& + \frac{108rb^2}{(r-9)(r-3)(r+3)^2}X\mu^2 + \frac{9(9+r)b^2}{(r-9)(r+3)^2}Y\mu^2 \\
& + \frac{54b^2\mu^3}{(r-9)(r+3)^2}.
\end{aligned}
$$

利用中心流形理论, $(X,Y)=(0,0)$ 在 $\mu=0$ 附近的稳定性可通过研究中心流形上单参量映射族来确定, 其可表示为

$$
W^c(0) = \left\{ (X,\mu,Y) \in \mathbb{R}^3 \,\middle|\, Y = h^*(X,\mu),\ h^*(0,0)=0,\ Dh^*(0,0)=0 \right\}.
$$

假设

$$
h^*(X,\mu) = \alpha X^2 + \beta X\mu + \gamma\mu^2 + O\left((|X|+|\mu|)^3\right),
$$

经近似计算, 我们得到

$$
\alpha = \frac{162b}{(r-9)(r-3)^2}, \quad \beta = \frac{54b(5r-9)}{(r-3)(r+3)(r-9)^2}, \quad \gamma = \frac{108b}{(r-9)(r+3)^2}.
$$

因此, 被限制在中心流形上的映射为

$$\tilde{F}: X \to -X + h_1 X^2 + h_2 X\mu + h_3 \mu^2 + h_4 X^3 + h_5 X^2 \mu$$
$$+ h_6 X\mu^2 + h_7 \mu^3 + O\left((|X| + |\mu|)^4\right), \tag{9.3.3}$$

其中

$$h_1 = -\frac{3(r+9)b}{(r-3)(r-9)}, \quad h_2 = -\frac{9b}{(r-9)}, \quad h_3 = -\frac{6(r-3)^2 b}{(r-9)(r+3)^2},$$

$$h_4 = -\frac{243(r+3)b^2}{(r-3)^2(r-9)^2}, \quad h_5 = -\frac{9\left(r^2 + 72r - 81\right)b^2}{(r+3)(r-9)^3},$$

$$h_6 = -\frac{9\left(2r^3 + 57r^2 - 216r - 243\right)b^2}{(r+3)^2(r-9)^3}, \quad h_7 = -\frac{9(r+27)(r-3)^2 b^2}{(r-9)^2(r+3)^3}.$$

如果映射 (9.3.3) 经历一个 flip 分支, 则它必须满足如下条件:

$$\alpha_1 = \left[\frac{\partial \tilde{F}}{\partial \mu} \cdot \frac{\partial^2 \tilde{F}}{\partial X^2} + 2\frac{\partial^2 \tilde{F}}{\partial X \partial \mu}\right]\Bigg|_{(0,\,0)} \neq 0$$

和

$$\alpha_2 = \left[\frac{1}{2} \cdot \left(\frac{\partial^2 \tilde{F}}{\partial X^2}\right)^2 + \frac{1}{3} \cdot \frac{\partial^3 \tilde{F}}{\partial X^3}\right]\Bigg|_{(0,\,0)} \neq 0.$$

通过简单计算可得

$$\alpha_1 = \frac{18b}{9-r} \neq 0, \quad b > 0, \ r > 3, \ r \neq 9$$

和

$$\alpha_2 = \frac{18rb^2}{(r-9)(r-3)^2} \neq 0, \quad b > 0, \ r > 3, \ r \neq 9.$$

容易看到如果 $3 < r < 9$, 则 $|\lambda_2| < 1$ 和 $\alpha_2 < 0$. 结论得证.　　□

下面给出 Neimark-Sacker 分支存在的结论.

定理 9.3.2　　如果满足如下条件: $b > 0, 1 < r < 9, r \neq 5, 7, d = \bar{d}^* = \frac{2r}{r-1}$, 则系统 (9.1.1) 在不动点 (x^*, y^*) 处经历 Neimark-Sacker 分支. 并且, 由于 $k < 0$, 当 $d > \bar{d}^*$ 时, 一个吸引的不变环从不动点 (x^*, y^*) 处分支出来.

证明 线性化系统 (9.1.1) 在不动点 $(x^*(d), y^*(d))$ 处的特征方程为

$$\lambda^2 + p(d)\lambda + q(d) = 0. \tag{9.3.4}$$

特征方程 (9.3.4) 的特征值为

$$\lambda_{1,2}(d) = \frac{-p(d) \pm \sqrt{p(d)^2 - 4q(d)}}{2},$$

这里 $p(d) = -r + 2rx^* + by^* - dx^*$, $q(d) = rdx^* - 2rdx^{*2}$.

若 $p(d)^2 - 4q(d) < 0$, 则特征值 $\lambda_{1,2}$ 是共轭复特征值, 这意味着

$$d > \frac{r}{2(\sqrt{r}-1)}. \tag{9.3.5}$$

令

$$\bar{d}^* = \frac{2r}{r-1}, \quad 1 < r < 9. \tag{9.3.6}$$

可得 $q(\bar{d}^*) = 1$ 和 $\lambda_{1,2}(\bar{d}^*) = \dfrac{5-r}{4} \pm \dfrac{\mathrm{i}\sqrt{10r - 9 - r^2}}{4} = \rho \pm \mathrm{i}\omega$. 在条件 (9.3.5) 和 (9.3.6) 下, 我们有

$$|\lambda_{1,2}(\bar{d}^*)| = (q(\bar{d}^*))^{\frac{1}{2}} = 1 \quad \text{和} \quad d_1 = \frac{\mathrm{d}|\lambda_{1,2}(d)|}{\mathrm{d}d}\bigg|_{d=\bar{d}^*} = \frac{(r-1)^2}{4r} \neq 0.$$

另外, $p(\bar{d}^*) \neq 0, 1$ 导致

$$r \neq 5 \quad \text{和} \quad r \neq 7,$$

这样我们得到 $\lambda_{1,2}^n(\bar{d}^*) \neq 1$ $(n = 1, 2, 3, 4)$.

令 $u = x - x^*$, $v = y - y^*$. 系统 (9.1.1) 变为

$$\begin{pmatrix} u \\ v \end{pmatrix} \mapsto \begin{pmatrix} \dfrac{3-r}{2} & \dfrac{(1-r)b}{2r} \\ \dfrac{r}{b} & 1 \end{pmatrix} \begin{pmatrix} u \\ v \end{pmatrix} + \begin{pmatrix} f_1(u,v) \\ f_2(u,u) \end{pmatrix}, \tag{9.3.7}$$

其中 $f_1(u,v) = -ru^2 - buv$, $f_2(u,v) = \dfrac{2r}{r-1}uv$.

令

$$T = \begin{pmatrix} -\dfrac{\sqrt{10r - 9 - r^2}\, b}{4r} & -\dfrac{(r-1)b}{4r} \\ 0 & 1 \end{pmatrix},$$

使用变换

$$\begin{pmatrix} u \\ v \end{pmatrix} = T \begin{pmatrix} X \\ Y \end{pmatrix},$$

则映射 (9.3.7) 变为

$$\begin{pmatrix} X \\ Y \end{pmatrix} \mapsto \begin{pmatrix} \rho & -\omega \\ \omega & \rho \end{pmatrix} \begin{pmatrix} X \\ Y \end{pmatrix} + \begin{pmatrix} F_1(X,Y) \\ F_2(X,Y) \end{pmatrix}, \tag{9.3.8}$$

这里 $F_1(X,Y) = \dfrac{b\sqrt{10r-9-r^2}}{4r} X^2 + \dfrac{b}{2r} XY - \dfrac{b\,(r^2-1)}{4r\sqrt{10r-9-r^2}} Y^2$, $F_2(X,Y) = -\dfrac{b\sqrt{10r-9-r^2}}{2(r-1)} XY - \dfrac{b}{2} Y^2$.

注意到 (9.3.8) 为中心流形上的标准形式. 由文献 [114], 系数 k 为

$$k = -\mathrm{Re}\left[\frac{(1-2\lambda)\overline{\lambda}^2}{1-\lambda}\xi_{11}\xi_{20}\right] - \frac{1}{2}|\xi_{11}|^2 - |\xi_{02}|^2 + \mathrm{Re}\left(\overline{\lambda}\xi_{21}\right),$$

其中

$$\xi_{20} = \frac{1}{8}\left[(F_{1XX} - F_{1YY} + 2F_{2XY}) + \mathrm{i}(F_{2XX} - F_{2YY} - 2F_{1XY})\right],$$

$$\xi_{11} = \frac{1}{4}\left[(F_{1XX} + F_{1YY}) + \mathrm{i}(F_{2XX} + F_{2YY})\right],$$

$$\xi_{02} = \frac{1}{8}\left[(F_{1XX} - F_{1YY} - 2F_{2XY}) + \mathrm{i}(F_{2XX} - F_{2YY} + 2F_{1XY})\right],$$

$$\xi_{21} = \frac{1}{16}[(F_{1XXX} + F_{1XYY} + F_{2XXY} + F_{2YYY})$$
$$+ \mathrm{i}(F_{2XXX} + F_{2XYY} - F_{1XXY} - F_{1YYY})].$$

这样经过复杂计算可得

$$k = -\frac{(3 + 6r + 12r^2 - 6r^3 + r^4)\,b^2}{64(r-1)} < 0, \quad 1 < r < 9.$$

于是结论得证.　　　　　　　　　　　　　　　　　　　　　　　　　　　□

9.4　Marotto 混沌分析

在本节中, 我们将严格证明系统 (9.1.1) 存在 Marotto 意义下的混沌, 并给出混沌存在的充分条件.

首先我们给出如下引理, 它描述了不动点 $z_0(x^*, y^*)$ 是一个排斥回归子的条件.

引理 9.4.1 假设 $b > 0$, $1 < r < 9$, $d > \dfrac{2r}{r-1}$ 或者 $b > 0$, $r > 9$, $d > \dfrac{r}{2\left(\sqrt{r}-1\right)}$, 如果满足如下条件:

$$x \in D_2 = D_1 \cap D_2 \quad \text{和} \quad y \in D_3,$$

则 $p(x,y)^2 - 4q(x,y) < 0$, $q(x,y) - 1 > 0$. 并且, 若系统 (9.1.1) 的不动点 $z_0(x^*, y^*)$ 满足

$$z_0(x^*, y^*) \in U_r(z_0) = \left\{(x,y) \big| \ x \in D_2, y \in D_3\right\},$$

则 $z_0(x^*, y^*)$ 在 $U_r(z_0)$ 中是一个扩张不动点.

证明 不动点 $z_0(x^*, y^*)$ 的特征值为

$$\lambda_{1,2} = \frac{-p(x^*, y^*) \pm \sqrt{p(x^*, y^*)^2 - 4q(x^*, y^*)}}{2},$$

其中 $p(x^*, y^*) = -r + 2rx^* + by^* - dx^*$, $q(x^*, y^*) = rdx^* - 2rdx^{*2}$.

假设不动点 z_0 的特征值是一对模大于 1 的共轭复值, 则有

$$\begin{cases} \dfrac{(r+2d)^2 - 4rd^2}{d^2} < 0, \\ \dfrac{(d-2)r - d}{d} > 0, \end{cases}$$

这样我们得到 $d > \max\left\{\dfrac{2r}{r-1}, \dfrac{r}{2(\sqrt{r}-1)}\right\}$, 这里 $r > 1$.

接下来我们需要找到 $z_0(x^*, y^*)$ 的一个邻域 $U_r(z_0)$, 使得对于所有 $(x,y) \in U_r(z_0)$, 其特征值的模大于 1. 这是等价于

$$\begin{cases} p(x,y)^2 - 4q(x,y) < 0, \\ q(x,y) - 1 > 0. \end{cases}$$

令

$$\begin{aligned} S_1(x,y) &= p(x,y)^2 - 4q(x,y) \\ &= b^2 y^2 + (-2rb + (4rb - 2bd)x)\, y \\ &\quad + (4r^2 + 4rd + d^2)\, x^2 + (-4r^2 - 2rd)\, x + r^2. \end{aligned}$$

如果 $\Delta_1 = rdx - 2rdx^2 \geqslant 0$, 即 $0 \leqslant x \leqslant \dfrac{1}{2}$, 方程 $S_1(x,y) = 0$ 有两个正根记为

$$\bar{y}_1 = \frac{r + dx - 2rx - 2\sqrt{rdx - 2rdx^2}}{b}, \quad \bar{y}_2 = \frac{r + dx - 2rx + 2\sqrt{rdx - 2rdx^2}}{b}.$$

于是, 若 $x \in D_1 = \left\{ x \mid 0 < x < \dfrac{1}{2} \right\}$ 且 $y \in D_3 = (\bar{y}_1, \bar{y}_2)$, 则 $S_1(x, y) < 0$.

令

$$S_2(x, y) = q(x, y) - 1 = -2rdx^2 + rdx - 1.$$

如果 $\Delta_2 = rd(rd - 8) \geqslant 0$, 即 $rd > 8$, 则方程 $S_2(x, y) = 0$ 有两个正根记为

$$\bar{x}_1 = \frac{1}{4} - \frac{1}{4}\sqrt{\frac{rd - 8}{rd}}, \quad \bar{x}_2 = \frac{1}{4} + \frac{1}{4}\sqrt{\frac{rd - 8}{rd}}.$$

所以, 若 $x \in D_2 = \left\{ x \mid \bar{x}_1 < x < \bar{x}_2 \right\}$, $y \in \mathbb{R}$, $rd > 8$, 则 $S_2(x, y) > 0$.

这些条件 $b > 0$, $r > 1$, $d > 1$, $rd > 8$, $d > \max\left\{ \dfrac{2r}{r - 1}, \dfrac{r}{2\left(\sqrt{r} - 1\right)} \right\}$ 是等价

于 $b > 0$, $1 < r < 9$, $d > \dfrac{2r}{r - 1}$ 或 $b > 0$, $r > 9$, $d > \dfrac{r}{2\left(\sqrt{r} - 1\right)}$.   □

在此基础上, 我们有如下结论.

定理　9.4.2　假设引理 9.4.1 条件成立. 如果条件 (9.4.9) 满足, 则不动点 $z_0(x^*, y^*)$ 是系统 (9.1.1) 的一个排斥回归子. 因此系统 (9.1.1) 存在 Marotto 意义下的混沌.

证明　按照排斥回归子的定义, 需要找到一个点 $z_1(x_1, y_1) \in U_r(z_0)$ 使得 $z_1 \neq z_0$, 且对某个正整数 M, 满足 $F^M(z_1) = z_0$, $\left|DF^M(z_1)\right| \neq 0$, 这里映射 F 是系统 (9.1.1) 中所定义的.

事实上, 通过计算不动点 z_0 的两次逆迭代可得

$$\begin{cases} rx_1(1 - x_1) - bx_1y_1 = x_2, \\ dx_1y_1 = y_2 \end{cases} \tag{9.4.1}$$

和

$$\begin{cases} rx_2(1 - x_2) - bx_2y_2 = x^*, \\ dx_2y_2 = y^*. \end{cases} \tag{9.4.2}$$

现在若对于方程 (9.4.1) 和 (9.4.2) 来说, 存在不等于 z_0 的解, 则可构造一个映射 F^2 经过两次迭代把点 $z_1(x_1, y_1)$ 映射到不动点 $z_0(x^*, y^*)$ 上.

从 (9.4.2) 可得

$$rx_2^2 - rx_2 + \frac{by^*}{d} + x^* = 0. \tag{9.4.3}$$

经简单计算, 我们得到 (9.4.3) 有一个不等于 x^* 的实根, 记为

$$x_2 = 1 - \frac{1}{d}, \quad d > 1, \ d \neq 2.$$

把 x_2 代入 (9.4.2) 可得

$$y_2 = \frac{rd - r - d}{bd(d-1)}.$$

从 (9.4.1), 我们有

$$rx_1^2 - rx_1 + \frac{by_2}{d} + x_2 = 0. \tag{9.4.4}$$

如果 $d > 2$, $r > \dfrac{4d^2}{d^2 + d - 2}$, 则 (9.4.4) 有两个实根

$$x_{11} = \frac{rd^3 - rd^2 - d\sqrt{r\left(2 - 3d + d^2\right)\left(-2r + rd - 4d^2 + rd^2\right)}}{2\left(rd^3 - rd^2\right)},$$

$$x_{12} = \frac{rd^3 - rd^2 + d\sqrt{r\left(2 - 3d + d^2\right)\left(-2r + rd - 4d^2 + rd^2\right)}}{2\left(rd^3 - rd^2\right)}.$$

易验证 $x_{12} \notin D_2$, 所以我们得到 $x_1 = x_{11}$. 设 $x_1 \in D_2$, 即 $\bar{x}_1 < x_1 < \bar{x}_2$, 这等价于

$$\left(1 + \sqrt{1 - \frac{8}{rd}}\right)^2 - \left(\frac{2\sqrt{\left(2 - 3d + d^2\right)\left(-2r + rd + rd^2 - 4d^2\right)}}{\sqrt{r}(d-1)d}\right)^2 > 0 \tag{9.4.5}$$

和

$$\left(\frac{2\sqrt{\left(2 - 3d + d^2\right)\left(-2r + rd + rd^2 - 4d^2\right)}}{\sqrt{r}(d-1)d}\right)^2 - \left(1 - \sqrt{1 - \frac{8}{rd}}\right)^2 > 0. \tag{9.4.6}$$

记 $q = \sqrt{1 - \dfrac{8}{rd}}$, 把 q 代入 (9.4.5) 和 (9.4.6) 中, 则有

$$-2 + \frac{16}{d^2} + 2q + \frac{1 - 5d + 2d^2}{d-1}\left(1 - q^2\right) > 0 \tag{9.4.7}$$

和

$$2 - \frac{16}{d^2} + 2q - \frac{1 - 5d + 2d^2}{d-1}\left(1 - q^2\right) > 0. \tag{9.4.8}$$

由不等式 (9.4.7), 我们得到

$$q_1 < q < q_2,$$

其中

$$q_1 = \frac{-d + d^2 - 2\sqrt{(d-2)\left(2 - 11d + 8d^2 + 3d^3 - 4d^4 + d^5\right)}}{d - 5d^2 + 2d^3},$$

$$q_2 = \frac{-d + d^2 + 2\sqrt{(d-2)\left(2 - 11d + 8d^2 + 3d^3 - 4d^4 + d^5\right)}}{d - 5d^2 + 2d^3}.$$

由不等式 (9.4.8), 我们得到

$$q < q_3 \quad \text{或} \quad q > q_4,$$

其中

$$q_3 = \frac{d^2 - d^3 - 2\sqrt{(d-2)\left(2 - 11d + 8d^2 + 3d^3 - 4d^4 + d^5\right)}}{d - 5d^2 + 2d^3},$$

$$q_4 = \frac{d - d^2 + 2\sqrt{(d-2)\left(2 - 11d + 8d^2 + 3d^3 - 4d^4 + d^5\right)}}{d - 5d^2 + 2d^3}.$$

注意到对于 $d > 2$, $q_3 < q_1 < 0 < q_4 < 1 < q_2$, 又对 $rd > 8$, 有 $q = \sqrt{1 - \dfrac{8}{rd}} < 1$, 所以

$$0 < q_4 < q < 1,$$

其等价于

$$r > \frac{2d\left(1 - 5d + 2d^2\right)^2}{(2 - 3d + d^2)(2 - 9d - d^2 + d^3) - (d - d^2)\sqrt{(d-2)\left(2 - 11d + 8d^2 + 3d^3 - 4d^4 + d^5\right)}}. \tag{9.4.9}$$

另外, 注意到 $r > \dfrac{4d^2}{d^2 + d - 2}$, 计算得

$$\frac{2d\left(1 - 5d + 2d^2\right)^2}{(2 - 3d + d^2)(2 - 9d - d^2 + d^3) - (d - d^2)\sqrt{(d-2)\left(2 - 11d + 8d^2 + 3d^3 - 4d^4 + d^5\right)}}$$
$$> \frac{4d^2}{d^2 + d - 2}.$$

因此, 我们有如果条件 $d > 2$ 和 (9.4.9) 成立, 则 $x_1 \in D_2$.

把 x_{11} 代入 (9.4.1), 我们有

$$y_1 = y_{11} = \frac{y_2}{dx_{11}} = \frac{2\sqrt{r}(r(d-1) - d)}{bd\left(\sqrt{r}d(d-1) - \sqrt{(2 - 3d + d^2)\left(r\left(d + d^2 - 2\right) - 4d^2\right)}\right)}.$$

注意到 $|DF^2(x_1, y_1)| = r^2 d^2 (2x_1 - 1)(2x_2 - 1)x_1 x_2$. 经计算可得如果满足 $d > 2$ 和 (9.4.9), 则 $|DF^2(x_1, x_1)| \neq 0$.

显然, 若引理 9.4.1 中的条件和关系 (9.4.9) 都满足, 则 z_0 是 $U_r(z_0)$ 中的一个排斥回归子. 于是结论得证.   □

在本节最后我们给出一些具体的参数来验证引理 9.4.1和定理 9.4.2.

例 9.4.1   取 $b = 2$, $d = 3.25$, $r = 4$, 系统 (9.1.1) 有一个正不动点 $z_0(x^*, y^*) = (0.307692, 0.884615)$, z_0 的特征值是 $\lambda_{1,2} = 0.21875 \pm 1.220905i$. 根据引理 9.4.1 和定理 9.4.2, 我们可找到 z_0 的一个邻域 $U = \{(x, y) \mid 0.0949566 < x < 0.405043, \bar{y}_1 < y < \bar{y}_2\} \subset U_r(z_0) = \{(x, y) \mid x \in D_2, y \in D_3\}$, 并且存在一个点 $z_1(x_1, y_1) = (0.368629, 0.796049)$ 满足 $F^2(z_1) = z_0$ 和 $|DF^2(z_1)| = -5.245553 \neq 0$, 这里

$$\bar{y}_1 = 2 - 2.375x - 0.5\sqrt{(52 - 104x)x},$$

$$\bar{y}_2 = 2 - 2.375x + 0.5\sqrt{(52 - 104x)x}.$$

显然 $z_0, z_1 \in U$. 所以 z_0 是一个排斥回归子, 系统 (9.1.1) 存在 Marotto 意义下的混沌.

例 9.4.2   取 $b = 2$, $d = 3.4$, $r = 4$, 系统 (9.1.1) 有一个正不动点 $z_0(x^*, y^*) = (0.333333, 0.911765)$, z_0 的特征值是 $\lambda_{1,2} = 0.275000 \pm 1.253568i$. 基于引理 9.4.1 和定理 9.4.2, 我们可找到 z_0 的一个邻域 $U = \{(x, y) \mid 0.089578 < x < 0.410422, \bar{y}_1 < y < \bar{y}_2\} \subset U_r(z_0) = \{(x, y) \mid x \in D_2, y \in D_3\}$, 并且存在一个点 $z_1(x_1, y_1) = (0.367104, 0.304372)$ 满足 $F^2(z_1) = z_0$ 和 $|DF^2(z_1)| = -5.245553 \neq 0$, 其中

$$\bar{y}_1 = 2 - 2.3x - 0.5\sqrt{(54.4 - 108.8x)x},$$

$$\bar{y}_2 = 2 - 2.3x + 0.5\sqrt{(54.4 - 108.8x)x}.$$

显然 $z_0, z_1 \in U$. 因此 z_0 是一个排斥回归子.

9.5   数 值 模 拟

本节给出一些数值模拟来说明定理的正确性并展示新的复杂的动力学行为, 其中包括分支图、最大 Lyapunov 指数图 (ML)、分形维数图 (FD) 和相图.

由于我们研究的模型是一个二维映射, 所以根据分形维数的定义 [122-125], 系统 (9.1.1) 有如下形式的分形维数:

$$d_L = 1 + \frac{L_1}{|L_2|}, \quad L_1 > 0 > L_2 \text{ 且 } L_1 + L_2 < 0.$$

9.5.1　关于不动点的稳定性及其分支的数值模拟

考虑如下两种情况:

情形 1　图 9.1(a) 是系统 (9.1.1) 在平面 (d, x) 中的分支图, 其中参数 $1.5 \leqslant d \leqslant 1.7$, $r = 3.5$, 初始值为 $(0.6, 0.2)$. 由定理 9.3.1 知 $d = 1.61538$, $\alpha_1 = 6.54545$, $\alpha_2 = -183.273 < 0$, 在不动点 z_0 $(0.619048, 0.166667)$ 处产生 flip 分支 (标记为 PD). 图 9.1(a) 显示了定理 9.3.1 的正确性.

情形 2　图 9.1(b) 是系统 (9.1.1) 在平面 (d, x) 中的分支图, 其中参数 $2.8 \leqslant d \leqslant 4.5$, $r = 2.8$, 初始值为 $(0.3, 0.4)$. 从定理 9.3.2 可得 $d = 3.11111$, $d_1 = 0.9 > 0$, $k = -1.51506 < 0$, 在不动点 $z_0(0.321429, 0.45)$ 处发生 Neimark-Sacker 分支 (标记为 NS). 图 9.1(b) 展示了定理 9.3.2 的正确性.

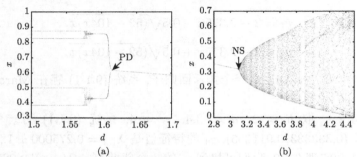

图 9.1　系统 (9.1.1) 在平面 (d, x) 中的分支图. 其中 (a) $r = 3.5$, $b = 2$, $d \in (1.5, 1.7)$, 初始值 $(0.6, 0.2)$; (b) $r = 2.8$, $b = 2$, $d \in (2.8, 4.5)$, 初始值 $(0.3, 0.4)$

9.5.2　关于 Marotto 混沌的数值模拟

通过数值模拟证明定理 9.4.2 的条件成立.

情形 1　根据例 9.4.1, 取参数 $r = 4$, $b = 2$, $d \in (3.1, 3.32)$, 初始值 $(0.3, 0.8)$. 图 9.2 (a) 给出了在平面 (d, x) 中的分支图, 图 9.2 (b) 是对应于图 9.2 (a) 的最大 Lyapunov 指数图. 图 9.2 (c) 给出了 $d = 3.25$ 时的相图, 描绘了 Marotto 混沌吸引子. 从而证明了定理 9.4.2 的结论.

情形 2　根据例 9.4.2, 取参数 $r = 4$, $b = 2$, $d \in (3.35, 3.45)$, 初始值 $(0.3, 0.8)$. 图 9.3 (a) 给出了在平面 (d, x) 中的分支图, 图 9.3 (b) 是对应于图 9.3 (a) 的最大 Lyapunov 指数图. 图 9.3 (c) 给出了 $d = 3.4$ 时的相图, 描绘了 Marotto 混沌吸引子. 从而证明了定理 9.4.2 的结论.

9.5.3　关于系统 (9.1.1) 的进一步数值模拟

通过数值模拟, 给出系统 (9.1.1) 随参数变化产生的新的复杂的动力学行为. 在二维平面内考虑如下四种情况:

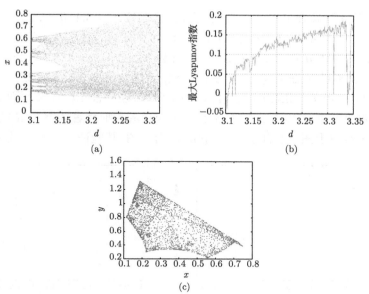

图 9.2　(a) 当参数 $r = 4$, $d \in (3.1, 3.32)$, 初始值 $(0.3, 0.8)$ 时, 系统 (9.1.1) 在 (d, x) 平面内的分支图. (b) 对应于图 (a) 的最大 Lyapunov 指数图. (c) 当 $d = 3.25$ 时, 对应的相图 (ML=0.1489, FD=2.35)

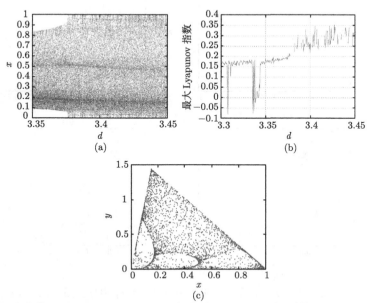

图 9.3　(a) 当参数 $r = 4$, $d \in (3.35, 3.45)$, 初始值 $(0.3, 0.8)$ 时, 系统 (9.1.1) 在平面 (d, x) 中分支图. (b) 对应于图 (a) 的最大 Lyapunov 指数图. (c) 当 $d = 3.4$ 时, 对应的相图 (ML = 0.2366, FD = 4.764)

(i) 分支参数 d 在 $0 \leqslant d \leqslant 4.2$ 内变化, 且固定 $r = 3.4$, $b = 2$;

(ii) 分支参数 d 在 $0 \leqslant d \leqslant 4.1$ 内变化, 且固定 $r = 3.6$, $b = 2$;

(iii) 分支参数 d 在 $2.4 \leqslant d \leqslant 3.2$ 内变化, 且固定 $r = 4.2$, $b = 2$;

(iv) 分支参数 r 在 $0 \leqslant r \leqslant 4.1$ 内变化, 且固定 $d = 3.5$, $b = 2$.

情况 (i) 当 $r = 3.4$, $b = 2$ 时, 映射 (9.1.1) 在平面 (d, x) 和平面 (d, y) 中分支图分别如图 9.4(a) 和 (c), 它们显示了被捕食者和捕食者随参数 d 的变化情况. 图 9.4(b) 是对应于图 (a) 的最大 Lyapunov 指数图, 其验证了混沌区域和周期轨道

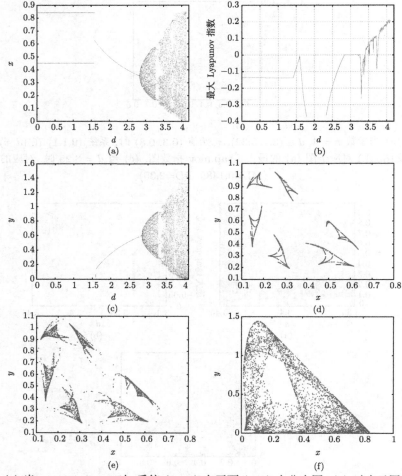

图 9.4 (a) 当 $r = 3.4$, $b = 2$ 时, 系统 (9.1.1) 在平面 (d, x) 中分支图. (b) 对应于图 (a) 的最大 Lyapunov 指数图. (c) 系统 (9.1.1) 在平面 (d, y) 中分支图. (d)—(f) 分别对应于 $d = 3.43, 3.46, 4.0$ 的相图 (相应的最大 Lyapunov 指数和分形维数分别为 ML $= 0.08987$, 0.02885, 0.2814 和 FD $= 1.352, 2.627, 4.53$)

的存在性. 从图 9.4(a) 和 (c), 我们可以看到 $d \approx 2.8$ 处发生 Neimark-Sacker 分支, 一个吸引的不变环从不动点处分支出来. 进一步我们观察到混沌区域中存在周期为 6, 18, 36, 8 的周期窗, 以及在 $d = 4.1$ 处有边界危机. 图 9.4(d)—(f) 是相应于图 9.4(a) 的相图, 分别描绘了在 $d = 3.43$ 和 $d = 3.46$ 处的六个共存混沌吸引子, 以及在 $d = 4.0$ 处的混沌吸引子.

情况 (ii)   当 $r = 3.6$, $b = 2$, 初始值为 $(0.36, 0.65)$ 时, 映射 (9.1.1) 在 (d, x) 中的分支图是图 9.5(a), 图 9.5(b) 是对应于图 9.5(a) 的最大 Lyapunov 指数图.

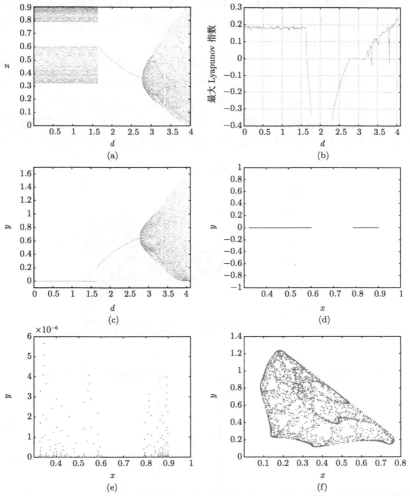

图 9.5   (a) 当 $r = 3.6$, $b = 2$ 时, 系统 (9.1.1) 在平面 (d, x) 中分支图. (b) 对应于图 (a) 的最大 Lyapunov 指数图. (c) 系统 (9.1.1) 在平面 (d, y) 中分支图. (d)—(f) 相应的相图: (d) $d = 0.8$, (e) $d = 1.6$, (f) $d = 3.5$

图 9.5(a) 和 (b) 清楚地描述了在 $d = 0$ 和 $d \approx 3.195$ 处是两个混沌的起始, 图 9.5(e) 和 (f) 分别给出了在 $d = 1.6$ 处的非吸引混沌集和在 $d \approx 3.5$ 处的混沌吸引子. 图 9.5(c) 是参数为 $r = 3.6$, $b = 2$ 时, 映射 (9.1.1) 在 (d, y) 平面内的分支图, 其描绘了捕食者随参数 d 的变化情况. 比较图 9.5(a) 和 (c), 我们注意到对于 $d \in (1.636, 4.1)$, 被捕食者和捕食者存在类似的动力学, 但是当 $d \in (0, 1.636)$, 捕食者趋于灭亡 (也可参照图 9.5(d)), 而被捕食者是处于混沌状态.

情况 (iii)　当 $r = 4.2$, $b = 2$, 初始值为 $(0.38, 0.8)$ 时, 映射 (9.1.1) 在 (d, x) 中的分支图是图 9.6(a). 图 9.6 (d) 和 (e) 分别是图 (a) 在区间 $d \in (2.75, 2.85)$ 和 $d \in (2.85, 3.0)$ 上的局部放大图. 与图 (a) 相应的最大 Lyapunov 指数图和分形维数图分别是图 9.6(b) 和 (c).

相图显示了当 $d \in (2.4, 2.625)$ 时, 存在一个稳定的不动点, 随着 d 增加, 这个不动点失去稳定性. 在 $d \approx 2.625$ 处发生 Neimark-Sacker 分支, 当 d 变大, 不变环出现, 并且在 $d \approx 2.788$ 处不变环突然变成周期-14 轨道. 随着 d 进一步增加, 拟周期轨道出现, 系统经历倍周期分支到混沌的过程, 并带有复杂的周期为 24, 10 的周期窗, 以及在 $d \approx 2.91$ 和 $d \approx 2.96$ 处的内部激变. 然后混沌行为在 $d \approx 3.18$

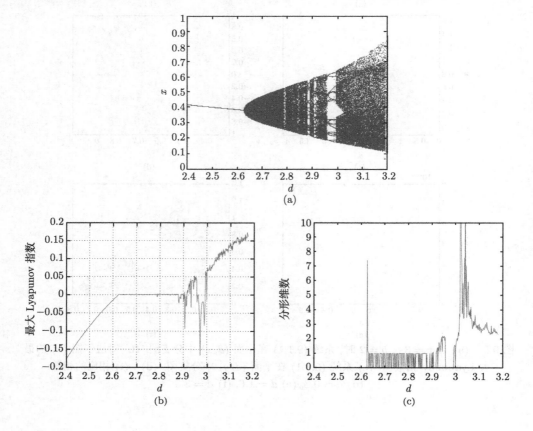

(a)

(b)　　　　　　　　　　　　　　　　　　　　(c)

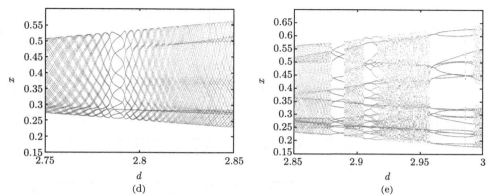

图 9.6　(a) 当 $r = 4.2, b = 2$ 时, 系统 (9.1.1) 在平面 (d, x) 中分支图. (b) 对应于图 (a) 的最大 Lyapunov 指数图. (c) 对应于图 (a) 的分形维数图. (d)—(e) 对应于图 (a) 的局部放大图: (d) $d \in (2.75, 2.85)$, (e) $d \in (2.85, 3.0)$

处突然消失. 关于变化的 d 的相图由图 9.7 (a)—(i) 给出, 其清晰地描绘了一个光滑的不变化如何从稳定的不动点处分支出来, 一个不变环如何变成混沌吸引子的过程. 通过图 9.7, 我们可以观察到周期 $-20, -24$ 轨道、拟周期轨道、六个共存混沌吸引子, 以及混沌集.

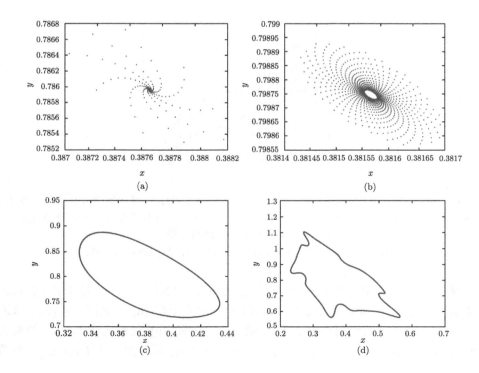

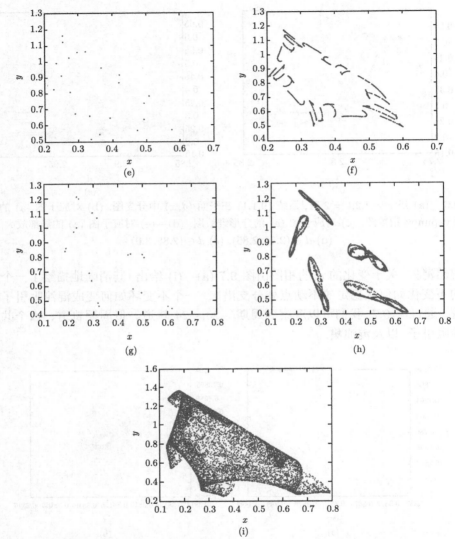

图 9.7　对应于图 9.6(a) 的相图. (a) $d = 2.58$, (b) $d = 2.621$, (c) $d = 2.65$, (d) $d = 2.85$, (e) $d = 2.91$, (f) $d = 2.92$, (g) $d = 2.97$, (h) $d = 3.01$, (i) $d = 3.15$ (图 (f), (h), (i) 的最大 Lyapunov 指数和分形维数分别为 ML = 0.0059, 0.0685, 0.1525 和 FD = 1.123, 1.867, 2.365)

情况 (iv)　当 $d = 3.5$, $b = 2$, 初始值为 $(0.28, 0.33)$ 时, 映射 (9.1.1) 在 (r, x) 中的分支图是图 9.8(a). 图 9.8 (d) 和 (e) 是相对应于图 (a) 在区间 $r \in (2.65, 3.3)$ 和 $r \in (3.3, 3.6)$ 上的局部放大图. 图 9.8 (b) 和 (c) 是对应于图 (a) 的最大 Lyapunov 指数图和分形维数图. 对于 $r \in (3.2, 4.0)$, 可看到一些 Lyapunov 指数

大于 0, 一些小于 0, 这意味着在混沌区域中存在稳定不动点和稳定的周期窗. 图形说明了当 $r \in (1.5, 2.33)$ 时, 有一个稳定的不动点, 随着 r 的增大, 不动点失去稳定性. 在 $r \approx 2.33$ 时, Neimark-Sacker 分支出现, 当 r 增大, 不变环出现, 并且在 $r \approx 2.719$ 处不变环突然变成周期 -7 轨道, 在 $r \approx 3.11$ 处变成周期 -13 轨道. 进一步随着 r 增大, 我们可看到在混沌区域中有周期为 6, 7, 13, 14, 50 的周期窗, 在 $r = 4.0$ 处, 是边界危机, 混沌突然消失. 图 9.9 是关于变化的 r 的相图.

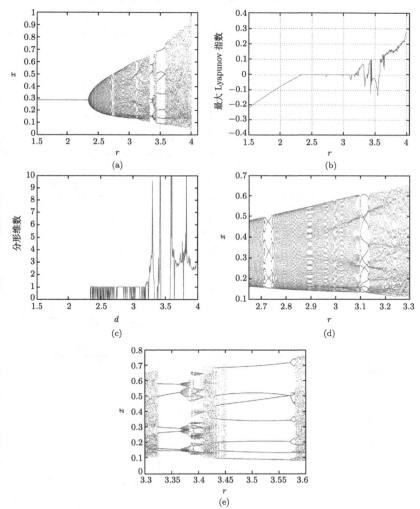

图 9.8　(a) 当 $d = 3.5$, $b = 2$ 时, 系统 (9.1.1) 在平面 (r, x) 中分支图. (b) 对应于图 (a) 的最大 Lyapunov 指数图. (c) 对应于图 (a) 的分形维数图. (d)—(e) 对应于图 (a) 的局部放大图: (a) $r \in (2.65, 3.3)$, (b) $r \in (3.3, 3.6)$

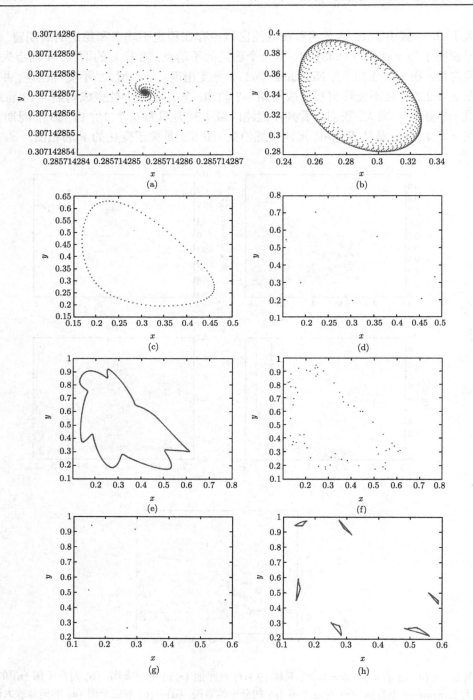

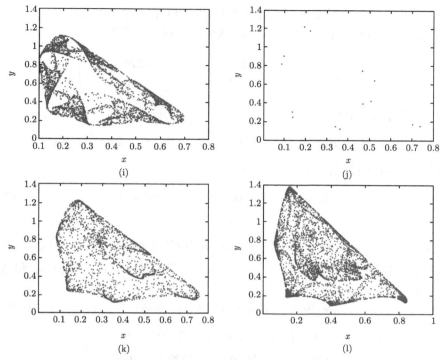

图 9.9　对应于图 9.8(a) 的相图

9.6　混 沌 控 制

利用状态反馈控制方法[155–157] 把系统 (9.1.1) 的混沌轨道稳定到一个不稳定的不动点上. 状态反馈控制的基本思想是: 假设状态向量 x_n 可直接测量出来, 控制量 u_n 可根据信息调整. 考虑如下时间不变控制系统:

$$x_{n+1} = Ax_n + Bu_n,$$

其中 A 是一个 $k \times k$ 矩阵, B 是一个 $k \times m$ 矩阵. 假设我们应用线性反馈 $u_n = -Kx_n$, 这里 K 是一个实的 $m \times k$ 矩阵, 被称为状态反馈矩阵或者增益状态矩阵. 反馈控制的目的是选择 K 使得控制的系统按照一个预先设定的方式表现.

考虑系统 (9.1.1) 的如下控制形式:

$$\begin{cases} x_{n+1} = rx_n(1 - x_n) - bx_ny_n + u_n, \\ y_{n+1} = dx_ny_n, \end{cases} \tag{9.6.1}$$

控制量具有如下反馈控制规律:

$$u_n = -k_1(x_n - x^*) - k_2(y_n - y^*),$$

这里 k_1 和 k_2 是反馈增益, (x^*, y^*) 是系统 (9.1.1) 的共存不动点.

控制系统 (9.6.1) 在不动点 (x^*, y^*) 处的 Jacobi 矩阵为

$$J(x^*, y^*) = \begin{pmatrix} r - 2rx^* - by^* - k_1 & -bx^* - k_2 \\ dy^* & dx^* \end{pmatrix},$$

Jacobi 矩阵 $J(x^*, y^*)$ 的特征方程是

$$\lambda^2 - (r + (d - 2r)x^* - by^* - k_1)\lambda + d((r - k_1)x^* - 2rx^{*2} + k_2 y^*) = 0.$$

假设特征方程的特征值为 λ_1 和 λ_2, 则有

$$\lambda_1 + \lambda_2 = r + (d - 2r)x^* - by^* - k_1 \tag{9.6.2}$$

和

$$\lambda_1 \lambda_2 = d((r - k_1)x^* - 2rx^{*2} + k_2 y^*). \tag{9.6.3}$$

边界稳定线由方程 $\lambda_1 = \pm 1$ 和 $\lambda_1 \lambda_2 = 1$ 确定. 这些条件保证特征值 λ_1 和 λ_2 的模等于 1.

假设 $\lambda_1 \lambda_2 = 1$, 则从 (9.6.3), 我们有 $l_1 : bdk_1 - d(d(r - 1) - r)k_2 = br(d - 2) - bd$.

假设 $\lambda_1 = 1$, 则从 (9.6.2) 和 (9.6.3), 我们得到 $l_2 : k_2 = -\dfrac{b}{d}$.

假设 $\lambda_1 = -1$, 则通过 (9.6.2) 和 (9.6.3), 可得 $l_3 : 2bdk_1 - d(d(r - 1) - r)k_2 = b(d(3 + r) - 3r)$. 稳定的特征值落在以 l_1, l_2 和 l_3 为边的一个三角形区域 (图 9.10).

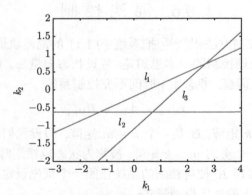

图 9.10　控制系统 (9.6.1) 的特征值在平面 (k_1, k_2) 内的有界区域,
这里 $r = 4.2$, $d = 3.15$, $b = 2$

通过一些数值模拟来观察状态反馈控制方法如何控制混沌行为. 取参数值为 $r = 4.2$, $d = 3.15$, $b = 2$. 初始值为 $(0.3, 0.82)$, 以及反馈增益 $k_1 = 1.5$, $k_2 = 0.2$. 图 9.11 说明了混沌轨迹被稳定在不动点 $(0.31746, 0.93333)$ 处.

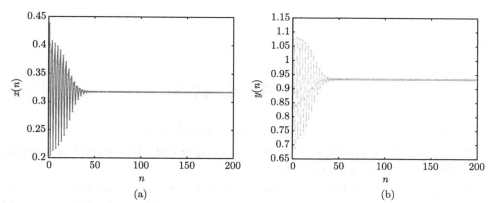

图 9.11 (a) 控制系统 (9.6.1) 的状态 x 在平面 (n, x) 内的时间反映. 这里 $r = 4.2$, $d = 3.15$,
$b = 2$, $k_1 = 1.5$, $k_2 = 0.2$, 初始值是 $(0.3, 0.82)$. (b) 控制系统 (9.6.1) 的
状态 y 在平面 (n, y) 内的时间反映

参 考 文 献

[1] 伍卓群, 李勇. 常微分方程 [M]. 北京: 高等教育出版社, 2004.

[2] Agarwal R P. Boundary Value Problems for Higher Order Differential Equations[M]. Singapore: World Scientific, 1986.

[3] Agarwal R P. Focal Boundary Value Problems for Differential and Difference Equations[M]. Dordrecht: Kluwer Academic, 1998.

[4] Agarwal R P, O'Regan D, Wong P J Y. Positive Solutions of Differential, Difference, and Integral Equations[M]. Dordrecht: Kluwer Academic, 1999.

[5] Agarwal R P, O'Regan D. Infinite Interval Problems for Differential, Difference and Integral Equations[M]. Dordrecht: Kluwer Academic Publishers, 2001.

[6] Agarwal R P, O'Regan D. Singular Differential and Integral Equations with Applications[M]. Dordrecht: Kluwer Academic Publishers, 2003.

[7] De Coster C, Habets P. Two Point Boundary Value Problems: Lower and Upper Solutions[M]. Amsterdam: Elsevier, 2006.

[8] 葛渭高. 非线性常微分方程边值问题 [M]. 北京: 科学出版社, 2007.

[9] 马如云. 非线性常微分方程非局部问题 [M]. 北京: 科学出版社, 2004.

[10] Mawhin J. Topological Degree Methods in Nonlinear Boundary Value Problems[M]. Regional Conference Series in Mathematics, Providence, RI: American Mathematical Society, 1979.

[11] Mawhin J, Willem M. Critical Point Theory and Hamiltonian Systems[M]. Berlin: Springer-Verlag, 1989.

[12] O'Regan D. Existence Theory for Nonlinear Ordinary Differential Equations[M]. Dordrecht: Kluwer Academic Publishers, 1997.

[13] O'Regan D. Theory of Singular Boundary Value Problems[M]. Singapore: World Scientific Press, 1994.

[14] 郑连存, 张欣欣, 赫冀成. 传输过程奇异非线性边值问题 [M]. 北京: 科学出版社, 2003.

[15] 葛渭高, 王宏洲, 庞慧慧. 变分法与常微分方程边值问题 [M]. 北京: 科学出版社, 2022.

[16] 廉海荣, 王培光, 葛渭高. 无穷区间上常微分方程边值问题 [M]. 北京: 科学出版社, 2021.

[17] Gregus M, Nerman F, Arscott F M. Three-point boundary value problems for differential equations[J]. Rocky Mountain J. Math., 1980, 10: 35-58.

[18] Timoshenoko S P, Gere J M. Theory of Elastic Stability[M]. 2nd ed. New York: McGraw Hill Book Company, 1961.

[19] Il'in V A, Moiseev E I. Nonlocal boundary value problem of the first kind for a Sturm-Liouville operator in its differential and finite difference aspects[J]. Differential Equations, 1987, 23(3): 803-810.

[20] Webb J R L. Positive solutions of some three-point boundary value problems via fixed point index theory[J]. Nonlinear Anal., 2001, 47: 4319-4332.

[21] Thompson H, Tisdell C. Three-point boundary value problems for second order ordinary[J]. Math. Comput. Modelling, 2002, 34: 311-318.

[22] Sedziwy S. Multipoint boundary value problems for a second-order ordinary differential equation[J]. J. Math. Anal. Appl., 1999, 236: 384-398.

[23] Przeradzki B, Stanczy R. Solvability of a multi-point boundary value problem at resonance[J]. J. Math. Anal. Appl., 2001, 264: 253-261.

[24] Eloe P, Henderson J. Multipoint boundary value problems for ordinary differential systems[J]. J. Differential Equations, 1994, 114: 232-242.

[25] Diaz J, Thelin D F. On a nonlinear parabolic problem arising in some models related to turbulent flows[J]. SIAM J. Math. Anal. Appl., 1994, 25(4): 1085-1111.

[26] Herrero M A, Vazquez J L. On the propagation properties of a nonlinear degenerate parabolic equation[J]. Comm. Partial Differential Equations, 1982, 7: 1381-1402.

[27] Janfalk U. On certain problems concerning the p-Laplace operator[D]. Likping Studies in Sciences and Technology, Dissertations, 1993, 326.

[28] Bobisud L E. Steady state turbulent flow with reaction [J]. Rocky Mountain J. Math., 1991, 21: 993-1007.

[29] Esteban J R, Vazguez J L. On the equation of turbulent filtration in one-dimensional prousmedia[J]. Nonlinear Anal., 1986, 10: 1303-1325.

[30] Glowinski R, Rappaz J. Approximation of a nonlinear elliptic problem arising in a non-Newtonian in fluid flow model in glaciology[J]. ESAIN: Math. Model. Numer. Anal., 2003, 37: 175-186.

[31] Ramaswamy M, Shivaji R. Multiple positive solutions for classes of p-Laplacian equations[J]. Differential Integral Equations, 2004, 17: 1255-1261.

[32] Oruganti S, Shi J, Shivaji R. Diffusive logistic equation with constant yield harvesting, I: Steady-states[J]. Trans. Amer. Math., 2002, 354: 3601-3619.

[33] Oruganti S, Shi J, Shivaji R. Logistic equation with the p-Laplacian and constant yield harvesting[J]. Abstr. Appl. Anal., 2004, 9: 723-727.

[34] Kaper H G, Knapp M, Kwong M K. Existence theorems for second order boundary value problems[J]. Diff. Intel. Equ., 1991, 4: 543-554.

[35] Kong L B, Wang J Y. Multiple positive solutions for the one-dimensional p-Laplacian[J]. Nonlinear Anal., 2000, 42: 1327-1333.

[36] He X M, Ge W G. Double positive solutions of a three-point boundary value problem for the one-dimensional p-Laplacian[J]. Appl. Math. Lett., 2004, 17: 867-873.

[37] Wang Y Y, Ge W G. Existence of triple positive solutions for multi-point boundary value problems with a one dimensional p-Laplacian[J]. Comput. Math. Appl., 2007, 54: 793-807.

[38] Ren J L, Ge W G. Positive solution for three-point boundary value problems with sign changing nonlinearities[J]. Appl. Math. Lett., 2004, 17: 451-458.

[39] Kosmatov N. Symmetric solutions of a multi-point boundary value problem[J]. J. Math. Anal. Appl., 2005, 309(1): 25-36.

[40] Kosmatov N. A symmetric solution of a multi-point boundary value problem at resonance[J]. Abs. Appl. Anal., 2006, 54121: 1-11.

[41] Su H, Wei Z L, Wang B H. The existence of positive solutions for a nonlinear four-point singular boundary value problem with a p-Laplacian operator[J]. Nonlinear Anal., 2007, 66: 2204-2217.

[42] Lian H R, Ge W G. Positive solutions for a four-point boundary value problem with the p-Laplacian[J]. Nonlinear Anal., 2008, 68: 3493-3503.

[43] Bairstow L. Skin friction[J]. J. Roy. Acre. Soc., 1925, 19: 3-23.

[44] Bandle C, Sperb R, Stakgold I. Diffusion and reaction with monotone kinetics[J]. Nonlinear Anal., 1984, 8: 321-333.

[45] Fermi E. Un metodo statistico per la determinazione di alcune proprietà dell'atomo [J]. Rend. Accad. Naz. del. Lincei. CI. Sci. Fis. Mat., 1927, 6: 602-607.

[46] Goldstein S. Concerning some solutions of the boundary layer equations in hydrodynamics[J]. Proc. Camber. Phil. Soc., 1930, 26: 1-30.

[47] Howarth L. On the solution of the laminar boundary layer equations[J]. Proc. Roy. Soc. London Ser., 1938, A165: 547-579.

[48] Thomas L H. The calculation of atomic fields[J]. Proc. Camb. Phil. Soc., 1927, 23: 542-548.

[49] Töpfer C. Bemerkungen zu dem Aufsatz von H. Blasius: Grenzschichten in Flüssigkeiten mit kleiner Reibung[J]. Z. Math. U. Phys., 1912, 60: 397-398.

[50] Weyl H. On the differential equations of the simplest boundary-layer problems[J]. Ann. Math., 1942, 43: 381-407.

[51] Taliaferro S. A nonlinear singular boundary value problem[J]. Nonlinear Anal., 1979, 3: 897-904.

[52] Zhang Y. Positive solutions of singular sublinear Emden-Fowler boundary value problems[J]. J. Math. Anal. Appl., 1994, 185: 215-222.

[53] Mao A M, Luan S X, Ding Y H. On the existence of positive solutions for a class of singular boundary value problems[J]. J. Math. Anal. Appl., 2004, 298: 57-72.

[54] Wei Z L. A necessary and sufficient condition for the existence of positive solutions of singular super-linear m-point boundary value problems[J]. Appl. Math. Comput., 2006, 179: 67-78.

[55] Du X S, Zhao Z Q. On existence theorems of positive solutions to nonlinear singular differential equations[J]. Appl. Math. Comput., 2007, 190: 542-552.

[56] Bognár G, Čepička J, Drábek P, et al. Necessary and sufficient conditions for the existence of solution to three-point BVP[J]. Nonlinear Anal., 2008, 69: 2984-2995.

[57] Dai L, Li H. Positive solutions of singular Emden-Fowler boundary value problem with negative exponent and multiple impulses[J]. Nonlinear Anal., 2009, 70: 3682-3695.

[58] Wei Z L, Pang C C. The method of lower and upper solutions for fourth order singular m-point boundary value problems[J]. J. Math. Anal. Appl., 2006, 322: 675-692.

[59] Wei Z L, Pang C C. Positive solutions of some singular m-point boundary value problems at non-resonance[J]. Appl. Math. Comput., 2005, 171: 433-449.

[60] Wei Z L. Positive solution of singular Dirichlet boundary value problems for second order differential equation system[J]. J. Math. Anal. Appl., 2007, 328: 1255-1267.

[61] Zhao Z Q. A necessary and sufficient condition for the existence of positive solution to singular sublinear boundary value problems[J]. Acta Math. Appl. Sinica, 1998, 43: 1025-1034 (in Chinese).

[62] Du X S, Zhao Z Q. A necessary and sufficient condition for the existence of positive solutions to singular sublinear three-point boundary value problems[J]. Appl. Math. Comput., 2007, 186: 404-413.

[63] Graef J R, Kong L. Necessary and sufficient conditions for the existence of symmetric positive solutions of singular boundary value problems[J]. J. Math. Anal. Appl., 2007, 331: 1467-1484.

[64] Zhang X G, Liu L S. A necessary and sufficient condition for positive solutions for fourth-order multi-point boundary value problems with p-Laplacian [J]. Nonlinear Anal., 2008, 68: 3127-3137.

[65] Guo D J, Lakshmikantham V. Multiple solutions of two-point boundary value problems of ordinary differential equations in Banach spaces[J]. J. Math. Anal. Appl., 1988, 129: 211-222.

[66] Liu B. Positive solutions of a nonlinear four-point boundary value problems in Banach spaces[J]. J. Math. Anal. Appl., 2005, 305: 253-276.

[67] Zhao Y L, Chen H B. Existence of multiple positive solutions for m-point boundary value problems in Banach spaces[J]. J. Comput. Appl. Math., 2008, 215: 79-90.

[68] Qi S. Multiple positive solutions to BVPS for higher order nonlinear differential equations in Banach spaces[J]. Acta Math. Appl. Sinica, 2001, 17: 271-278.

[69] Guo D J. Multiple positive solutions for first order nonlinear impulsive integro-differential equations in a Banach space[J]. Appl. Math. Comput., 2003, 143: 233-249.

[70] Guo D J, Lakshmikantham V. Nonlinear Problems in Abstract Cones[M]. Boston: Academic Press, 1988.

[71] 王树禾. 微分方程模型与混沌 [M]. 合肥: 中国科学技术大学出版社, 1999.

[72] Hilger S. Ein MaSSkettenkalkül mit Anwendung auf Zentrumsmannigfaltigkeiten[D]. PHD Thesis, Universitat Wurzburg, 1988.

[73] Hilger S. Analysis on measure chains: A unified approach to continuous and discrete calculus[J]. Results Math., 1990, 18: 18-56.

[74] Hilger S. Differential and difference calculus—Unified[J]. Nonlinear Anal., 1997, 30: 2683-2694.

[75] Bohner M, Peterson A. Dynamic Equations on Time Scales: An Introduction with Applications[M]. Boston: Birkhäuser, 2001.

[76] 张炳根. 测度链上微分方程的进展 [J]. 中国海洋大学学报, 2004, 34: 907-912.

[77] Atici F M, Biles D C, Lebedinsky A. An application of time scales to economics[J]. Math. Comput. Modelling, 2006, 43: 718-726.

[78] Bohner M, Peterson A. Advances in Dynamic Equations on Time Scales[M]. Boston: Birkhäuser, 2003.

[79] Lakslunikantham V, Sivasundaram S, Kaymakcalan B. Dynamic Systems on Measure Chains[M]. Boston: Kluwer Academic Publishers, 1996.

[80] He Z M. Double positive solutions of boundary value problems for p-Laplacian dynamic equations on time scales[J]. Appl. Anal., 2005, 84: 377-390.

[81] Geng F J, Zhu D M. Multiple results of p-Laplacian dynamic equations on time scales[J]. Appl. Math. Comput., 2007, 193: 311-320.

[82] Hong S H. Triple positive solutions of three-point boundary value problems for p-Laplacian dynamic equations on time scales [J]. J. Comput. Appl. Math., 2007, 206: 967-976.

[83] Wang D B. Three positive solutions of three-point boundary value problems for p-Laplacian dynamic equations on time scales[J]. Nonlinear Anal., 2008, 68: 2172-2180.

[84] Bai Z B, Liang X, Du Z J. Triple positive solutions for some second-order boundary value problem on a measure chain[J]. Comput. Math. Appl., 2007, 53: 1832-1839.

[85] Kosmatov N. Multi-point boundary value problems on time scales at resonance[J]. J. Math. Anal. Appl., 2006, 323: 253-266.

[86] 陈文嵕. 非线性泛函分析 [M]. 兰州: 甘肃人民出版社, 1982.

[87] 张恭庆, 林源渠. 泛函分析讲义 [M]. 北京: 北京大学出版社, 1987.

[88] Lan K Q. Multiple positive solutions of semilinear differential equations with singularities[J]. J. London Math. Soc., 2001, 63: 690-704.

[89] Avery R I, Henderson J. Two positive fixed points of nonlinear operators on ordered Banach spaces[J]. Comm. Appl. Nonlinear Anal., 2001, 8: 27-36.

[90] Leggett R W, Williams L R. Multiple positive fixed points of nonlinear operators on ordered Banach spaces[J]. Indiana Univ. Math. J., 1979, 28: 673-688.

[91] 郭大钧, 孙经先, 刘兆理. 非线性常微分方程泛函方法 [M]. 济南: 山东科学技术出版社, 1995.

[92] Demling K. Ordinary Differential Equations in Banach Spaces[M]. New York: Springer-Verlag, 1977.

[93] Guo D J, Lakshmikantham V, Liu X Z. Nonlinear Integral Equations in Abstract Spaces[M]. Dordrecht: Kluwer Academic, 1996.

[94] Lakshmikantham V, Leela S. Nonlinear Differential Equations in Abstract Spaces[M]. Oxford: Pergamon, 1981.

[95] Agarwal R P, Wong F H. Existence of positive solutions for non-positive higher-order BVPS[J]. J. Comput. Appl. Math., 1998, 88: 3-14.

[96] Bai C, Fang J. Existence of multiple positive solutions for nonlinear m-point boundary value problems[J]. Appl. Math. Comput., 2003, 140: 297-305.

[97] Feng W, Webb J R L. Solvability of m-point boundary value problems with nonlinear growth[J]. J. Math. Anal. Appl., 1997, 212: 467-480.

[98] Ma D X, Du Z J, Ge W G. Existence and iteration of monotone positive solutions for multipoint boundary value problem with p-Laplacian operator[J]. Comput. Math. Appl., 2005, 50: 729-739.

[99] Ma R Y, Castaneda N. Existence of solutions of nonlinear m-point boundary-value problems[J]. J. Math. Anal. Appl., 2001, 256(2): 556-567.

[100] Ma R Y, Ren L Sh. Positive solutions for nonlinear m-point boundary value problems of Dirichlet type via fixed-point index theory[J]. Appl. Math. Lett., 2003, 16: 863-869.

[101] Wong F. Existence of positive solutions for m-Laplacian boundary value problems[J]. Appl. Math. Lett., 1999, 12: 11-17.

[102] Wang Y Y, Ge W G. Existence of multiple positive solutions for multipoint boundary value problems with a one-dimensional p-Laplacian[J]. Nonlinear Anal., 2007, 67: 476-485.

[103] Feng W. On an m-point boundary value problem[J]. Nonlinear Anal., 1997, 30: 5369-5374.

[104] Gupta C P, Trofimchuk S I. A sharper condition for the solvability of a three-point second order boundary value problem[J]. J. Math. Anal. Appl., 1997, 205: 586-597.

[105] Gupta C P. A Dirichlet type multi-point boundary value problem for second order ordinary differential equations[J]. Nonlinear Anal., 1996, 26: 925-931.

[106] Gupta C P. A generalized multi-point boundary value problem for second order ordinary differential equations[J]. Appl. Math. Comput., 1998, 89: 133-146.

[107] Erbe L H, Wang H. On the existence of positive solutions of ordinary differential equationals [J]. Proc. Amer. Math. Soc., 1994, 120: 743-748.

[108] Anuradha V. Existence results for superlinear semi-positive BVP's[J]. Proc. Amer. Math. Soc., 1996, 124: 757-763.

[109] Ge W G, Ren J L. An extension of Mawhin's continuation theorem and its application to boundary value problems with a p-Laplacian[J]. Nonlinear Anal., 2004, 58: 477-488.

[110] Feng W, Webb J R L. Solvability of three-point boundary value problem at resonance[J]. Nonlinear Anal., 1997, 30: 3227-3238.

[111] Liu B, Yu J S. Solvability of multi-point boundary value problem at resonance (I)[J]. Indian J. Pure Appl. Math., 2002, 34: 475-494.

[112] Carr J. Applications of Centre Manifold Theory[M]. New York: Springer-Verlag, 1981.

[113] Winggins S. Introduction to Applied Nonlinear Dynamical Systems and Chaos[M]. New York: Springer-Verlag, 1990.

[114] Guckenheimer J, Holmes P. Nonlinear Oscillations, Dynamical Systems and Bifurcations of Vector Fields[M]. New York: Springer-Verlag, 1983: 50-280.

[115] 陆启韶, 彭临平, 杨卓琴. 常微分方程与动力系统 [M]. 北京: 北京航空航天大学出版社, 2010: 266-292.

[116] Li T Y, Yorke J. Period three implies chaos[J]. Amer. Math. Monthly, 1975, 82(10): 985-992.

[117] Devaney R L. An Introduction to Chaotic Dynamical Systems[M]. Menlo Park: Addison-Wesley, 1990: 1-100.

[118] Hirsch M W, Smale S, Devaney R L. Differential Equations, Dynamical Systems, and an Introduction to Chaos[M]. Amsterdam: Elsevier, 2007: 1-150.

[119] Aulbaeh B, Kieninger B. On three definitions of chaos[J]. Nonlinear Dyn. Sys. Theory, 2001, 1(1): 23-37.

[120] May R M. Simple mathematical models with very complicated dynamics[J]. Nature, 1976, 261(6): 459-467.

[121] Marotto F R. Snap-back repellers imply chaos in $\mathbb{R}^n$[J]. J. Math. Anal. Appl., 1978, 63: 199-223.

[122] Alligood K T, Sauer T D, Yorke J A. Chaos: An Introduction to Dynamical Systems[M]. New York: Springer-Verlag, 1996.

[123] Cartwright J H E. Nonlinear stiffness, Lyapunov exponents, and attractor dimension[J]. Phys. Lett. A., 1999, 264: 298-302.

[124] Kaplan J L, Yorke J A. Preturbulence: A regime observed in a fluid flow model of Lorenz[J]. Commun. Math. Phys., 1979, 67: 93-108.

[125] Ott E. Chaos in Dynamical Systems[M]. 2nd ed. Cambridge: Cambridge University Press, 2002.

[126] 尤里·阿·库兹涅佐夫. 应用分支理论基础 [M]. 金成桴, 译. 北京: 科学出版社, 2010: 1-230.

[127] Hahn P W. Stability of Motion[M]. Berlin, Heidelberg: Springer, 1967.

[128] Khalil H K. Nonlinear Systems[M]. 3rd ed. London: Prentice Hall, 2002.

[129] Kuznetsov Y A. Elements of Applied Bifurcation Theory[M]. 2nd ed. New York: Springer-Verlag, 1998: 1-210.

[130] Boyce M S, Daley D J. Population tracking of fluctuating environments and natural selection for tracking ability[J]. Amer. Nature, 1980, 115: 480-491.

[131] Coleman B D, Hsieh Y H, Knowles G P. On the optimal choice of r for a population in a periodic environment[J]. Math. Biosci., 1979, 46: 71-85.

[132] Robinson C. Dynamical Systems: Stability, Symbolic Dynamics, and Chaos[M]. 2nd ed. New York: CRC Press, 1999.

[133] Wang Q, Fan M, Wang K. Dynamics of a class of nonautonomous semi-ratio-dependent predator-prey systems with functional responses[J]. J. Math. Anal. Appl., 2003, 278: 443-471.

[134] Fan M, Wang Q, Zou X. Dynamics of a non-autonomous ratio-dependent predator-prey system[J]. Proc. Rog. Soc. Edinburgh Sect. A., 2003, 133: 97-118.

[135] Elaydi S N, Sacker R J. Global stability of periodic orbits of non-autonomous difference equations and population biology[J]. J. Differential Equ., 2005, 208: 258-273.

[136] Gaut G R J, Goldring K, Grogan F, et al. Difference equations with the Allee effect and the periodic sigmoid Beverton-Holt equation revisited[J]. J. Biol. Dyn., 2012, 6: 1019-1033.

[137] Elaydi S N, Sacker R J. Population models with Allee maps: A new model[J]. J. Biol. Dyn., 2010, 4: 397-408.

[138] Yang Y, Sacker R J. Periodic unimodal Allee maps, the semigroup property and the λ-Ricker map with Allee effect[J]. Disc. Conti. Dyn. Sys.-B, 2014, 19: 589-606.

[139] Zeidler E. Applied Functional Analysis, Applications to Mathematical Physics[M]. New York: Springer, 1991.

[140] Lotka A J. Elements of Mathematical Biology[M]. New York: Dover, 1956.

[141] Volterra V. Lecons sur la Théorie Mathématique de la Lutte pour la Vie[M]. Paris: Gauthier-Villars, 1931.

[142] Martelli M. Discrete Dynamical Systems and Chaos[M]. New York, Longman: Pitman Monographs and Surveys in Pure and Applied Mathematics, 1992.

[143] Chen X W, Fu X L, Jing Z J. Dynamics in a discrete-time predator-prey system with Allee effect[J]. Acta. Math. Appl. Sin., 2012, 29: 143-164.

[144] Cheng Z, Lin Y, Cao J. Dynamical behaviors of a partial-dependent predator-prey system[J]. Chaos, Solit. Fract., 2006, 28: 67-75.

[145] Chen X W, Fu X L, Jing Z J. Complex dynamics in a discrete-time predator-prey system without Allee effect[J]. Acta. Math. Appl. Sin., 2013, 29: 355-376.

[146] Fan M, Agarwal S. Periodic solutions of nonautonomous discrete predator-prey system of Lotka-Volterra type[J]. Appl. Anal., 2002, 81: 801-812.

[147] Choudhury S R. On bifurcations and chaos in predator-prey models with delay[J]. Chaos, Solit. Fract., 1992, 2: 393-409.

[148] Hu D P, Cao H J. Bifurcation and chaos in a discrete-time predator-prey system of Holling and Leslie type[J]. Commun. Nonlinear Sci. Numer. Simulat., 2015, 22: 702-715.

[149] Jiang G, Lu Q. Impulsive state feedback control of a predator-prey model[J]. J. Comput. Appl. Math., 2007, 200: 193-207.

[150] Jiang G, Lu Q, Qian L. Complex dynamics of a Holling type II prey-predator system with state feedback control[J]. Chaos, Solit. Fract., 2007, 31: 448-461.

[151] Liu B, Teng Z, Chen L. Analysis of a predator-prey model with Holling II functional response concerning impulsive control strategy[J]. J. Comput. Appl. Math., 2006, 193: 347-362.

[152] Sun C, Han M, Lin Y, et al. Global qualitative analysis for a predator-prey system with delay[J]. Chaos, Solit. Fract., 2007, 32: 1582-1596.

[153] Liu X, Xiao D. Complex dynamic behaviors of a discrete-time predator-prey system[J]. Chaos, Solit. Fract., 2007, 32: 80-94.

[154] Danca M, Codreanu S, Bakó B. Detailed analysis of a nonlinear prey-predator model[J]. J. Biol. Phys., 1997, 23: 11-20.

[155] Chen G, Dong X. From Chaos to Order: Perspectives, Methodologies, and Applications[M]. Singapore: World Scientific, 1998.

[156] Elaydi S. An Introduction to Difference Equations[M]. 3rd ed. New York: Springer-Verlag, 2005.

[157] Lynch S. Dynamical Systems with Applications Using Mathematica[M]. Boston: Birkhäser, 2007.